抗战胜利

日本投降舰船志

陈 悦 著

山东文艺出版社

自 序

近代日本明治维新后，奉行对外扩张的侵略性国策，企图将掠夺他国作为日本崛起的捷径。1874年，日本入侵中国台湾，正式揭开了近代日本对外扩张、侵略他国的历史，此后，日本成为中国海军发展史中挥之不去的一个阴影。

1875年，清政府筹设北洋海军，即以日本海军为假想敌，中、日海军在19世纪的80年代你追我赶，上演了一幕军武竞赛的激烈博弈。受制于清王朝颟顸的内外政策，北洋海军最终在中日竞赛中落后，在甲午战争中被日本海军彻底击败。甲午战争后，凭借勒索的巨额赔款，日本海军发展一日千里，逐渐成长为一支百万吨级的世界主流海军；而在近代中国衰落的国运中，中国海军在泥泞中苦苦挣扎，最终到了被迫放弃海权，只能期望固守长江的地步。

1937年，日本发动全面侵华战争，中日两国海军再一次走上角斗场。与强大的日本帝国海军相比，当时中国海军的力量渺小到几乎不值一提。然而就是这样的中国海军在面对强敌入寇的国家存亡关头，抱着雪甲午耻的不屈信念，毅然挺立于江海之间的国防线上与强敌作战，在不到一年多的时间里几乎拼尽了所有可用的作战舰艇，于是中国海军军人变成了要塞炮兵、变成了布雷游击队，用所能想到的所有办法竭力和强敌相抗。就在中国海军几乎到了即将流尽最后一滴血的时刻，1945年终于迎来了抗日战争的伟大胜利，洗雪了百年军耻。从明治时代一路依靠侵略崛起的日本，遭到了可耻的最终失败，曾经在中国的海疆、内河上耀武扬威的日本军舰低下傲慢的头颅，成为中国海军的战利品，本书所记录的就是这一时期编入中国海军的那些日本军舰的历史。

作为中国近代海军舰船志系列的一部分，本书依然延续前作的体例，即以逐一的军舰历史文章而构成，总计收入13篇文章。在内容上，本书所涉及的军舰由两大部分组成，其中一部分是抗战胜利时中国海军在受降区内（包括香港、台湾以及越南北部）接收的日本军舰，书中的第1至第7篇所介绍的都是这一背景下的军舰。本书的第二部分，则是1947年中国海军所获得的日本赔偿舰，当年由盟军总部安排，中、美、英、苏四大同盟国以抽签选取的方式，将日本残存的海军舰艇分四次进行了分配，以作为日本发动侵略战争对四国所造成损害的预先赔偿，书中的第8至第13篇所介绍的就是这些日本赔偿舰的历史。无论是在中国战区内接收的日本军舰，还是后期日本的赔偿舰，其总体性质上都可以归纳为是日本投降军舰，因而本书定名为《抗战胜利日本投降舰船志》。

与舰船志系列此前的几部有所不同的是，本书所涉及的舰船数量多达上百艘，可以说是舰船志系列中所涉军舰最多的一部。本书中所涉及的军舰，其生命大都可以划分为三个阶段，即1945年日本战败之前在日本海军的服役历史，其中大量曾经在侵华战争中出没；1945年至1949年期间在中国海军服役的历史，几乎所有的军舰都曾卷入过国共内战；以及1949年中华人民共和国成立后，分处于海峡两岸的历史。其舰史线索复杂，内容曲折，而且很多还成为人民解放军海军的早期主力军舰，对人民解放军海军的历史而言别具特殊的意义。

由于所涉时段的特殊性，本书文章在写作过程中对资料的搜寻十分艰难曲折。相对而言，各军舰在日本海军时代的建造、服役历史，因为有直接的日方档案以及大量日本研究著作可循，考证相对较为容易。而在中国海军时代的历程，由于直接与现代相关，基本不可能直接阅读海峡两岸海军的原始档案。在具体写作时，涉及民国海军以及台湾地区海军的，多参考了台湾地区海军的军史、舰史性质出版物，以及台湾地区的海军史类著作和相关当事人口述历史类文献；涉及人民解放军海军的，则主要参考了中国人民解放军历史资料丛书中的海军部分，以及人民海军的部分军史类出版物。因为掌握的原始档案有限，在叙述中难免有挂一漏万之处，希望同好不吝赐教指正。

本书的创作过程中，一如既往地得到了海研会朋友们的支持和帮助，顾伟欣先生帮助绘制了全书所用的数十幅军舰线图、王益恺先生帮助绘制了文中的插画，使全书大为增色。余错先生、欧阳欣先生、秦晋先生在写作过程中给予了宝贵的意见，使得舰史内容上避免了很多错漏。此外，本书创作和修订期间，还获得了台湾学者张力、沈天羽、金智、应俊豪、洪绍洋等先生赠予的宝贵资料和专著，中国船政文化博物馆给予了很多有关民国海军和台湾地区海军的资料支持，在此一并致以由衷的谢忱！

最后需要说明的是，本书完稿于2017年，原计划于当年出版，但遇到种种原因而一再拖延。幸运的是，编辑秦超先生对本书的主题、价值有着高度信心，始终在推动本书的出版，终于在2021年新春来临时得以在山东文艺出版社付梓，这使得本书的出版有了一层作者与编者友谊纪念的独特意义。此外，在本书推动出版的过程中，我本人于2019年应福州市和马尾区相关领导的盛情邀请，从山东威海迁居至中国近代海军的根源之地福州，在福州继续开展近代海军史的研究，此时回溯这本创作于威海的书籍，感慨万千。

谨以本书献给中国的海军。

陈 悦

2017年11月3日初作于山东威海

2021年2月24日于福建福州修订

目 录

匆匆过客——"安东"号长江炮舰 / 1

鼓浪海魂——"长治"号航海炮舰 / 19

江上沉浮——日降川江炮舰 / 54

欧陆来帆——抗战胜利时接收的日俘意大利军舰 / 88

怒海快骑——日降小型炮艇 / 116

杂流聚合——日降杂类舰艇 / 143

弃物重生——日降"海防七号"舰 / 166

越海来风——"丹阳"号驱逐舰 / 180

风消月隐——"汾阳""沈阳"号驱逐舰 / 222

杂木成林——日偿"丁"型驱逐舰 / 242

偏安四舰——日偿"甲"型海防舰 / 265

江海绥安——日偿"丙""丁"型海防舰 / 284

运辅偏师——日偿杂类舰艇 / 306

附　录

日本投降军舰线图集 / 331

日本投降舰艇性能参数一览表 / 353

日本赔偿舰艇性能参数一览表 / 355

抗战胜利接收日降军舰大事记（1945—1949） / 358

抗战胜利时海军接收日伪舰艇一览 / 366

日本赔偿舰艇一览 / 379

参考书目 / 381

匆匆过客

——"安东"号长江炮舰

"安东"舰

  1945年9月2日，日本政府代表在东京湾外的美国海军战舰"密苏里"（Missouri）上签署无条件投降书，随后中国战区日本投降签字典礼于9月9日在南京举行。从明治维新以来始终将侵略他国作为自己崛起之道的日本，终于遭到可耻的最终失败，中国人民的抗日战争取得了伟大的全面胜利。9月10日，中国战区中国陆军总司令部向日本中国派遣军司令冈村宁次大将下达命令，布置各种对日受降和接管事项，其中决定日本停战投降时所有在华的海军舰艇将全部由中国国民政府海军进行接管、受降。[1]同一天，原在中国的日本中国方面舰队司令部更名成中国战区日本海军总联络部，开始处理将舰艇、物资向中方移交的相关工作。[2]

  然而出人意料的是，就在日本无条件投降后，按规定移交装备、物资之前，在华日本舰艇的重要集结地上海却发生了一场风波。一艘日本海军的炮舰从黄浦江上悄悄启航，擅自带着日侨，驶出了长江口。美国海军第七舰队军舰于9月中旬进驻上海时，无意中在外海发现了这艘消失已久的日舰，立即对其加以弹压和俘虏，并于10月9日在这艘桀骜不驯的日本军舰上升起了美国国旗，由美军暂行接管，成为当时中国受降区中唯一一艘经历过美军接管的日本

---

[1] 包遵彭：《中国海军史》，（中国台湾）"海军出版社"1951年版，第355—356页。
[2]《中国方面海军作战》（2），［日］朝云新闻社1975年版，第469页。

军舰。美军接管的这艘试图逃亡的日本军舰，就是曾经在中国长江上耀武扬威的日本海军长江炮舰"安宅"号。

有关"安宅"号这艘军舰的历史，要一直上溯到第一次世界大战结束后。

当时中国国内陷入军阀混战，长江沿线乱军和盗匪横行，一些在华拥有条约特权的列强国家为保护侨民和在长江流域的利益，纷纷着手加强自己在中国长江上的海军力量。在长江一线的口岸城市存在大量侨民和商业利益，且对中国有着强烈政治和领土野心的日本更是不甘人后。

第一次世界大战结束时，日本海军部署在长江上的主力炮舰分别是"宇治"和"嵯峨"二舰。

其中的"宇治"舰排水量620吨，建造于甲午战争结束后的1903年，是日本第一代驻华长江炮舰，也是清末重臣张之洞一手主导向日本订造的"江"字、"楚"字级长江炮舰的设计参考母型。[1]与"宇治"结伴的"嵯峨"

日本海军长江炮舰"宇治"号（一代）

---

[1] 陈悦：《清末海军舰船志》，山东画报出版社2012年版，第201—206页、227—232页。

号,则是为了弥补"宇治"舰火力较弱,舰员居住、生活空间逼仄等问题,于1912年建成的"宇治"舰的升级型。清末中国向日本订造的"永丰"级航海炮舰实际上就是根据"嵯峨"的设计为基础改进而成的。[1]

"嵯峨"舰的排水量较"宇治"更大,火力也更强,建成后充当了日本长江炮舰队的旗舰。然而"嵯峨"设计建造时并未过多考虑未来会执行旗舰任务,舰上缺乏充当旗舰所必须的舱室等条件,而且该舰的无线电设备的性能还相对较弱。在第一次世界大战后,无线电通信在海军中运用日益频繁,日本海军在长江上密集调度、指挥舰船执行巡逻、护卫任务都需要采取无线电通信。这样的背景下,"嵯峨"舰上缺乏旗舰人员的居住、工作舱室和无线电设备性能薄弱等问题越发显得突出,为此日本海军决定在1920年年度预算中编入建造一艘新的长江炮舰,作为"八八舰队"计划的一部分,于1921年8月15日在横滨船坞正式开工建造。[2]

外观和清末中国海军的"永丰"舰十分相似的日本长江炮舰"嵯峨"

---

[1] 陈悦:《清末海军舰船志》,山东画报出版社2012年版,第373—380页。
[2] 《丸スペシャル・日本の炮舰》,1980年11月,第51—52页。

起初，依照炮舰以名胜古迹的名字命名的规则，日本海军将这艘新军舰定名为"勿来"，取自日本福岛附近的古代要隘——勿来关的地名。在日语中，勿来关的"勿来"二字意指难以逾越、禁止等，颇有几分震慑的意味。以这样的词语命名关卡的用意不难理解，而日本海军的长江炮舰在中国扮演的是日本海外利益攫取者、保卫者的角色，以此命名也可谓贴切。不过日本海军此后考虑到"勿来"两个汉字在汉语中的语意和日语不一，可能会被中国人作出其他不恰当的解读，于是在该舰下水时对舰名作了临时调整，改用日本古代要隘安宅的名称（位于现代日本石川县西南部小松市的西侧），将舰名改为"安宅"。"安宅"就是抗战胜利时试图从黄浦江出逃的那艘日舰。[1]

"安宅"是日本民营横滨船坞为海军建造的第一艘军舰，标准排水量725吨，正常排水量850吨，满载排水量956吨，全长为71.7米，垂线间长67.67米，宽9.02米，吃水2.29米。从主尺度数据来看，该舰的规模和"嵯峨"号并没有多大的区别，之所以能实现在与"嵯峨"相近的体量上大幅提升居住性，增加旗舰用舱室和加强舰上电讯设备能力，主要凭借的是对舱室布局的优化设计。另外一项重要的改变则和清末中国海军对"永丰"级炮舰所做的改良完全一样。[2]

清末中国海军从日本订造"永丰""永翔"号航海炮舰后，很快凭据"永丰"二舰的技术资料进行了改良设计，1911在江南船坞自行开工后续型的"永绩""永健"二舰。较之原型舰"永丰""永翔"，"永绩""永健"最大的变化就是从长首楼船型变成了首尾楼船型，在军舰的舰尾主甲板上增加了尾楼建筑。此举大大增加了舰内的舱室数量，拓展了居住空间，也可以布置更多的功能舱室。为了增添旗舰所需的功能舱室，"安宅"正是在"嵯峨"的设计基础上增加了尾楼，在尾楼内布置旗舰用生活舱室。由此，该舰和中国海军与"嵯峨"有着血缘关系的"永绩""永健"外形十分相似。

"安宅"舰的动力性能和"嵯峨"相比几乎没有什么变化，其动力系统由2座立式三缸三胀蒸汽机和2座"口"号舰本式煤、油混烧水管锅炉组成。主机功率为1700马力，双轴推进，设计航速16节，舰上煤舱的容量为235吨，设计

---

[1]《海军》第10卷，[日]诚文图书1981年版，第241页。[日]片桐大自：《联合舰队军舰铭铭传》，[日]光人社1988年版，第228—229页。

[2]《丸スペシャル·日本の炮舰》，1980年11月，第51—52页。《世界の舰船》增刊第47集，[日]海人社1997年版，第89页。

刚建成时的"安宅"舰。可以留意此时无论是前后主炮还是机舱棚上的高角炮，都是没有防盾的安装样式

续航力2500海里/12节。[1]

"安宅"舰在火力方面，较"嵯峨"舰有所提升，而且舰上出现了防空用的高射火炮，以应对在第一次世界大战中已经完全崭露头角的航空兵器的威胁。"安宅"舰的武备包括了充当前后主炮的两门120毫米口径45倍径"3年"式舰炮，以及两门8厘40倍口径"3年"式高角炮（高角炮为日本海军的汉字名词，现代中国习惯称为高射炮。"3年"式8厘高角炮的实际口径为76毫米，下同）和6门6.5毫米口径"3年"式机枪。[2]

舰上的总体布置方面，"安宅"舰的首楼顶部甲板上从前往后依次安排了锚机、前主炮、舰桥等设施和建筑，其中舰桥造型尤为引人注目。"安宅"的舰桥是此前的"宇治""嵯峨"等日本海军长江炮舰上从未出现过的三层结构大型舰桥，舰桥的底层是值班军官室、海图室等舱室，二层是驾驶室，顶层是罗经舰桥。因为考虑到该舰要扮演长江上的编队旗舰角色，届时除了该舰自身

---

[1]《丸スペシャル·日本の炮舰》，1980年11月，第54页。《世界の舰船》增刊第47集，[日]海人社1997年版，第89页。

[2]《丸スペシャル·日本の炮舰》，1980年11月，第54页。《世界の舰船》增刊第47集，[日]海人社1997年版，第89页。

的舰员外，还会有大量旗舰司令部的参谋人员要在舰桥内活动，因而各层舱室的面积都设计得十分宽敞。紧连在硕大的舰桥后方，是舰上的前桅杆，其形式非常奇特地采用了当时海军中已经不多见的传统桅杆，桅杆的下部有一座大型战斗桅盘，顶部则有一座较小的瞭望桅盘。瞭望桅盘的下方安装有信号横桁，瞭望桅盘的上方另有一根短小的横桁，用以牵挂无线电天线。

"安宅"舰的尾楼顶部甲板上，除了安装了一门充当后主炮的120毫米口径舰炮外，还建有一座露天飞桥，后桅就设立在后主炮和露天飞桥之间。"安宅"舰首尾楼之间的主甲板上，纵向居中布置有机舱棚等建筑，两门8厘高角炮安装在烟囱前后的机舱棚顶部，构成全舰的主要防空火力阵地。

略有船舶常识的现代人只要看到"安宅"舰初建时的照片，可能都会对这艘军舰的稳性产生担忧。过大过高的前桅和舰桥，毋庸置疑会使该舰的重心升高，而作为要在长江内河浅水上使用的军舰，"安宅"舰的吃水又控制得很浅，更使得头重脚轻成为难以避免之事。这样的稳性状况，在长江中航行可能并无多大问题，不过倘若"安宅"舰要投用在中国的近海使用，其航行安全性就不免令人为之蹙眉。

侵　华

1922年4月11日，"安宅"舰在日本横滨船坞顺利下水，又经过一年多后续的武备安装等舾装工程，以及航试测试活动，最终于1923年8月12日宣告竣工，列为二等炮舰，舰籍隶属于佐世保镇守府，首任舰长为下村正助海军中佐，全舰额定编制共118人。

建成之后，"安宅"舰立即被调往设计中的服役地中国，1923年10月1日编入当时担负着在长江流域和中国近海警备任务的日本海军第1遣外舰队，列在该舰队的第1部队。作为该舰队的新科主力舰，它立即替代了"嵯峨"舰的位置，充当旗舰，以汉口为主要驻防地开始了在长江沿线维护日本在华利益的军事行动。

1925年初，中国青岛、上海等地接连发生日商纺织工厂中的中国工人为争取工会权利、增加工资待遇而展开的抗议工潮。5月15日的深夜，在上海日商内外棉纺织工厂进行抗议、冲击的中国工人遭到日方职员和工部局印度巡捕的袭击，一位名叫顾正红的工人被枪击成重伤（两天后不治而死）。5月30日，

匆匆过客——"安东"号长江炮舰

数千名愤怒的中国工人、学生不顾租界工部局的制止，在霞飞路（今上海南京路）一带进行反日、反帝游行，遭到工部局警察的开枪射击，死伤多人，史称五卅惨案。

事发之后，在中国共产党的秘密运动下，

美术作品：日本海军时代停泊在长江上的"安宅"舰。创作：王益恺

上海开始了大规模的罢工、罢市、罢学抗议活动。担心示威活动波及租界，英、美、法、意、日等多国在华海军应租界工部局的请求，纷纷派出陆战队登陆，加强租界防御。日本海军第1遣外舰队首先从长江炮舰"伏见"号上调用了59名官兵进入上海租界。为防事态进一步恶化，司令官永野修身又急电当时正在长江中游的"安宅"舰赶赴上海。6月3日下午，"安宅"从汉口起锚出发，于5日早晨到达上海，立即于下午派出86人组成的登陆队上岸，在北四川路至杨树浦方向择地分头警戒，上岸人员超过了全舰编制的半数以上。全副武装站立在上海街头、对着中国人趾高气扬的"安宅"舰官兵，此时怎样也不会想到，多年之后他们将在这片他国的土地上彻底低下傲慢的头颅。[1]

五卅惨案引起的抗议浪潮渐渐平息后，"安宅"舰重新返回汉口防地。此时，由南方一路凯歌高进的国民革命军北伐的脚步即将逼近长江流域。广州革命政府中的苏联顾问为提高共产党在革命政府中的影响，进一步提出了收回租界等排除英美日帝国主义势力、迎合中国民族主义的政治主张，中国各地的排外情绪到了空前高涨的程度。眼见北洋政府大势已去，而北进的革命军咄咄逼人，在长江流域拥有租界地等特权利益的列强国家开始高度紧张，"安宅"与长江内的其他日本乃至列强驻华军舰一样，对日益发展中的中国南北大战局势进行严密观察。

1927年1月4日，汉口的英国租界被大量中国民众冲击，英方军警守御无策，被迫撤出租界。受这一成功收复租界事例的鼓舞，中国各地纷纷高扬起收

---

〔1〕《中国方面海军作战》（1），[日]朝云新闻社1975年版，第121—122页。

回租界的呼声。近百年来遭受列强欺凌的中国，社会上反帝的气氛愈积愈浓。4月3日下午3时45分，一名上岸的日本水兵在汉口银行附近被中国孩童投掷石块，进而引发了日本上岸水兵和中国民众的口角乃至厮打。4时10分，包括"安宅"在内的4艘驻汉口日本军舰联合派出武装水兵登陆，强力压制愤怒的中国民众，又一次扮演了驻外"宪兵"的角色。[1]

1931年"九一八"事变爆发后，随着日军悍然侵占中国东北，中日关系更加紧张，第二年又爆发了"一·二八"事变，中日两国军队在上海地区展开直接的对战。虽然因为中国国民政府当时没有正式对日本宣战，且国民政府海军保守中立置身事外，战火基本控制在上海一带，长江内的日本炮舰并没有直接遭遇进攻的可能性，"安宅"等舰仍然进行了积极战备。不过就在日本对华发动全面侵略战争的准备越来越急促时，充当长江内日本炮舰领队舰的"安宅"突然于1934年被召回本土。

1934年3月12日晚，日本海军第2水雷队的水雷艇"友鹤"号在海上训练中遭遇恶劣海况，突然失踪。第二天天明后发现该艇已经翻覆，史称"友鹤"

初次改装后的"安宅"舰，水线附近鼓出的"防雷隔堵"十分显眼。照片中可以看到巨大的前桅此时尚未拆除

---

[1]《中国方面海军作战》（1），[日]朝云新闻社1975年版，第156—159页。

初次改装后的"安宅"舰，前桅顶端飘扬着象征旗舰身份的司令官将旗

入坞改造时的"安宅"舰

事件。事发后日本海军立即组成由野村吉三郎大将任委员长的调查组检视原因，认为事故是由"友鹤"舰的稳性不佳造成，以致在恶劣海况时遇难。[1] 此事在日本海军中引起了很大的震动，舰政本部等单位开始检讨此前已竣工和正在设计中的各型军舰的稳性情况。建造时就明显头重脚轻的"安宅"号立刻被引起注意，虽然该舰的稳性状况在长江中游航行并不存在什么安全风险，但为使该舰能满足执行设计任务中同时能够在中国沿海活动的要求，于是下令将其召回日本进行增强稳性的改造。

作为普遍头重脚轻的日本长江炮舰中得以受到改造优化的幸运儿，"安宅"舰于1934年初返回本土，由佐世保海军工厂对其实施提升稳性的改造。佐世保海军工厂当时采取的办法较为保守，主要是设法增加该舰的浮力，在"安宅"舰中部两舷的水线附近加装了类似防鱼雷隔堵一样的构件，外形上看起来犹如是舰体中部腆出了肥胖的肚腩。经过此番加装改造，"安宅"的最大宽增加到了9.75米。[2] 此外，为了降低"安宅"的重心，鉴于中国海军的舰艇实力较弱，日本军舰在中国作战不需要有太强的火力，原本安装于尾楼甲板顶部的120毫米口径舰炮被拆除，改将原本位于烟囱前方机舱棚顶上的8厘高角炮移植到后主炮的位置上。不过这一降低重心的举措效果并不明显，因为尾楼甲板上的尾部飞桥被拆除后，易之以一座体量很大的封闭式电讯室，而烟囱前方那门8厘高角炮移走后，原位置上又架设了一座旨在提升该舰防空能力的"93"式

---

[1]《海军》第10卷，[日]诚文图书1981年版，第102—104页。
[2]《世界の舰船》增刊第47集，[日]海人社1997年版，第89页。

"安宅"舰稳性加强改造前后参数变化情况[1]

参数	竣工时	1934年改造	1937年改造
满载排水量	956吨	1150吨	未变
全长	71.1米	71.7米	未变
舰最大宽	9.02米	9.75米	未变
吃水	2.29米	2.27米	未变
煤舱容量	235吨	239吨	未变
武备	120毫米炮×2 76毫米炮×2 6.5毫米机枪×6	120毫米炮×1 76毫米炮×2 13毫米双联机枪×1 6.5毫米机枪×6	120毫米炮×1 76毫米炮×2 13毫米双联机枪×3 47毫米礼炮×2 25毫米高射炮×2 7.7毫米机枪×4

13毫米口径双联装高射机枪。[1]

可能是"安宅"舰此番改良后的稳性情况并没有得到多少真正的改善，另外加上1935年9月日本海军又发生了因军舰稳性和结构强度不佳导致的更大的灾难性事故——"第四舰队事件"，提升军舰的稳性和结构强度在日本海军内受到空前的重视。作为在华长江炮舰主力的"安宅"，于1937年又被从中国召回日本本土进行二度改造，此次的工程改由吴海军工厂负责。由于"安宅"的舰体以及水下方面实在没有什么可以下手改进之处，吴工厂的眼光改为聚焦到该舰的舱面上，大刀阔斧地拆除了古意盎然的前桅杆，代之以重量轻了许多的三脚桅，而且桅上不再有战斗桅盘，仅在桅杆上部装置了一座小型的瞭望斗，由此军舰的重心降低，稳性终于得到了一定程度的改善。[2]

此外，在这次的改造中，"安宅"舰的外观特征以及武备也发生了很多变化。原本"安宅"舰舰桥驾驶室等位置侧壁上采用的是长方形的舷窗，这次均改造为圆窗。舰桥顶部罗经舰桥甲板后部增设了一座火控室，后方装备一具测距仪。火力方面，出现了明显加强防空火力的特征，飞桥的两翼各安装了1座13毫米口径"93"式双联高射机枪，飞桥两翼之下的主甲板两舷各安装了1门

---

[1]《丸スペシャル·日本の炮舰》，1980年11月，第51—52页。
[2][日]木俣滋郎：《小舰艇入门》，[日]光人社2008年版，第97—102页。

1937年7月31日第二次改装完成后出港时的"安宅",前桅杆已经改成了三脚桅

推测为47毫米口径的礼炮。另外舰上原有的6门6.5毫米口径"3年"式机枪消失不见,在舰尾无线电室顶部甲板的四个边角上各新装了1门7.7毫米口径"92"式机枪,另在飞桥两翼甲板上各安装了1门"96"式25毫米口径高射炮。[1]另据一些日本资料记载,"安宅"舰此次改造时还将原来的煤、油混烧锅炉更换成了重油专烧锅炉,此一变化确否,尚需继续考证。

经历此番改造后,"安宅"舰的稳性得到强化,更为重要的是原本聚集在该舰身上的炮舰特征削弱了很多,变得更像是兼顾防空的军舰。日本海军之所以对该舰做出这样的改装,与不久之后全面爆发的侵华战争或许有着某种关联,毕竟在当时能够对在华日本军舰真正构成威胁的,并不完全是中国海军的军舰,反而中国空军的战机更让他们心存戒意。

投 降

1937年7月7日,卢沟桥事变爆发,日本挑起全面侵华战争。为防被封堵在长江口内,日本第3舰队司令长谷川清布置从7月21日起由长江沿线撤出日本侨

---

[1]《丸スペシャル·日本の炮舰》,1980年11月,第51—52页。

1937年在汉口拍摄的"安宅"舰舰首照片,可以清晰地看到舰首120毫米口径主炮。照片中右前方可以看到一名正在绘制美术作品的军队画师

民和船只。此时编列为第3舰队第11战队的日本长江炮舰队开始从重庆、宜昌、汉口、沙市、长沙护卫侨民与商船撤离。由于中国国民政府此时对是否要和日本进行全面决战尚无坚定决心,以至于日本炮舰和运输船只沿江下行时,并未遇到中国海军的阻拦,与日本舰船相遇的中国军舰均只是默默地作壁上观。

当日本舰船全部顺利撤出长江后,国民政府这才大张旗鼓着手进行封江。事实上此时布置江阴阻塞线等长江沉船线的目的,主要在于防止日本军舰沿江上驶威胁南京,不过国民政府当时的对外宣传中,却称阻塞线是为了要将日本舰船封堵于长江内的攻势措施。为解释为什么堵塞线没有能堵住日本军舰,国民政府很快将汪精卫的心腹黄濬父子作为罪魁,称是因为黄濬等走漏了消息导致功亏一篑。但考虑到国民政府的封江密令实际是在日本舰船都已经顺利撤出长江后才下发,使得黄濬案的真相究竟如何变得扑朔迷离。

日本海军第3舰队的长江炮舰忙于撤离长江沿线的侨民、船只期间,"安宅"舰尚在日本国内进行改造,直到1937年的7月31日完成改造后才重回中国,作为炮舰舰队的主力舰被配属于上海黄浦江上担任警戒。

8月13日,中日淞沪大战爆发。以11战队军舰为主的日本第3舰队部分舰只编组为第1、第2警戒部队,承担黄浦江至南通航道上的警备,并配合日本登陆部队在上海外围上岸。"安宅"舰与"小鹰"号炮舰被编在第1警戒部队,作为指挥官谷本司令的直辖舰,主要停泊于上海,充当第3舰队旗舰"出云"号的随扈。淞沪大战期间,身在"出云"之侧的"安宅"曾遭中国海陆空三军的多次袭击,但均侥幸未受伤。

凭借压倒性的军事优势,日军在淞沪战场取得胜利,11月开始由海军第11战队负责开展打通黄浦江航路的作战。"安宅"舰作为11战队的主力舰,编在第1护卫队,溯黄浦江而上,破除此前中国军队布置的沉船封锁线。期间"安匆匆过客——"安东"号长江炮舰

宅"和"出云"等舰联合派出的"捕获队"在封锁线上试图占领一艘没有沉没的中国商船"中和"号。[1]

1937年12月，日军开始攻向国民政府首都南京。在华日本海军为沿江支援、配合陆军作战，重新调整编制，编组协同陆军作战的主队、前路警戒队、掩护队、扫海队、协力队等单位。

1937年8月在黄浦江上拍摄到的"安宅"舰，飞桥翼端安装的13毫米口径双联机枪十分显眼

"安宅"作为主力被编在主队内，充当旗舰，相继配合陆军进行了攻占江阴、打开江阴封锁线、渡江攻占靖江等作战行动，于12月11日抵达南京外围江面。12月12日，"安宅"等舰于当天8点30分开始对都天庙一带中国军队阵地发起炮击，配合陆军进攻南京。日军攻占南京后，"安宅"进泊南京，负责协助清扫南京周边江上的水雷等阻塞物。

1938年，日军发动旨在占领武汉的战役。为配合陆军，中国方面舰队编成了番号为扬子江部队（又称溯江部队）的特别舰队，以11战队、第1水雷队、第11水雷队等部队组成。"安宅"被指定为扬子江部队的旗舰，率领各舰沿江上行。[2]

6月2日，"安宅"舰搭乘近藤英次郎少将率领的11战队司令部人员从上海抵达南京，开始指挥溯江作战。长江沿线的中国重镇安庆、九江相继被日军攻占，至10月26日武汉沦陷。"安宅"率领的日军扬子江部队全程几乎未遇到任何对手，主要执行扫雷破障等任务。此后，"安宅"作为日军在长江中的主力军舰，因为江面上的战斗性任务日趋减少，遂调回上海。太平洋战争爆发后，包括"嵯峨""桥立"等在内的很多长江、川江炮舰都被调出江口，前往近海执行任务。不过"安宅"舰却一如既往地停留在长江内，1943年8月20日在湖北汉口编入中国方面舰队上海方面根据地队，以上海、汉口为主要基地在长江

---

[1]《中国方面海军作战》（1），[日]朝云新闻社1975年版，第446—450页。
[2]《中国方面海军作战》（2），[日]朝云新闻社1975年版，第16—17页。

1938年10月4日，在长江上拍摄到的航行中的"安宅"舰，此时该舰正在参加溯江作战

上进行巡防。

就在编入上海方面基地队后的第二天，"安宅"在汉口被10余架盟军飞机空袭，次日离开汉口，于8月27日到达上海。太平洋战争局势恶化后，"安宅"舰在1944年也被派出长江，执行运输船团护航任务，主要执行上海、嵊泗列岛至台湾基隆间的护航。日本战败前夕的1945年6月1日，"安宅"在嵊泗列岛的泗礁山岛被盟军飞机空袭，8名舰员战死，此后该舰回到上海，直至日本战败。[1]

1945年8月15日，日本天皇宣布将无条件投降，同一天冈村宁次收到中国战区总司令蒋介石签发的电令，其中要求日军的飞机、船舰必须在原地停留（长江内的舰船集中到宜昌、沙市），等候接收。[2]此时停泊在上海的"安宅"舰却显得桀骜不驯，抢在中国军队进入上海之前，单舰自行开出了黄浦江。据日本军史记载，"安宅"舰当时全部舰员只有154人，不满编制，而出航时舰上还携带了大量家眷等平民。从"安宅"的动向看，显然是不甘心于在异国成为阶下囚，想要冒险返回本土。不过不知道是因为补给不足或是其他原

---

〔1〕《丸スペシャル·日本の炮舰》，1980年11月，第29页。
〔2〕何应钦：《日军侵华八年抗战史》，（中国台湾）黎明文化2012年版，第377页。

匆匆过客——"安东"号长江炮舰

被美军俘获后停泊在上海的"安宅"舰，可以看到后桅顶端飘扬着美国国旗

因，这艘并不擅长外海航行的军舰此后并没有能离开中国近海，而是藏身到了长江口外浙江方向的岛屿间漂泊不定。直到9月中旬美国第七舰队军舰来华时它才被发现，被美舰俘虏、押送回黄浦江内，停泊至美孚公司码头，并暂时性升起了美国国旗，表示接管。

延至1945年10月19日，飘扬着星条旗的"安宅"舰由美军移交给了国民政府海军，被中国海军上海接收区接收，这艘在中国的领水横行十余年的日军魁首舰上升起了中国的青天白日满地红国旗。按照当时对日本投降舰的命名方法，为显示这些军舰的战俘身份，采取寻找和其舰名中的一二汉字有重合的中国地名来为其命名，最终"安宅"被改成一个颇具政治意味的舰名"安东"，寓意平定日本，成为了中国海军的"安东"号炮舰。

从美国海军捕获"安宅"时的照片看，侵华战争结束时该舰的武备出现了非常明显的变化。原本安装于舰首的120毫米口径前主炮不知去向，代之的是1门原先装备于舰体中部机舱棚顶上的8厘高角炮。推测在太平洋战争后期，为了强化陆上的要地防空，具备有高射能力的120毫米舰炮被移到岸上，改作他用。

根据1949年民国海军档案的记载，第二次世界大战后国府海军"安东"舰的武备情况也大致印证了上述判断。据其记载，"安东"舰的主炮就是2门8厘

15

高角炮，其他武器方面，包括5门25毫米口径炮和6门机枪。[1]考虑到1937年"安宅"舰在吴海军工厂改造时安装过两门25毫米口径"96"式高射炮，推测可能是太平洋战争爆发后，随着120毫米口径主炮拆离上岸，为弥补该舰的防空火力，又添装过3门25毫米口径高射炮。

起 义

抗战胜利后，民国海军经历了一番从总司令到舰队建制都发生巨大调整的变化。原以长江内河为主要防区的海军第二舰队改编为海军江防舰队，抗战胜利时接收的日降舰中的长江、川江炮舰也都编入其中。变成了中国海军"安东"舰的原"安宅"舰也被列入江防舰队编制内。因为当时江防舰队所属军舰大都老旧残破，且火力贫弱，拥有旗舰设施、装备8厘"巨炮"的"安东"舰俨然成了江防舰队的翘楚，一度充当了江防舰队的旗舰。[2]

江防舰队以长江口至汉口江段为巡防区，而经常性驻泊、巡视的江段则主要在南通以上至安徽芜湖江面，"安东"舰也几乎将安徽芜湖、安庆一带当作了常驻泊地。当时因为长江沿线的列强租界等早已化作历史，列强的长江炮舰也大都退出了中游地区，以长江中游为主要防区的江防舰队变得无足轻重。

不过随着抗战后国共博弈的开始，南京政府军队在内战战场上一败再败，

编入民国海军后的"安东"舰，可以留意前主炮此时已经变成了8厘高角炮

---

[1]《海军江防舰队各舰要目表》，（中国台湾）"国军档案"《舰艇种类性能表》，档案号33/625.3/2841/2，第9页。
[2]《海军舰队发展史》（一），（中国台湾）台湾防卫部门"史政局"2001年版，第240页。

匆匆过客——"安东"号长江炮舰

尤其是淮海战役失利后,长江渐渐变成国民政府想要借以偏安一隅的天堑防线。此时江上的军舰重要性陡然提增,国民政府将林遵指挥的海防第二舰队调入长江充实防御,开始沿江划区布置防线,原江防舰队中战力较强的"安东"等军舰暂时被归并至海防第二舰队麾下。

当时,海防第二舰队在长江上划区防守,从江阴至安庆共分5个指挥区,每区布置有数艘军舰,其中"安东"舰作为第四指挥区的指挥舰,舰长唐涌根被派兼任江防区司令,其下隶属有"太原""吉安""楚同"等舰,各舰在第四防区中分点巡防,"安东"坐镇芜湖,不定时也会在防区上下巡弋。

和当时很多国军军舰上的情况相似,"安东"舰内很快也萌生了起义投奔共产党的火星。对内战不满、对前途失望的航海官严时信与中共地下党建立了联系,试图准备夺舰起义。起义之火尚在酝酿中时,1949年4月1日,"安东"舰差点遭遇了一次灭顶之灾。

当天,"安东"舰护卫招商局"中107"号登陆舰以及商船"江汉"下驶,下午3时到达大通荻港附近的土桥时,突然遭到北岸解放军炮火与机枪的袭击,"中107"号被命中5弹,驾驶室门窗与舢板被毁,船员5死7伤。"安东"舰中弹数处,但并未试图以舰炮火力压制解放军,反而是匆匆和"江汉"轮转舵后撤,退回了荻港。[1]此后不久,舰长唐涌根以病为由离舰而去,"安东"成了长江防线上一艘没有舰长的军舰。[2]

1949年4月20日,解放军开始渡江战役,"安东"舰一度试图在芜湖一带阻击过江的解放军船只,后因大势已去而退返芜湖。22日晚7时,根据海军总司令部要求长江内各舰集中至南京江面的命令,"安东"和"太原""楚同"舰从芜湖下驶,于当天深夜抵达南京草鞋峡江面,在笆斗山附近锚泊,与海防第二舰队各舰聚集。[3]

在江阴炮台已经起义支持解放军的局面下,围绕着要不要执行海军总部关于海防第二舰队各舰突围到上海的命令,各舰舰长、主官等汇聚旗舰"永嘉"号进行会议。期间,司令林遵坚持突围风险过大,要求各舰一起参加起义。4月23

---

[1]《申报》,1949年4月3日,第一张。
[2] 阙晓钟:"海防第二舰队的新生"。《解放战争时期国民党军起义投诚·海军》,解放军出版社1995年版,第501页。
[3] 陈务笃:"国民党军海防第二舰队起义亲历记",《解放战争时期国民党军起义投诚·海军》,解放军出版社1995年版,第537页。

日下午，不愿跟随林遵起义的海防第二舰队"永嘉""永修""永定"舰均按照事前密谋挂起"A"字旗，在"永嘉"舰长陈庆堃指挥下向长江下游突围。"安东"舰曾一度跟随"永嘉"等军舰突围前行，后在起义军舰用无线电呼叫下，又重新调转航向，最后成为跟随林遵起义的海防

起义后编在华东海军时的"安东"舰。照片拍摄：薛伯青

第二舰队军舰之一，当时舰上最高指挥官是副长韩廷枫。[1]

按照解放军要求，"安东"等海防第二舰队军舰在1949年4月27日早晨离开笆斗山江面，转移泊位至南京下关，解放军八兵团司令陈士榘在林遵的陪同下检阅了起义军舰。根据当事人回忆，陈士榘在视察"安东"舰时，对该舰留下了很深的印象。"林引导到各舰参观，陈司令员仔细地巡视各部，不时地问这问那，当走上'安东'舰驾驶室，看到车钟、罗经、舵轮等擦得金黄锃亮可照人影，各种仪表保存如新时，深为赞赏。"[2]由此可见，"安东"舰在抗战之后舰上管理应当仍较有秩序。

根据军舰起义之后国民党方面必定会采取报复性的轰炸这一预判，在南京下关接受完检阅后，海防第二舰队各舰开始疏散布置，"安东"舰停泊于安徽当涂东梁山附近江面。几天之后，参加起义的"吉安""楚同""永绥""惠安""太原"等舰相继被国民党空军飞机炸沉。刚刚加入解放军未久、尚未来得及更换舰名的"安东"舰则在后来国民党空军飞机寻找、轰炸起义的"长治"舰时，在1949年9月24日被误当作"长治"舰而炸沉，结束了在中国海军旗下的短暂历史。[3]

---

〔1〕陈务笃："国民党军海防第二舰队起义亲历记"，《解放战争时期国民党军起义投诚·海军》，解放军出版社1995年版，第546—547页。

〔2〕陈务笃："南京江面上的壮举"，《江苏文史资料选辑》第八辑，江苏人民出版社1982年版，第182页。

〔3〕"海防第二舰队在南京江面上的壮举"，《解放战争时期国民党军起义投诚·海军》，解放军出版社1995年版，第133—134页。《海军·回忆史料》，解放军出版社1999年版，第6页。

鼓浪海魂

——"长治"号航海炮舰

"桥立"级长江炮舰

  1936年12月31日,第一次世界大战后列强国家为了休养生息,旨在平衡列强海军发展、避免军备竞争无限扩大而缔结的华盛顿和伦敦海军军缩条约因为之前日本宣布退出,终于难以为继而寿终正寝,各列强国家海军一夜间脱去了限制装备扩充的枷锁。位于太平洋西岸,早就对华盛顿和伦敦条约心存不满的日本,终于等到了不受拘束,大力扩张其海军的机会。

  自明治时代以来,借着发动对外战争而崛起的日本就不断显露着称霸东亚、进军太平洋的野心。对于华盛顿条约失效后的海军扩张计划,海军省和军令部早在1934年12月日本提出退出华盛顿条约的通告后就已经在着手协商讨论和研究编订,最终制定了名为《第三次海军军备补充计画》的五年计划,决定从条约失效后的昭和十二年(1937)开始,至昭和十六年(1941),建造总吨位约27万吨的66艘舰艇,以及包括陆基和海基在内的556架各型飞机。[1]

  列在《第三次海军军备补充计画》中准备建造的,既有"大和""武藏"这样的强力主战军舰,也包括了大量诸如驱逐舰、海防舰一类的小型舰只。各舰的建造用意都十分明显,即根据日本的对外战略需要,全方位加强、更新日

---

[1]《海军》第4卷,[日]诚文图书1981年版,第138—140页。

本海军的舰艇部队实力。在其中，还专门有一组为了加强在中国的海军实力而提出要求建造的军舰。

清朝末年，日本根据条约特权，开始学习英、法、美、意等西方列强在中国留驻军舰的模式，也在中国的沿海、沿长江的对外通商城市驻扎军舰，以显示日本海军力量的存在、保卫日本在中国的利益。驻华各舰中尤称主力的是一批驻外炮舰，主要分布在长江沿线，一直深入到中国的西南腹地，为日本把捏当时中国的命运之脉充当先锋。

1931年"九一八"事变爆发后，日本侵占中国东北，扶植伪满洲国傀儡政权，同时对中国的华北等地蠢蠢欲动，与中国的关系日益恶劣。预判不久的未来将对中国发动全面侵略战争，届时深入在长江水域的驻外军舰极可能在战争初起时要独自和中国海军交锋。鉴于中国南京国民政府成立后陆续建造了诸如"咸宁""民权""民生"等一批新的长江炮舰，已经在长江上占有一定优势地位，为保证驻华军舰在长江上能独立制压住中国海军，日本急需添加战力更优的新的驻华内河炮舰。

作为《第三次海军军备补充计画》中直接针对中国海军的部分，共列入了设计建造长江炮舰与川江炮舰各两级各两艘的内容。日本军令部并对这两级军舰的设计目标做出了具体的要求，其中的长江炮舰计划代号"E-16"，设定这种军舰将充当日本在长江和中国近海水域的主力军舰，能够带领其他在华内河炮舰作战，舰上必须具备充当舰队旗舰的设施条件。同时该级炮舰必须能够在近海以及汉口以下的长江水域航行战斗，标准排水量规定为990吨，航速为20节左右，续航力2500海里/14节，武备方面必须能够压倒当时中国海军的大多数军舰。最初，军令部要求以火力优于中国海军主力舰"平海""宁海"的150毫米口径火炮充当新长江炮舰的主炮，不过后来根据日本驻华舰队的反馈，认为无需这么大口径的火炮，于是又调整以120毫米口径的高角炮作为主炮，节省出来的载重用于在舰上安装120毫米炮用方位盘火控装置，以及增加舰上的弹药载量。[1]

这两艘准备投入中国内河，以率领在华日本内河炮舰压制中国海军军舰为目的的军舰，后来分别被命名为"桥立"（取名自日本京都宫津湾的自然景观

---

[1]〔日〕福井静夫：《日本の军舰》，〔日〕出版协同社1956年版，第146页。《海军》第10卷，〔日〕诚文图书1981年版，第241页。

天桥立）和"宇治"（取名自日本琵琶湖南端流出的河流宇治川），并称"桥立"级炮舰。在日本海军中这两个舰名都是第二次使用，二舰的前一艘同名舰也都和中国有着种种相关。其中"桥立"舰的前一艘就是甲午战争中的日本三景舰"桥立"号巡洋舰，而"宇治"这一

"桥立"级长江炮舰首舰"桥立"下水时的情景

舰名的首艘命名舰则是日本海军设计建造的第一艘能够在中国长江、近海活动的大型长江炮舰，也即中国海军"中山""永翔"舰设计时的参考母型。

"桥立"级的设计建造计划提起时，恰逢"七七"卢沟桥事变爆发，日本

"桥立"舰公试照片

全面侵华战争已然开始，此后日本在长江中的炮舰并未遭到中国军队的阻击，至"八·一三"淞沪抗战开战时，已经全都顺利地驶出长江。而后日军改用海军航空兵对中国舰船实施攻击，在仅仅不到一年的时间内，中国海军主力军舰即损失殆尽，尚未开工建造的"桥立"级不得不考虑改变对手和使用用途了。

按照《第三次海军军备补充计画》拟定的建造任务，日本海军做了十分仔细的工作分派，由当时日本的海军造船厂以及规模较大的三菱、川崎等民营造船企业承接战舰、航空母舰等大型军舰的建造，类似"桥立"级炮舰这样的小军舰主要由规模较小的民营造船厂承接建造，"桥立"级最后由大阪铁工所樱岛工场建造。因为全面侵华战争开始后，中国海军损失殆尽，二舰的优先度变得较低，迟至1939年2月20日首舰"桥立"才开工建造，姊妹舰"宇治"则在1940年的1月20日开工。

经历了不到一年的建造，首舰"桥立"于1939年12月23日下水，之后在1940年6月30日完工编入日本海军，舰籍隶属横须贺镇守府，派入日本海军中国方面舰队属下负责长江作战的第1遣支舰队，列入第11战队，首任舰长香川清登海军中佐。姊妹舰"宇治"则于1940年9月26日下水，1941年4月30日竣工入役，舰籍

"宇治"舰入役不久后拍摄的照片，仅从外观上看，似乎很难让人想到这只是排水量千吨左右的小军舰

也在横须贺镇守府,竣工当天也被编入第1遣支舰队第11战队,派往中国,"宇治"同时还是日本在第二次世界大战中建造的最后一艘炮舰。[1]

1941年5月8日,经过数日的弹药、粮食补给,"宇治"舰离开吴港,直驶日军占领下的中国上海,5月9日与"桥立"舰在上海会合。[2]在"桥立"级二舰中,"宇治"舰此后的经历较之"桥立"更为复杂,此时谁也无法预料,这艘军舰后来竟然会编入中国海军。

技 术

为了满足能够同时在长江和近海航行作战的要求,"桥立"级军舰的舰型颇为特别。该舰选取了抗浪性能好的长首楼船型,以此来满足出海航行要求,而为了在水深较浅的长江内河中自如航行,该舰选取了和川江炮舰相似的平底船船型。这样的做法实际产生的效果很不理想,尽管采用长首楼船型可以增强抗浪性,但小平底船与生俱来就存在稳性不佳的问题,以此面对海上的复杂海况,仍然不适于外海航行。另外,采用了吃水浅的平底船型,而又需要在舰上添置的大量的武备和旗舰设施,不得不在主甲板上大量堆砌,又进一步加剧了该舰重心偏高、稳性不佳的问题。

从设计外观看,"桥立"级长江炮舰水线以上是双桅杆、单烟囱的造型,与大阪铁工所樱岛工场曾经为日本海军建造过的"13号"型扫海艇非常相似,上层建筑布置较相像,而且二者的体量也较为接近,推测可能在设计时有所借鉴参考。

"桥立"级军舰的标准排水量为993吨,其中"宇治"舰公试时的实际排水量为1205.8吨,军舰全长80.5米,水线长78.5米,垂线间长76米,舰宽9.7米,舱深4.7米,平均吃水2.62米,体量超过了中国海军此前所拥有的大多数长江炮舰,全舰共编制158人(军官8名、技术军官2名、候补军官1名、士兵144名、雇员3名)。[3]

---

[1]《世界の舰船》增刊第47集,[日]海人社1997年版,第90页。
[2]《丸スペシャル·日本の炮舰》,1980年11月,第32页。
[3]《丸スペシャル·日本の炮舰》,1980年11月,第54页。《世界の舰船》增刊第47集,[日]海人社1997年版,第90页。

抗战胜利日本投降舰船志

"宇治"舰前部俯瞰，前方可以看到双联装120毫米口径炮，照片近处则是安装在驾驶室前的双联装25毫米口径高射炮

"桥立"级军舰装备两座舰本式全齿轮传动透平机，功率4600马力，配套两座当时尚属新式的"ホ"号舰本式重油专烧水管锅炉，设计航速19.5节，其中"宇治"舰在公试时测得功率4654马力、最高航速20.09节。"桥立"级舰上可搭载170吨重油，设计续航力2500海里/14节，"宇治"舰航试时的成绩超出较多，测得为3460海里/14节。[1]

"桥立"级的武备方面，主炮选用了3门120毫米高角炮，具体的型号为45倍径"10年"式12厘高角炮。该型高角炮当时在日本海军中主要用于充当海防舰的主炮，也曾在诸如"赤城""加贺"等一些航

"宇治"舰前主炮特写

"宇治"舰尾部的单管120毫米口径高角炮

空母舰和"古鹰""妙高"等级巡洋舰上充当防空火力，而以这种体型较大的

---

[1]《丸スペシャル·日本の炮舰》，1980年11月，第54页。《世界の舰船》增刊第47集，[日]海人社1997年版，第90页。

24

火炮充当炮舰的主炮则始自日本为伪满洲国设计建造的"定边""顺天"两级浅水炮舰。

"桥立"级装备的3门120毫米高角炮分作两组，其中两门以双联装形式配置（"A型改1"式炮架），安装在首楼顶部甲板前部架设的圆形底座上，充当前主炮。因为"桥立"级军舰的舰宽较窄，圆形的底座几乎一直占据到舷边。为了方便人员前往双联120炮位之前的锚甲板作业，圆形底座的两边设计成了可折叠式，必要时可以向上折叠，以便为人员让出前往锚甲板的通道（锚甲板区域的甲板地面铺设带有防滑花纹的金属板，从炮位开始向后的首楼顶部甲板以及主甲板均铺设木甲板）。"桥立"级军舰上的另1门120毫米口径高角炮则以单装方式（"B型改1"式炮架）安装在主甲板靠近舰尾的位置，同样也先铺设了一层圆形的底板作为安装平台。两处120毫米高角炮均带有防盾，可以在200米以上的距离抗御住13毫米口径机枪弹的射击。

"桥立"级军舰的副炮方面，首先是两座双联装"95"式25毫米口径机关炮，其中1座安装在前主炮后部舰桥建筑上的驾驶室前方，另外1座安装于甲板室顶部甲板靠近舰尾的位置，处于后主炮的后方。这型机关炮由法国哈乞开司公司生产，日本进口后编入日军兵器型号，最大仰角80度，最大俯角10度，是二战中日本军舰上使用最为普遍的中、近距离防空武器。

此外，舰上的武器还包括3门安装在甲板室顶部甲板中部以及露天舰桥后方的"92"式7.7毫米口径机枪，和可以临时配置各处的6门"96"式轻机枪。

"宇治"舰装备的各型枪炮性能参数一览[1]

型号	身长（毫米）	初速（米/秒）	仰角（度）	俯角（度）	弹重	最大射程（米）	最大射高（米）
10年式45倍口径12厘高角炮	5604	825	75	10	20.41公斤	15600	10000
95式25毫米口径高射炮	1500	900	80	10	250克	7500	6000
92式7.7毫米口径机枪	664.3	745	75	15	11.3克		

[1][日]森恒英：《日本の驱逐舰》，[日]グラソプリ1995年版。

"宇治"舰右舷甲板室特写

在长江内河作战时,这类小口径武器对于近距离上的目标极具压制力。

除火炮、机枪外,"桥立"级其他的武备还包括有12个"95"式深水炸弹(配套"爆雷落下伞1型"降落伞12只)、1个"扫海具3型"破雷卫。配合近海反潜的需要,舰上后来还安装了"93"式探信仪,探测距离1700米,方向误差正负6.5度,距离误差4%,较之英美相似的电波探信仪性能偏弱。[1]

外形构造上,"桥立"级军舰的首楼顶部甲板上依次为装备有锚机等作业设备的锚甲板、双联120毫米口径前主炮位,之后便是舰桥。"桥立"级军舰的舰桥为两层式,其中底部的一层布置军官舱等功能舱室。需要注意的是,"桥立""宇治"二舰的这层甲板室存在有明显的外观区别。可能是汲取了"桥立"实际使用中的经验反馈,"宇治"舰桥底层的甲板室向两舷方向有所拓展,据称其内部由此加强了无线电通信等能力。这一变化即是从外观上辨识"桥立"和"宇治"的重要特征。

在舰桥底层舱室之上的平台上,前方是双联装25毫米口径高射炮,后方是一座体积较大的驾驶室,驾驶室上有整排窗户,能见度好,为了在战时保护驾驶室内的人员,驾驶室每个窗户都有上下分开式的装甲板,驾驶室外壁同样也有可拆卸的装甲板,采用的是厚度为7毫米的高张力钢(DS钢)。位于驾驶室后方,设有安装着测距仪及方位盘火控设备的火控塔,用以指挥操控120毫米口径高射炮,是舰上的要害部位,外侧则设有6毫米厚的高张力钢装甲。

"桥立"级军舰的前桅杆为三脚桅式,前面的一只脚踏在舰桥建筑上,后

---

[1] [日]森恒英:《日本の驱逐舰》,[日]グラソプリ1995年版。

面两只脚则落在主甲板上，桅杆靠近上部的位置设有观察桅盘。从首楼向后的主甲板上，依次是一座略向后倾的烟囱，以及一座较长的甲板室建筑。"桥立"级的后桅杆安设在甲板室略靠后部的位置上，同样也是三脚桅样式，较前桅略低。在甲板室两侧的舷边，"桥立"级军舰各挂载两艘小艇。从甲板室向后，舰尾主甲板上的主要构件就是充当后主炮的1门120毫米口径高角炮。

以20世纪三四十年代长江上出现的各国炮舰来对比分析，很容易就能看出拥有3门120毫米口径火炮火力，且使用了方位盘火控装置的"桥立"级军舰具有明显的优势地位。仅从长江炮舰这一设计目的去考察，该型军舰可谓是优秀之作，不过此后"桥立""宇治"并没有能践行从设计时被赋予的使命，反而越来越多地去执行其本不擅长的工作。

流转之运

"桥立""宇治"号建成后，和根据《第三次海军军备补充计画》设计建造的川江炮舰"伏见""隅田"共同构成了日本海军在中国长江上的新的实力核心。不过此时日本已在筹谋对英、美两国开战，发动太平洋战争，日本海军将大量新锐和主力军舰配置在北部和中部太平洋方向，而对临近中国近海，且海上驻守兵力不强的英国殖民地香港、马来方向，则决定由总体实力较弱的支那方面舰队军舰担负协助陆军进行进攻作战的任务。支那方面舰队中具有出海作战能力的军舰本就有限，由此原本应当在长江和江口近海活动的"桥立""宇治"也被圈选挑中，于1941年11月先后被从长江内的第1遣支舰队调至担负华南沿海侵略作战的第2遣支舰队，准备参加进攻香港的作战。

1941年12月1日，第2遣支舰队领受攻略香港的命令，对属下军舰开始进行分工部署，"桥立""宇治"二舰因为火力较强，被编列在广东方面部队中的"进击部队"，担负保护珠江航路、攻击珠江及香港西侧海面英国舰艇、协助陆军进攻香港部队作战等任务。[1]

日本东京时间1941年12月8日凌晨，日军偷袭美国珍珠港海军基地，太平洋战争爆发。几乎与珍珠港的战斗同步，日军海陆并举也开始进攻英国在远东

---

[1]《中国方面海军作战》（2），[日]朝云新闻社1975年版，第344页。

重要的殖民地香港,"宇治""桥立"第一次在侵略战争中参加大规模作战行动。12日,二舰曾与"嵯峨"号炮舰一起配合陆战队进攻上下磨刀岛、铜鼓岛等岛屿。18日日军进攻香港岛时,"桥立""宇治"以舰炮火力支援登陆日军,炮轰压制英国守军。25日英国香港总督宣布投降后,"桥立""宇治"参加了27日进据香港水域的行动。其间,"宇治"在深水湾俘虏了搁浅状态的英国海军驱逐舰"色雷斯人"(Thracian)等5艘舰艇,"桥立"则在香港西港抓捕了9艘船舶,建立了其参加侵略战争以来的第一功。[1]

太平洋战争开战后未久,作为对日军偷袭珍珠港的报复,美国派出航空母舰搭载16架B-25型轰炸机冒险驶近日本近海,起飞对包括东京在内的多个日本城市实施了示威性轰炸,引起日本举国惊骇。日本军方经研判发现,以美军B-25型轰炸机的作战半径和着陆滑行距离,轰炸日本本土后根本不具有平安飞回航母的可能性,美军之所以能作出这样大胆的决策,是因为中国大陆沿海的浙江等地机场,能够为美军轰炸机提供轰炸完成后就近着陆的便利。为防本土再遭美国的空中打击,侵华日军遂准备发动旨在占领、破坏中国浙江沿海等地

1942年下半年停泊在江西九江附近江面的"宇治",前桅杆顶飘扬着代表第1遣支舰队旗舰身份的将旗

[1]《中国方面海军作战》(2),[日]朝云新闻社1975年版,第352页。

机场的"浙赣作战"。

因为"浙赣作战"中很多战场属于河网密布的区域，需要以长江作战为主要任务的第1遣支舰队配合行动。为加强长江上的舰艇战斗实力，"宇治"舰又被从华南召回，重新归入第1遣支舰队编制，作为舰队司令官牧田觉三郎海军中将的旗舰，参加了"浙赣作战"中在江西

1942年5月，第1遣支舰队司令长官牧田觉三郎（前排中央）和幕僚在"宇治"舰尾120毫米口径炮位附近的合影

鄱阳湖水域星子一带的战斗，姊妹舰"桥立"号则仍留在第2遣支舰队。

随着日本海军在中途岛等战役中失利，日军在太平洋方向的战事吃紧，在中国战场的侵略脚步因之稍稍减缓。适应这一变化，1943年8月20日，侵华日本海军调整编制，原第1遣支舰队取消，改编为扬子江方面特别根据地队，"宇治"舰仍然在列，作为根据地队的旗舰，充当日本在长江中游对华作战的主力军舰。

1943年末，鉴于海上运输线遭到英美军队的严重威胁，日本军令部下令实施《大东亚战争中海上交通保护要领》，日本海军中国方面舰队、佐世保镇守府、镇海警备府、高雄警备府等单位间缔结了《黄海、东海方面保护协定》，对中国、朝鲜、日本间海域进行划区分割，各自担负自己防区内的运输船护航任务。支那方面舰队主要负责中国沿海的运输航线保护，因为太平洋战争中海军舰只损失过重，此时中国方面舰队下辖的外海舰只较少，作为舰队内少有的设计时号称具备近海活动能力的军舰，"宇治"舰被看中执行护航任务。

1944年1月4日，"宇治"从扬子江特别根据地队调入上海方面根据地队，开始参加外海护航任务，主要活动在上海—台湾（基隆/高雄）、上海—厦门、

上海—青岛等航路上，偶尔也承担至日本本土的护航任务。[1]

在当时，能够在中国近海对日军运输船队产生威胁的，主要是英、美盟军的潜水艇部队，因而日军的护航舰只首要的能力就是反潜。但是从"宇治"舰的装备情况看，该舰仅有效能十分可怜的电波探信仪可用于侦搜潜艇，对潜攻击的手段则只有区区10余枚深水炸弹，几乎是以赤手空拳的状态去扮演商船保护者角色。以这样的军舰去护航，与其指望军舰本身能产生护航效能，倒不如说更像是自欺欺人的命运赌博。

更难以想象的是，"宇治"舰虽说设计时的用意是可以在长江和近海活动，但实际上为了满足进入长江航行的浅吃水条件，该舰基本牺牲了外洋航行性能，因而出海后的适航性极差。据当时日舰的舰员后来回忆，该舰出海后偶遇海况不佳就会出现全舰大幅摇摆不定的情况。

为了使"宇治"更适用于护航任务，该舰在1944年5月1日被送入日军占领下的上海江南造船所，由日本海军第一工作部实施增强外海航行能力的紧急改造。所谓增强外海航行能力，在没有可能根本改变"宇治"舰的平底、浅吃水舰型的情况下，能够选择的办法极为有限，第一工作部所做的努力，主要是增强"宇治"的稳性，其具体的措施是尽量降低该舰的重心高度。一方面，"宇治"舰的舱底被加入额外的配重以增大压舱物的重量，另一方面则开始努力减轻该舰高处的重量。为此，"宇治"舰前后桅杆的上桅被切除，降低桅杆高度，减少桅上重量，甚至于连烟囱顶部的防雨遮也被拆除。此外，考虑到执行护航任务时不太有可能与敌方军舰正面交火，"宇治"舰上的各种防弹装甲被全部拆除，以减轻上层建筑的重量，取而代之的是，以在中国江南地区就地取材的竹竿作

"宇治"舰舰桥局部特写，栏杆上可以看到敷设的竹甲

[1]《丸スペシャル・日本の炮舰》，1980年11月，第32页。

为防弹护材。日军经试验发现,由竹竿编成的竹甲具备一定的防破片能力,而且比金属装甲重量轻,于是在原先装有装甲的部位密集铺设两层竹竿聊以应付(一层横着铺设,另一层竖向铺设,这样能杜绝竹竿编组时缝隙部位防弹力不强的问题)。经过这番改造,"宇治"外观最明显的变化就是很多部位出现了竹甲。

除提升航行性能外,日本海军对"宇治"舰的另一项改造就是增强反潜能力,其具体的计划是在舰上加装"93"式水中听音机,以及加装两座"81"式深弹发射炮和两条深水炸弹投射轨道。将长江炮舰经过浮皮潦草的改造就充当出海护航作战的反潜军舰,对"宇治"的这种改造折射出的是日本海军在太平洋战争中军力损失越来越大时的无奈,而这种无奈的蛮干改造很快便招来了惨痛的恶果。

1944年5月22日,在南中国海也充当着护航舰角色的"宇治"的姊妹舰"桥立"号最先覆灭,被美军潜艇"大鮂鱼"(Picuda,SS-382)发射鱼雷击沉,沉没位置东经117度20分,北纬21度8分。[1]

8月21日,"宇治"舰与驱逐舰"莲"号共同承担由"对马丸""晓空丸""和浦丸"组成的"NAM103"船团的护航。当时这支船队载着大量根据

"宇治"舰舰桥前方的双联25毫米口径高射炮,可以注意其前方的护甲已经改为如同篱笆一般的竹甲

1945年6月拍摄的"宇治"舰驾驶室,可以看到防护钢板已经全部拆除,取而代之的是竹甲

---

[1] [日]池田贞枝:《太平洋战争沉没舰船遗体调查大鉴》,[日]战没遗体收扬委员会1977年版,第155页。

政府要求疏散去本土的儿童从琉球那霸出港，开往长崎方向。22日的深夜，由珍珠港基地出发而来，正在琉球北部的吐噶喇群岛恶石岛附近海域游弋狩猎的美国海军"弓鳍鱼"号潜艇（Bowfin，SS-287）发现了"NAM103"船团，随即展开攻击。排水量6754吨的运输船"对马丸"连续被3枚鱼雷命中而沉没，船上搭载的1500余名乘客大部遇难（乘客中包括准备疏散到日本本土的801名儿童，其中只有59名生还）。[1] 遭此袭击，"宇治"和"莲"可能自知反潜无能，竟然没有展开搜潜战斗，而是带着残余的两艘运输船以全速逃离事发海域。年末的10月1日，"宇治"舰被下令从日本海军的"军舰"舰种中划出，由此，装饰在舰首的菊纹章被灰溜溜地拆下。

进入1945年，日本海军在太平洋战争已是溃不成军，盟军战机对日本占领区和日本本土已经产生日益严重的威胁，从事护航反潜工作并不称职的"宇

1945年左右停泊在上海外滩江面的"宇治"舰，可以清楚地看到后桅上安装的"13"号对空电探天线，照片左下角的环形物是反潜用的电波探信仪天线

"宇治"舰长在舰桥右侧的留影，可以看到舰桥侧壁上绘有飞机图案和阿拉伯数字，表示着该舰当时击落的盟军战机数量

〔1〕〔日〕池田贞枝：《太平洋战争沉没舰船遗体调查大鉴》，〔日〕战没遗体收扬委员会1977年版，第202页。

1945年6月18日执行上海至青岛护航任务途中,"宇治"舰上在进行操炮训练的场面

"宇治"舰公章,该舰投降之后,公章被携回日本,现藏于日本东京靖国神社

治"舰在舰只损失严重的日本海军看来,似乎别有潜力可以挖掘,又决定将其改造为一艘防空水炮台使用。1945年5月14日,"宇治"进入佐世保海军工厂,进行旨在加强防空能力的改装。

在这一次改造中,"宇治"舰新增加了5门"96"式25毫米口径高射炮,主要安装在甲板室顶部甲板上。同时,为了提高对空警戒能力,"宇治"的后桅杆上安装了用于对空侦搜的"13"号电探。这型电探的天线体形庞大,在后桅杆上十分显眼,是识别这一时期"宇治"舰的最佳外部特征。针对"宇治"令人头疼的航海性能不佳问题,佐世保工厂在改造期间,利用该舰在第五船坞入坞维护的机会,在"宇治"水线下改装了长达50米的舭龙骨。

1945年6月后,"宇治"开始被配置在上海至青岛航线上,充当船队护航力量中的防空主力,在护航中以及停泊上海期间,多次遭美军飞机空袭。万幸的是,每次基本都是被护航的商船或其他护航舰遭难,"宇治"则一直侥幸。1945年8月9日,在又完成了一次护航任务后,"宇治"从青岛返航上海。和以往不一样的是,当时在英美盟军的强大攻势下,日本战略物资几乎就要耗尽,"宇治"舰此次航行时重油燃料已经所剩无几,被迫在青岛装载了一批山东花生油,按照20%的比例与重油掺合使用,混充作燃料。8月12日回到上海后,"宇治"马不停蹄,带着机舱中传出的花生油香味,被派前往浙江舟山定海,负责拖曳运送水上特攻队的船只返回上海。8月14日,"宇治"拖带着水上特攻船回到上海,15日清早正准备解缆出发,继续前往舟山定海执行拖带任务时,突然接到行动取消的命令。紧接着,日本宣布战败、无条件投降的消息便传到舰上。

投　降

　　1945年8月15日，日本正式宣布向同盟国投降，第二次世界大战结束。9月9日，中国战区受降仪式在南京举行，中国终于洗雪了自1894年甲午战争以来，邻国日本所施加在自己身上的种种屈辱，开始以胜利者姿态对日受降。9月10日，中国战区陆军总司令部向侵华日本总司令冈村宁次下达"军字第二号令"，规定除香港之外，自越南北纬16°以北地区的所有在华日本海军舰船、武备、物资等，全部由中国海军接收，中国海军总司令部参谋长曾以鼎作为海军接收专员。[1]

　　旋后，中国海军总司令陈绍宽亲自率曾以鼎一行赶到上海，对集中在上海的"宇治"等7艘日本炮舰实施接收。9月13日早晨，以侵略中国为目的而设计、建造的"宇治"等军舰，以屈服的姿态停泊在江南造船所第一工作部栈桥附近。正午时分，身着笔挺的中国海军一级上将制服的陈绍宽率领曾以鼎等6名军官、11名士兵，登上曾经是长江中侵华旗舰的"宇治"，巡视一番后，于下午1时举行受降仪式，日本海军的旭日旗从桅上降下，骄傲升起的是一面中国青天白日满地红国旗。陈绍宽宣布，将"宇治"编入中国海军，更名为"长治"。延续民国南京政府海军舰艇的命名传统，"长治"的舰名也是取了具有特殊寓意的地名，根据陈绍宽当时在现场的说明，"长治"舰舰名的寓意为长江上的统治者。[2]

　　9月14日，中国海军首批接舰官兵登上"长治"舰（军官17名，士兵60名），与仍然在舰的日方舰员办理交接。可能是考虑到便于和日方舰员沟通的问题，接收"长治"的军官主要是挑选出的原汪精卫伪海军军官，士兵则主要来自海军瓯江炮台。三天之后，包括末代舰长古谷野海军大佐在内的日本"宇治"舰官兵144人离舰。由于接收日本投降军舰不可能像接收英、美赠舰那样，能够获得配套的舰只操作和舰上武器的使用培训，为了能使中国海军尽快驾驭这艘陌生的军舰，海军总司令部另外留下了28名原"宇治"舰上的日本

---

[1]《海军舰队发展史》（一），（台湾地区防卫部门）"史政编译局"2001年版，第202—203页。
[2]《申报》，1945年9月14日第一张。《申报》，1946年1月14日第二张。

刚刚编入中国海军后的"长治"舰，总体外观和"宇治"时期没有什么区别，舰体上各处的竹甲此时已经拆除

技术官兵，在舰上担任教学、指导工作。至此，"宇治"化作了历史。在日本海军中本不起眼的"宇治"变为"长治"之后，以其近千吨的排水量，竟一度成为抗战后中国海军的主力舰。

初接收后，"长治"舰上一切装备均沿用日本时期的状态，至1945年末，"长治"舰中方舰员的训练逐渐就绪，该舰被派任为海军第二舰队旗舰，首任舰长邓兆祥海军中校，副长程法侃海军少校，舰员人数也上升至近200人。因为舰上具有完善的旗舰设施，同时又被海军总司令陈绍宽定为座舰。

1946年年初，一名中国记者参观了当时正在江南造船所维护的"长

"长治"舰首任舰长邓兆祥在舰首前主炮附近的留影，照片中可以看到前主炮下的安装基座

刚刚编入中国海军后不久的"长治"舰。仔细分辨可以看到安装在后桅杆上的"13"号电探天线

治"舰,绘声绘色地留下了关于"长治"舰的最早描述:

"我们走进会客室,室内布置整洁简单,除铺着白布的台椅外,屋角还有个约二尺高、一尺宽的小牌楼,里面有块'天上圣母'的红木牌,(驾驶室)是一个五六方尺的小室,四周罗列罗盘五座,两旁有两个二尺长的望远镜……由此下楼到前面甲板上,有口径12厘主炮两门,射程一万五千码,后边有四大箱以备急用的炮弹,每箱储有长可二尺余炮弹十二枚。再后即是储弹库,可用机器由舰身取出……因为扩音筒正在播送义勇军进行曲,我们便踏着兴奋的步伐,走向无线电室。该室设备复杂,有无线电机六座、电报机、电话机等。退出无线电室,经到船的后方去参观深水炮,外形好似一个牛角形,炮身三尺许,它的用法也很巧妙,是潜水艇的敌手。"

当这位记者即将离舰时,舰上军官的一番话令他颇受感动:

"中国的海军正在萌芽时期,正需要国人的重视和好的关怀,我们有这样长的海岸线,我们面对世界最大的海洋,我们有四万万五千万的同胞,而我们的海军却孱弱得如此。中国的海军,就在乎我们中国人是否有要它强大的决心。"[1]

然而这位记者可能并没有注意到,围绕着"长治"舰,此前中国海军已经发生了一场并非出自海军建设目的的重大人事变动。

1945年10月,为了尽快阻止山东八路军渡海抢占东三省,军委会委员长蒋中正命令海军总司令陈绍宽率领海军舰只前往黄、渤海阻断山东解放区和东北的海路交通。孰料陈绍宽并不接受命令,反而率领"长治"舰转往台湾、马公一带巡视。此后,蒋中正与以陈绍宽为首的闽系海军的矛盾全面爆发,12月26日蒋中正以"机密甲九一二七号"手令,下令撤销海军总司令部,一切业务收归军政部海军处管辖,陈绍宽一气之下解甲归田。旋后,军委会又以陆军总司令部呈请、军委会批准的双簧形式,下令:海军总司令部所属的第一、第二舰队归军事委员会直辖,在绥靖期间,受中国陆军总司令部之指挥,并由中国陆军总司令部下令配属于必要方面,协同陆军作战。

1945年12月29日,海军第一舰队司令陈宏泰开始遵照军委会命令,派出军舰前往渤海阻截山东、东北间的海上交通,主力舰"长治"因为在南巡台湾

---

[1]《申报》,1946年1月14日,第二张。

时发生了舰底漏水等问题,在江南造船所修理至1946年1月中旬后,遂离开上海,前往其在日本海军时期十分熟悉的青岛港。

抗战胜利未久,中国已处在内战边缘,而传统的闽系海军因为与中央的矛盾激化,此后开始出现大量闽系海军人员起义投向中国共产党的巨大变局。而这一变局的导火索,竟是因"长治"舰北上或南下的取舍而上演。

内战风云

1946年1月,"长治"在青岛及渤海巡防时,该舰稳性不佳,且舰底漏水的问题接连出现。借着送日本在舰指导官兵离舰的机会,"长治"于2月9日上午9时从青岛回到了上海,日方指导官兵则于10日正式离舰。

根据此后"长治"舰舰容的变化,推测该舰从2月开始在海军江南造船所进行了一系列改造。

"长治"的此次改造,一切以实用为主,因为当时中国共产党领导的军队根本不具有空中和水下武装,"长治"舰上很多防空和反潜设备都被拆除,"宇治"时期在1945年增设到后桅上的"13"号电探被拆除,同年增设的大量单管25毫米口径高射炮也被一一拆除,取而代之的是2门火力更为凶猛的40毫米口径高射炮(一说为1座),安装在后桅前方的甲板室顶部甲板上。其他诸如"81"式深弹炮、水中听音机,以及原设在烟囱之后的电波探信仪等设备也都全部拆除了事。由此,"长治"变成了一艘纯粹的"炮舰"。

1946年6月11日,由海军军舰指挥部参谋长魏济民率领,"长治"从上海

推测摄于1947年上半年的"长治"舰,后桅杆上的"13"号电探天线已经被拆去

出港驶往山东半岛执行黄渤海巡视任务，经青岛绕成山头，再巡防威海、烟台等共产党解放区城市附近海面，抓捕、制止从解放区驶出的船只。

"长治"舰上一名名叫李春官的福建闽侯籍水兵后来回忆了当时的情景："不到二个月就抓了渔船、民船10余艘，有6艘船里装了粮食、布匹、老百姓搬家的家具等。副舰长下令将船押到秦皇岛，把船上的东西卖光，军官们分赃后吃喝嫖赌，大肆挥霍。然后，又用这6艘空船，在秦皇岛装满偷来的煤炭运往青岛卖。"

当"长治"舰押着满载燃煤的6艘民船开往青岛途中，经过烟台附近海面时，发现海上有一艘正在航行的蒸汽船，遂用25毫米口径高射炮进行警告射击。当发现这艘民船上竟然装着60桶汽油后，"长治"舰派出李春官等5名士兵上船监视航行。后来航经山东石岛时，"长治"舰为了追赶运煤船，把装着汽油的民船丢在身后，最终这艘民船进入解放区石岛港，船上的5名"长治"舰水兵均被俘虏，押送至八路军威海警备区。经过一番思想教育后，5人被陆送至青岛，被赋予"到原来的单位去宣传在解放区的所见所闻和所学到的东西"的使命。后来5人辗转重新返回"长治"舰上，"长治"舰的军官此刻还不清楚，他们接回的这几名水兵中，竟埋藏着反叛的火种。[1]

1946年末，国民党军队开始进攻共产党山东解放区，在攻打胶东沿海城市的战斗中，海军军舰纷纷上阵，作为主力的"长治"舰几乎立刻出现在了第一线。1946年11月10日，"长治"与"咸宁"配合陆军，参加虎头崖战役（大陆现代称为粉子山战役），以舰炮炮轰掖县，对八路军守军造成很大杀伤，是为"长治"舰卷入内战后经历的第一战。

转年1947年的6月3日，国民政府试图从苏联手中收回旅大地区，经多次谈判后，派出东北行辕副参谋长董彦平带领的旅大视察团从沈阳北站乘火车抵达葫芦岛，由海军安排"长治"舰搭载视察团一行从葫芦岛前往旅大。虽然途中遇到狂风恶浪，航海性能十分低劣的"长治"居然平安抵达，成为第二次世界大战后第一艘到达旅大地区的中国军舰。

从旅大返回未久，"长治"在6月中旬接到命令赶往山东乳山一带海面，原因是行政院善后救济总署的"新英平"号运输船在南洪集（今乳山市海阳镇

---

[1] 李春官："我被解放军俘虏后受到的教育"，《解放战争时期国民党军起义投诚·海军》，解放军出版社1995年版，第640—641页。

美术作品：虎头崖战役中的"长治"舰。创作：王益恺

南泓村）附近海面搁浅。当"长治"与"美朋""美宏"舰抵达出事海域后，发现岸上已有八路军武装在活动，于是以炮火实施压制，而后派出汽艇前往"新英平"上救援幸存人员。但是"新英平"所运载的汽油、活动房屋、农具、蔬菜等物资已不知去向，乘坐该船的中央训练团派赴沈阳就业眷属140余人及其他乘客300余人也大都不见，"长治"等舰仅仅救回5人。据中共地方史记载，当地八路军武装曾从"新英平"上俘虏了一批国民党军政人员，并缴获了一批各种物资。[1]

还是在1947年的6月，民国海军改组舰队编制，原海防舰队划分为海防第一舰队和海防第

民国海军时期海军学校见习生在"长治"舰前主炮附近的留影。编入民国海军后，一度作为主力舰的"长治"曾接待过多批海军学校学生见习

---

[1]《中央日报》，1947年6月26日。

二舰队，长江炮舰出身的"长治"舰编入海防第一舰队的第三分队，与"逸仙""咸宁""永翔""永绩"等4艘老舰编列在一起。

1947年的下半年，"长治"舰奔忙在胶东沿海的龙口、烟台、威海等地，配合国军与共产党军队作战，10月6日还参加了解营口之围的战斗。1948年初，国军在山东战场的局势吃紧，威海、龙口、蓬莱等沿海城市相继弃守，"长治"舰又参加了从各弃守城市撤出军政人员的海上撤运行动。至当年秋季，解放军围攻秦皇岛，"长治"舰在舰长刘广凯指挥下，协助驻秦皇岛的范汉杰兵团司令部及新五军防御。鉴于当时进攻秦皇岛的解放军主要集结地、炮兵阵地距离海岸较近，"长治"利用自身吃水浅的优势，于夜间抵近解放军阵地附近海域，实施奇袭炮击，给解放军造成较大损失，被迫暂时放弃进攻秦皇岛。及至1948年年底，国军在东北战场全面失利，决定弃守秦皇岛，"长治"舰又参加了掩护秦皇岛守军海运大沽的战斗。[1]

据时任"长治"舰舰长刘广凯回忆，在完成掩护海运任务后，"长治"舰出大沽口外遇到了恶劣海况。从回忆中的记载，不难看到"长治"舰这种浅吃水平底船在大海上航行之危险："本舰驶离大沽口后，适遇海上发生强风，渤海中浪涛澎湃汹涌，而'长治'又系平底，凌波性较弱，船体倾斜达五十度左右，非常危急，几乎倾覆。"[2]

叛舰喋血

1949年初，随着华北战场上国军大势已去，"长治"和很多原本在华北沿海配合陆军作战的国军军舰一起从青岛南下，初期驻泊上海，旋即被调入长江，与从英国回国未久的"灵甫"舰等军舰停泊在下关江面，准备依托长江天险，参加首都保卫战。

正当国统区的媒体上充斥着一派背水决一死战的悲壮气氛时，当年2月25日，国府海军的"重庆"号轻巡洋舰突然发生起义，顺利通过吴淞口后北上投奔解放区，令国府的民心士气大受损伤。闻讯后，时任海军总司令桂永清立即乘坐"长治"舰从长江中游赶回上海坐镇处理"重庆"舰叛逃一事。因为

---

[1]《刘广凯将军报国忆往》，（中国台湾）中研院近代史研究所1994年版，第39—40页
[2]《刘广凯将军报国忆往》，（中国台湾）中研院近代史研究所1994年版，第41页。

担心和"重庆"同属英国援助舰的"灵甫"再发生类似的叛变,桂永清特别安排他心目中十分可靠的"长治"舰就近在上海监视、看管"灵甫",犹如宪兵一般。[1]

可是桂永清无论如何也不会料到,由他的亲信爱将刘广凯任舰长的"长治"舰内也早已燃起了预备武装起义的地火。

国共内战开始之后,国民政府海军舰艇对滨江海地域的解放区形成了十分严重的威胁,每每在大战的紧要关头,海军炮火的突然出现,让解放军多次吃亏,而且这些军舰显然也将是解放军解放全中国道路上的一道重要阻碍,从国共内战开始时,国统区的地下党组织就通过一些特殊的关系,开始设法运动尽量多的国民党海军舰艇起义。

1948年9月,中共上海局外县工委地下党派出党员陈健藩渗入国民党海军"昆仑"号运输舰任职,设法暗中策动该舰起义。当时陈健藩策动了"昆仑"舰上的福建籍军需上士何礼汶,又通过何认识了其老乡——"长治"舰上的陈仁珊、林寿安和曾经被八路军俘虏教育过的李春官三人,向三人灌输起义思想。

1949年3月,就在"长治"号被调赴上海监视"灵甫"舰的期间,恰好"昆仑"舰执行完运输任务后也来到上海停泊,陈健藩遂与"长治"舰上的三人小组在高昌庙一家茶馆进行了秘密会议,要求三人组成"长治"舰起义领导小组,同时向三人传授了起义后与解放区的联络信号等信息。3月下旬,因为陈健藩要专心组织策动"昆仑"舰起义,"长治"舰起义小组遂由中共上海局策反委员会派出专人直接联络领导,有关在"长治"舰上发动起义的准备工作开始步步递进。[2]

1949年5月,解放军开始进攻上海。为了配合陆军的防御作战,海军海防第一舰队军舰在吴淞口及长江、内河水域防守,以舰炮火力支援陆军,充当移动炮兵阵地。海军总司令桂永清选定"长治"为旗舰,亲自在沪坐镇指挥。当时"长治"主要在月浦、高桥一带炮击解放军,除了远射程的120毫米口径主炮外,舰上装备的大量25毫米口径高射炮因为射速快,对阻击、压制中近距离

---

[1]《刘广凯将军报国忆往》,(中国台湾)中研院近代史研究所1994年版,第41—42页。
[2]"'长治'舰在长江口外敲响武装暴动的钟声",《解放战争时期国民党军起义投诚·海军》,解放军出版社1995年版,第154—155页。

处的解放军更为奏效。就在国军保卫大上海的作战日益白热化时，国府突然决定放弃山东半岛的孤城青岛，5月22日，桂永清乘坐"长治"督率临时征用的一批运输船只前往青岛，指挥和掩护青岛军政人员的撤运，至6月初顺利完成，随后即驶往舟山群岛，以定海为驻泊基地。〔1〕

在定海期间，"长治"舰上的陈仁珊、林寿安和李春官三人进一步商议，认为虽然因解放军5月27日解放上海后无法再与上海地下党组织取得联系，但是仍应该从速发动起义。三人根据当时"长治"舰上的军官多为青岛系、电雷系人员，而舰上水兵中的福建籍人员因闽系在海军中失势，饱受军官歧视，怨气较大，决定大量发展舰上的闽籍水兵参加起义。

经过先后三次秘密会议，"长治"舰上的闽籍起义士兵组织人数扩大到了43人，而且有关起义的细节方案也日益成型，其预定的起义模式和"重庆"舰解委会的起义方法几乎完全一致，即首先控制住舰上的轻武器，而后占领、管控全舰，驶往解放区。在1949年9月初进行的第三次秘密会议上，起义组织明确了起义时的各人分工，以及起义发起时的口令为"耶稣"等细节安排。

国府海军自上海失守后，以舟山群岛的定海为基地，为了执行国府封锁长江口的战略，海军舰只此后的主要任务改为在长江口一带巡弋，拦阻、抓捕从长江口出入的船只。而这一情况恰好为"长治"舰起义提供了便利条件，即一旦"长治"被派前往长江口执勤，那么意味着起义后只要经过短短的一小段航程，军舰就能进入长江和解放区，其危险性比以往其他军舰的起义活动都小了许多。

8月间，"长治"与"永靖""永定""固安"参加配合陆军八十七军王永树师突袭镇海的战斗。9月15日，起义小组盼望的机会终于出现，当天，已经升任海防第一舰队司令的原"长治"舰舰长刘广凯秘密命令"长治"前往长江口换班，执行封锁任务。由于该舰当时储备的淡水不足，舟山定海又难以提供补给，于是决定由该舰到长江口执行封锁时自行设法获取淡水。16日，在接任未久的新舰长胡敬瑞（抗日战争中任"史102"号鱼雷艇艇长，参加了突袭日本军舰"出云"的战斗）指挥下，"长治"舰驶离舟山定海。仿佛有所预感一般，舰队司令刘广凯对"长治"此行的安全极为在意，要求空海电台在"长治"出海后，必须每4小时与该舰联络一次，以便掌握舰上情况。〔2〕

〔1〕《刘广凯将军报国忆往》，（中国台湾）中研院近代史研究所1994年版，第43—45页。
〔2〕《刘广凯将军报国忆往》，（中国台湾）中研院近代史研究所1994年版，第51页。

鼓浪海魂——"长治"号航海炮舰

9月17日,"长治"舰长在长江口截获一批民船,按照封锁条例将民船上的物资掠夺一空。18日白天,"长治"舰表面上仍然是一派风平浪静,当天对"长治"舰的安全十分牵挂的刘广凯还与舰长胡敬瑞进行通话,千叮咛万嘱咐,胡敬瑞答称:"一切状况正常,淡水现已加满,决定于明日上午驶返定海待命,请释钧念。"[1]

到了18日晚间,"长治"舰起义小组开始了行动。19日凌晨2时5分,停泊在长江口的"长治"舰上响起了起义人员敲响的舰钟声,而后高喊着"耶稣"的起义士兵开始了行动。为了确保起义成功,起义水兵还预先控制了安装在甲板室顶部的25毫米口径高射炮炮位,对全舰实施火力监视。

起义士兵首先来到军官舱,打死了枪炮官王英璋(北平人),取得轻武器库的钥匙,控制了全舰的轻武器。起义水兵陈世忠等冲进舰长胡敬瑞的舱房,当胡转过身穿军服时,因为看到其军裤上挂有一把手枪,起义水兵以为其要拿枪,随即从背后开枪将胡敬瑞打死,胡死时仅39岁。"长治"舰的大副、浙江衢州籍、汪伪中央海军学校出身的孔祥栋在起义爆发时正在驾驶室值更。起义水兵围攻驾驶室时,孔身中两弹,此后冒死冲向驾驶室外、位于舰桥一层顶部甲板前方的25毫米口径高射炮,以高射炮射击前主炮的弹药箱,意图引爆军舰,同归于尽,最后被起义士兵乱枪打死。孔祥栋操作25毫米口径炮射击时,炮弹击中引燃了前主炮后方的一个弹药箱,其中的12枚120毫米口径炮弹被火焰包裹。大火后来被起义士兵冒险扑灭,其中陈玉珊一人从火中搬出了所有的炮弹投海,避免了舰毁人亡。[2]

此外,"长治"舰的航海长孙幼仁(江苏江都人),一等电讯佐王书芬(山东荣成人),一等兵陈克法、韩斗辰、于化文等也在战斗中被起义士兵打死,总计起义过程中,"长治"舰上共有舰长以下军官5名、士兵6名被起义士兵打死。[3]

起义士兵在击毙了多名高级军官后,成功占领了驾驶室、电讯室、轮机室等要害部门,并将反对起义的士兵关入第一士兵舱。之后,由老舵工郑宝德负责驾驶,

---

[1]《刘广凯将军报国忆往》,(中国台湾)中研院近代史研究所1994年版,第51页。

[2]"'长治'舰在长江口外敲响武装暴动的钟声",《解放战争时期国民党军起义投诚·海军》,解放军出版社1995年版,第158—159页。

[3]《海军忠烈将士史迹》,(中国台湾)海军出版社1951年版,第73—74页。

起义后停泊在南京燕子矶附近江面上的"长治"舰，整个上层建筑都做了伪装

悬挂起了红旗的"长治"舰顺利驶入吴淞口，在19日拂晓5时靠泊到上海外滩的武昌路码头旁。闻讯后，原国民党海军少将、解放军华东军区海军后勤部副司令员曾国晟等上舰欢迎，至此海防第一舰队旗舰"长治"起义成功。

为了加强对军舰的管理，"长治"舰成立临时管理委员会，起义领导人陈仁珊、林寿安、李春官等担任委员，而委员会的正、副主任则由没有反对起义的原"长治"舰轮机长郑成捷和枪炮员王炳生担任。因为担心国民党空军飞机会前来轰炸，起义人员提议将军舰外部油漆成迷彩色，于是"长治"舰匆匆驶入高昌庙江南造船厂，由该厂快速地进行迷彩涂装。工作完成后，"长治"于当天下午5时左右起锚，沿长江上驶，20日在镇江暂泊，21日早晨到达南京燕子矶江面下锚，此后又在舰体外部用渔网等材料遮蔽，进行了进一步的伪装。[1]

"南昌"舰

1949年9月19日上午10时，身在定海的海防第一舰队司令刘广凯突然接到空海电台报告，称当天凌晨3时以后就与"长治"舰失去了联系。

据刘广凯后来回忆称，当时听到这一消息，感觉"好似晴天打了个霹雳一样，一时心情乱如麻"[2]。当天下午，海防第一舰队司令部用无线电连续呼叫"长治"舰达3小时之久（从中午12时至下午3时），但没有任何的应答。刘广凯感到事态严重，遂亲自赶往定海机场，向空军副总司令王叔铭通报"长治"舰可能已经叛变的消息，要求安排飞机前往长江口上空侦察。随后，刘广

---

[1] "'长治'舰在长江口外敲响武装暴动的钟声"，《解放战争时期国民党军起义投诚·海军》，解放军出版社1995年版，第159页。

[2] 《刘广凯将军报国忆往》，（中国台湾）中研院近代史研究所1994年版，第51页。

凯乘坐空军派出的1架B-25型轰炸机从定海起飞,到达长江口上空时,发现江口海面上停泊有一艘军舰,刘广凯以为是"长治"舰,立刻用无线电进行呼叫,后来发现原来是一艘英国海军的驱逐舰。B-25轰炸机在长江口上空盘旋飞行一阵,因为没有发现"长治",于是继续循长江飞行,一直飞到上海外滩上空,仍然没有看到"长治"舰的踪迹,"乃即判定该舰已叛逃无疑"。[1]

模仿"重庆"舰起义后的应对处置方法,刘广凯立即请示空军派出飞机将"长治"舰炸沉,但是9月21日定海一带大雾弥漫,空军飞机无法出动,一直等到22日雾散之后,才得以开始前往长江口一带寻找"长治"。22日当天,空军飞机在上海一带上空侦察,并没有发现"长治"。23日,空军再出动一组B-25型轰炸机,上午10时终于在南京采石矶附近江面上看到了"长治"舰,当即开始投弹轰炸,以3架轰炸机为一批,分作6批进行投弹。[2]

国民党空军飞机轰炸结束飞离后,解放军方面担心起义人员连续进行护舰战斗过于疲劳,一旦防空不慎而造成军舰被炸坏,则太过可惜,于是决定要求"长治"舰先靠泊到南京下关码头,将舰上的火炮、重要仪器等设备拆除,而后再前往燕子矶与笆斗山之间的江面,进行保护性的自沉,以待异日条件合适时打捞修复。当天下午3时30分,"长治"舰的身影从长江上消失。[3]

对于自沉一事,当时解放军进行了保密处理,新华社27日播发新闻时伪称"长治"在23日被轰炸机炸沉。国民党空军对此深信不疑,引以为空军的一大战绩。至此,国府方面认为这艘叛舰已然被消灭。

"长治"舰自沉后,全体起义人员于1949年10月底编成"长治中队",前往华东海军学校学习。浸身在大江底的"长治"则在1949年年底,由华东军区组织实施打捞。对于当时只拥有千吨以下小舰艇的华东海军而言,"长治"简直可谓是第一流的巨舰,因而在打捞工作中,华东军区海军司令员张爱萍甚至亲自来到现场,和官兵、工人一起参加作业。1950年2月24日,"长治"终于重新显身于江面,顺利浮起,之后便被拖至江南造船厂进行修理,临时定舰名为"八一"舰。当年4月23日,华东军区海军在南京江面举行建

---

[1]《刘广凯将军报国忆往》,(中国台湾)中研院近代史研究所1994年版,第51—52页。
[2]《刘广凯将军报国忆往》,(中国台湾)中研院近代史研究所1994年版,第52页。
[3] "'长治'舰在长江口外敲响武装暴动的钟声",《解放战争时期国民党军起义投诚·海军》,解放军出版社1995年版,第159页。

华东军区海军司令员张爱萍（前排左一）在打捞"长治"舰的现场参加作业

打捞出水后在江南造船厂维修的"长治"舰

在黄浦江上试航的"南昌"舰，此时该舰的武备、外观和"长治"时期相差无几，舰首日制主炮的轮廓十分明显

张爱萍和"南昌"舰水兵谈话，后方推测是位于舰尾的单管120毫米口径高角炮

军一周年庆祝及舰艇命名活动，尚在江南造船厂内维修的"长治"虽然没有能够到场，但是也获得了新的舰名，按照华东军区海军的舰艇命名规则，被更名为"南昌"舰。4月24日，华东海军整编所辖的舰艇部队，"南昌"列入第六舰队，在7月间修复入役，正式成为第六舰队的指挥舰，舰种定为护卫舰。[1]

日本海军史学者田村俊夫分析认为，初编入解放军海军后的"南昌"舰，并没有恢复日制武器，在原来的前、后主炮炮位上，各安装了1门苏联制100毫

---

[1] "'长治'舰在长江口外敲响武装暴动的钟声"，《解放战争时期国民党军起义投诚·海军》，解放军出版社1995年版，第159—160页。张爱萍："忆创建人民海军"，《海军·回忆史料》，解放军出版社1999年版，第6页。《海军·综述、大事记》，解放军出版社2006年版，第250、252页。

1951年左右拍摄到的"南昌"舰，已经全面换装苏联制武器

米口径舰炮，防空火力方面，则将2门75毫米口径高射炮分别安装到舰桥一层顶部甲板前方，以及后桅杆后方的原25毫米口径炮炮位上，另还安装了4门20毫米口径机关炮。

然而根据20世纪50年代早期的"南昌"舰照片分析，实际上"南昌"舰最初修复时，完全沿用了"长治"/"宇治"时期的武备，即120毫米口径高角炮和40毫米、25毫米炮等。

不过这种状态保持的时间非常短暂，随着苏联支援的武器日益增多，解放军海军也开始改变了舰艇武备"万国造"的面貌，开始统一换装苏联制式武器。

华东海军时代，"南昌"舰机舱内的工作情景

可能在1950年下半年或1951年间，"南昌"舰的主炮被更换成苏联制B-13型130毫米口径舰炮，原先前主炮下方的安装基座被拆卸不用。驾驶室前和后桅杆后的两处原双联25毫米口径高射炮安装平台则向两舷方向做了拓展，各安装2门70-K型37毫米口径高射炮。此外，

"南昌"舰舰首的130毫米口径主炮

甲板室顶部甲板居中的位置上另安装1门70-K型37毫米口径高射炮。（1955年左右，除甲板室顶部的那门70-K型37毫米口径高射炮外，其余4门该型高射炮都改为中国自造的61式37毫米口径高射炮。）

"南昌"舰在换装苏联制武器的同时，原先的舰上建筑也发生了很大的变化。日式舰炮拆除后，驾驶室后方的方位盘火控塔便成了无用的摆设，于是在换装苏联制舰炮的同时，拆除了这座火控塔，借此将驾驶室顶部布置成一个露天指挥平台，其后方则安装1部B-13型130毫米口径舰炮用测距仪。

电子设备方面，"南昌"舰恢复了原先"宇治"时代安装在烟囱后方甲板室顶上的电波探信仪，并在后桅杆上添装了另外一部电波探信仪。"南昌"的前桅杆则按照当时苏式小军舰的通常设计，安装了导航雷达和平面搜索雷达。原先舰上的4艘用吊艇架收纳的舢板只保留2艘，另外的2组吊艇架拆除之后，在其附近布置了2艘橡皮救生筏。另外，"南昌"的舰尾没有保留日本时期的反潜设备，而是添设了一部烟雾发射器。

编入人民解放军后的"南昌"舰，舷号定为"210"，因为排水量大、火力强，尽管出海航行能力不佳，仍然是华东军区海军中的主力舰，延续着这艘军舰历史上的传统地位，继续充当舰队内的旗舰角色。1951年12月1日，新生的中华人民共和国国家领导人首次校阅"南昌"号，当天国家副主席刘少奇上舰视察，并题词"为保卫祖国的海岸而奋斗！"[1]一年后，1953年2月24日，国家主席毛泽东由时任华东军区海军司令员陶勇等陪同，在南京附近江面检阅

采用"210"舷号后的"南昌"舰

---

[1]《海军·综述、大事记》，解放军出版社2006年版，第268页。

鼓浪海魂——"长治"号航海炮舰

美术作品：东矶列岛战役中与"太和"舰炮战的"南昌"号。创作：王益恺

了"南昌""广州""黄河""长江""洛阳"等军舰，在"南昌"舰上视察时，题词"为了反对帝国主义的侵略，我们一定要建立强大的海军。"[1]

编入解放军海军几年后，被国府方面认定已经被炸沉的"南昌"终于和国民党海军军舰在海上相遇。

1954年5月11日，根据解放军总参谋部电示，华东军区海军发起了东矶列岛战斗。侦知三门湾附近可能有大量解放军舰艇存在，国民党海军的美制护航驱逐舰"太和"于5月16日单舰前往侦察。当天中午11时50分，"太和"的雷达在菜花岐以东海面发现2艘疑似军舰的目标，随即备战，迎头前冲。此时出现在"太和"舰眼中的，正是解放军的军舰。

当天上午8时5分，解放军华东海军第六舰队的"南昌""广州""开封""长沙"4舰从檀头山以北锚地启航，"南昌"与"广州""长沙"隐蔽至菜花岐北方1海里处待机，由"开封"舰前出至菜花岐以南6海里处侦察诱敌。

10时50分"开封"舰发现了"太和"，11时3分，准确判定其身份是一艘"太"字军舰，立即向后方的编队汇报。此后，"开封"舰采取诱敌策略，引诱"太和"舰追击北上。11时38分，"南昌"舰率领"广州""长沙"以12节编队航速南下，11时50分在距离"太和"8.6海里时，解放军舰艇编队分为

---

[1] 刘松："难忘的航行"，《海军·回忆史料》，解放军出版社1999年版，第287页。

两组，"南昌""广州"直接迎战"太和"，"开封""长沙"则从左翼包抄。"太和"舰在11时50分所发现的，正是"南昌"和"广州"舰。

11时59分，"南昌"和"广州"在距"太和"7.3海里时开始炮击，于12时3分命中"太和"。此后"太和"舰转舵逃跑，"南昌""广州"编队暂时停止炮击，转向追赶，在12时7分距离"太和"8.4海里时再度进行炮击，于12时15分击中"太和"。根据解放军战报描述，当时"南昌"等舰可能击中了"太和"的舰尾，该舰冒起白烟。但台湾地区国民党海军的战报中没有对应内容，反而称是开火击中了解放军军舰，二者的记录莫衷一是。时至12时18分，双方距离过远而战斗结束（台湾方面称下午1时许战斗结束）。

此战，解放军称为"檀头山东南海面击伤蒋军'太和'号战斗"，又称东矶列岛海战，台湾方面称为鱼山西北海战，是解放军海军史上罕见的海上炮战战例。战斗中，虽然解放军有4艘军舰参战，但是"开封""长沙"舰动作机械、迟缓，未能实现包围"太和"舰的战术设计，且"长沙"舰因为发生了主炮故障，一炮未发；而"广州"舰因为舰员训练不扎实，对舰炮了解不足，命中率低下。事实上战斗中起主要作用的只是"南昌"舰，其130毫米口径舰炮对"太和"舰形成了压制态势。[1]

在檀头山以东发生的罕见的舰艇间炮战过去后，"南昌"舰还曾经参加了解放一江山岛作战。1955年8月6日，华东军区海军改编为中国人民解放军海军东海舰队，所辖第六舰队改称护航舰某支队，"南昌"舰依然列在护航舰支队内，担任指挥舰的角色。1965年4月30日至5月1日，东海舰队司令员陶勇乘坐"南昌"舰，率领福建基地6艘护卫艇在台山岛附近海域伏击国民党军舰，进行了著名的五一海战，重创"东江"舰。[2] 经历几次海战后，"南昌"成为人民海军历史上少有的拥有多次战功的中大型军舰，五一海战同时也为"南昌"舰的战斗生涯画上了句号。此战之后，"南昌"的舰史转归平淡，再未出现和台湾地区军舰对决于海上的火爆战例。

"文化大革命"运动中，为了纪念毛泽东1953年视察"南昌"舰，海军司

---

[1]《海军战史资料·战例选编》（二），中国人民解放军海军司令部1981年版，第41—43页。《国民革命军战役史·戡乱后期》（上），（台湾地区防卫部门）"史政编译局"1989年版，第145—146页。

[2]《海军战史资料·战例选编》（二），中国人民解放军海军司令部1981年版，第178—179页。

鼓浪海魂——"长治"号航海炮舰

令部在1968年2月15日通知将"南昌"的舷号改为十分特别的荣誉舷号"53-224","南昌"由此成了海军中骄傲的荣誉舰。[1]"文革"之后,随着海军装备现代化建设日益提速,"南昌"舰的重要性降低,逐渐变成承担训练任务的军舰,至1979年退出现役。1981年1月,"南昌"舰的荣誉舷号被撤销,恢复原舷号。同一年,人民解放军海军的一艘新造051型驱逐舰继承了"南昌"的舰名。

"文化大革命"时期拍摄的"南昌"舰驾驶室内景

当年发动起义,将"长治"舰送入红旗下的起义水兵们,其后来的经历要比军舰坎坷得多。除了起义领导人陈仁珊曾任人民海军厦门基地司令员外,"长治"舰的其他起义领导者因为在起义时并不是共产党员,以至于在后来的很长时间里,他们的行为是否属于起义都未能得到定性,大多数起义水兵被作

20世纪70年代初拍摄到的"南昌"舰,可以留意驾驶室前的高射炮已经换为61式双联装37毫米口径高射炮

[1]《海军·综述、大事记》,解放军出版社2006年版,第374页。

为国民党士兵而遭回原籍。直到1979年，为曾经的战友们进行了多年申诉上告的陈仁珊，终于在当年联络他们的中共上海局外县工委负责人的证明下，证明了他和战友们的身份，以及当年夺舰行为的性质。

当年的中共上海局外县工委周克后来回忆了"长治"舰起义水兵在身份得到承认时的那一幕：

"陈仁珊他们当时坚持要求起义的人当中要来几个人，他找了几个人，就是43个人当中有几个人，有的在上海工作，有的流落到福建，把他们找来开会。他们就吐了苦水，说我们怎么苦，怎么苦，我们真是伤心透了。会后就讨论，最后政治部副主任接受了，同意了，说这样吧，当时参加起义的人，还有些什么人，陈仁珊既然他都认识，是不是我们发点补助费给他们，每人发500块钱。当然500块钱比现在值钱，但是他们那时候年龄也都大了，1949年到1979年，30年了，有的人不在了，有的人已经流落了，有的人也没有成家，后代也没有，什么都没有。人最好的年华都过去了，痛苦，但总算还是有500块钱，承认他们起义。有关方面要陈仁珊负责去发钱。1979年到1981年，他奔波于北京、福建、江苏、上海各地，为各地的'长治'号起义人员落实政策。福州是他工作的重点，为此，他在福州的海军招待所住了三年多。人有的找到，有的没找到，找到了发500块钱，最后安抚下来，这桩公案算了了，就算承认了是地下党组织的起义。"[1]

1985年，距离"长治"舰起义30余年后，中共中央统战部、总政治部联合拟定了对海军起义人员补助问题的解决办法《关于解决部分原国民党海军起义人员工资待遇等问题的请示报告》，"长治"舰起义的部分水兵被列在起义人员名录内，和他们列在一起的还有"重庆""灵甫"等军舰的起义人员。

据记载，诞生于第二次世界大战中、为了侵略中国而建造的日本军舰"宇治"，在经过了每况愈下的前半生后，转入中国海军以"长治"和"南昌"之名度过了风云激荡的后半生，最终是在1990年前后被拆解。

和大多数人民解放军军舰有所不同的是，有着丰富舰史故事的"南昌"舰虽然被拆解无存，不过1957年上海电影制片公司的海燕电影制片厂，将"长治"舰1949年起义的故事拍摄成了电影《海魂》，而影片中扮演剧中起义军舰

---

［1］周克："'长治'号旗舰起义"，《联合时报》2009年8月7日。

"鼓浪"的,正是"南昌"号。借着银幕上的光影变幻,当年"长治"舰起义的一幕幕故事都生动了起来,更为重要的是,作为起义的主角,"南昌"舰的构造、形象,也被永远地以活动影像的形式记录了下来。

江上沉浮

——日降川江炮舰

日本海军的川江炮舰

中国南方的大河长江蜿蜒数千公里，将东南沿海与西南内地诸省联络一气，是沟通外海和内陆的交通捷径，沿线航运、通商历来繁忙，被誉为黄金水道。十九世纪降临，西力东渐时代的大幕开启后，在华有利益索取的欧西列强对长江流域的航权和沿岸的通商、传教权产生了浓厚的兴趣，及至向清政府勒索特权，在长江之中派驻专门的警备军舰以保护沿线的特权利益。中国的东邻日本也紧随其后，凭着中、日两国1871年签订的《日清修好条规》中有关两国军舰可以自由往来于指定口岸保护商民的条款，早在1885年4月日本海军炮舰"清辉"号就被派进驻长江口的城市上海，开始了日本军舰在中国长江流域活动的历史。

甲午战争中国战败后，清王朝被迫和日本签订了丧权辱国的《马关条约》，条约中日本除了勒索巨额赔款和割占中国土地外，还别有用心地要求开放重庆、沙市等长江中上游重要城市为通商口岸，同时允许日本商船在宜昌至重庆间航段航行。此举事实上将长江的航权拱手让予日本，日本海军在保侨护商的旗号下就此可以深入长江内地。不过当时日本海军派在中国驻防的军舰多为普通的炮舰，吃水较深，仅能够在中国沿海以及长江下游等地区航行，无法进入滩多水浅的长江中上游地区。为此，甲午战后日本海军在第二期扩张案中就决定专门设计建造一种能够通行于重庆至上海江域的军舰，以便在中国长江

流域执行警备，即此后的川江炮舰，日本称为河用炮舰。当时全世界以英国设计、建造此类舰种最为著名，日本海军首先采取了在英国两家有着川江炮舰设计建造经验的著名船厂分别订造一艘的办法，以此对比设计优良与否，把握设计精髓，从而快速完成日本海军在这种军舰上的设计建造知识和经验积累。[1]

停泊在中国川江上的日本炮舰，均为"势多"级。照片1931年前后拍摄于重庆附近

1903年日本海军的第一批川江炮舰"隅田""伏见"号分别在英国的桑尼克罗夫特（Thornycroft）和亚罗船厂（Yarrow）开工，建成后拆解运输到地处江海交界之地的上海就近进行组装。此后"隅田"舰在1911年3月成功测量、探清了从洞庭湖到达湖南常德的航线，"伏见"更是在同年的5月一路航行深入长江上游，直达位于重庆上游的泸州。[2]从此不仅日本军舰在中国的长江重庆至上海段纵横无忌，日本的商船、航运随之渗透而至，被称为"开创了对中国贸易的新世纪"[3]。

与此同时，日本海军于日俄战争后对在华的舰队组织进行重编，1905年新设了南清舰队，专门负责包括长江流域、中国南方沿海、台湾沿海等区域的警备，川江炮舰"隅田""伏见"便作为舰队在长江中活动的重要力量。[4]1908年南清舰队改编为第3舰队，1917年在第一次世界大战的烟云中将以长江为主要活动舞台的"隅田"等舰又编为第3舰队第7战队，旋即于1918年8月10日单独编列为遣支舰队，仍然负责执行长江和中国近海的警备任务。[5]第一次世

---

[1]《海军》第2卷，[日]诚文图书1981年版，第195—198页。
[2]《世界の舰船》增刊第47集，[日]海人社1997年版，第95—96页。《中国方面海军作战》（1），[日]朝云新闻社1974年版，第85页。
[3]《中国方面海军作战》（1），[日]朝云新闻社1974年版，第85页。
[4]《中国方面海军作战》（1），[日]朝云新闻社1974年版，第84页。
[5]《中国方面海军作战》（1），[日]朝云新闻社1974年版，第115、120页。

1937年停泊在上海黄浦江上的日本川江炮舰"二见"号

界大战结束后，1919年8月9日遣支舰队被改编为第1遣外舰队。[1] 1932年"一·二八"事变发生之后，第1遣外舰队又重新编回第3舰队，其中川江炮舰主要列在第11战队名下，专门负责长江流域的警备。此时第3舰队中的川江炮舰已经在早期拥有的"隅田""伏见"基础上，编入了大量日本新造的舰艇，形成了一支规模可观的江上武装力量。

1937年日本发动全面侵华战争，8月13日淞沪大战打响，常年在中国长江内河活动的日本海军第3舰队第11战队立刻成为配合陆军作战的急先锋，参加了上海浦东作战、黄浦江阻塞线打通、靖江八圩港渡江战、江阴阻塞线打通、攻占南京、长江下游扫海等作战行动。此后随着日本侵华的战火顺着长江不断蔓延向中国内地，第11战队川江炮舰的"特长"得以一步步充分发挥，成为日本海军溯江作战的主力。

1937年10月20日，日本海军第三舰队和新编的第四舰队合编为中国方面舰队，随后于1938年编成中国方面舰队的扬子江部队，以装备川江炮舰的第11战队为主干，从当年初夏开始溯江进击，配合日本陆军一路西进，攻掠了长江沿线的安庆、九江、武汉、岳州等重镇。在中国海军军舰几乎全被日本航空兵摧毁的情况下，这些挂着太阳旗的川江炮舰在中国的水域如入无人之境。1939年末日本陆军设立中国派遣军总司令部，海军在华作战舰队也作了大幅的编制调整，第3舰队改编为第1遣支舰队，仍然以主要由川江炮舰组成的第11战队为主力。

日本挑起太平洋战争后，其海军的战略重心进一步转移，只适应在长江等内河浅水活动的川江炮舰无法驶出外海，又因为长江上事实上已经没有具有足

---

[1]《中国方面海军作战》（1），[日]朝云新闻社1974年版，第120页。

够威胁性的敌手,在日本侵华战争中的重要性逐渐降低,第11战队开始主要充当长江沿线的警戒、治安工作。至1943年8月20日,第1遣支舰队被降格为扬子江方面特别根据地队,成为以汉口为基地的防卫警备性部队,其下所属的川江炮舰被列编为第21、22、23、24等4个炮舰队。随着日本在与盟国作战的战场上节节败退,中、美等盟国空中力量不断加大对日伪占领区的空中打击力度,因为缺乏防空力量,并不以防空火力见长的日本川江炮舰也被委以防空使命,主要负责在上海至汉口间江段护卫日本的运输船只。

1945年8月15日,在同盟国的强大军事打击下,日本宣布无条件投降。9月9日,中国战区受降仪式在南京举行,中国人民的抗日战争取得完全胜利。受降仪式后第二天,9月10日中国战区陆军总司令部即专门就接收日本投降军舰问题向日本中国派遣军总司令冈村宁次下达命令,要求所有驻华以及越南北纬16度以北地区和台湾、澎湖地区的全部日本海军舰艇、军械、物资、建筑等一律由中国海军受降,曾经在中国长江上不可一世的日本川江炮舰一瞬间成为了阶下囚。细细点算,抗战胜利时向中国海军投降的日本川江炮舰,覆盖了从最初的"隅田""伏见"之后的日本全部川江炮舰型号,计有"隅田""伏见""鸟羽""势多""热海""伏见"(二代)等共6级,可以说中国海军不仅仅接收了日本海军的装备,甚至可以视作是将日本川江炮舰这一舰种全部接管。[1]

"鸟羽"

抗战胜利时向中国海军投降的日本川江炮舰中,舰龄最老的是和"隅田""伏见"渊源颇深的"鸟羽"号。

日本海军早在1903年向英国订造首批川江炮舰"隅田""伏见"时,就已经做好参考学习以便未来自造的准备。1911年7月7日,借鉴了从"隅田""伏见"二舰所获得的设计和使用经验,日本国造第一艘川江炮舰在佐世保海军工厂正式开工。因为建造期间中国国内爆发了辛亥革命,长江沿线局势震动,日本海军急需增派舰船进入长江流域维护在华利益,佐世保工厂日夜趱工,仅仅只用了三个月的时间就将这艘新舰顺利送下水,11月7日下水后又只花费了10

---

[1] 包遵彭:《中国海军史》,(中国台湾)海军出版社1951年版,第356页。

1911年11月10日,在日本佐世保港外进行航试的"鸟羽"舰,可以留意此时该舰的前主炮是没有防盾的

天时间就完成了舾装。该舰于当月的17日顺利竣工,立即部署到中国上海,其建造工作效率之高令人惊叹。

对于这艘排序在"伏见"之后的新造川江炮舰,日本海军参考戊辰维新战争中的著名战役"鸟羽、伏见之战"的名称典故,以京都附近的城市鸟羽的名称为其命名,称为"鸟羽"号。[1]正如舰名中透露出的和"伏见"的密切关系,虽然日本军史中说"鸟羽"的设计同时参考了英国建造的"隅田"和"伏见"二舰,但透过其外形特征看,总体上更像是英国造川江炮舰"伏见"号的翻版。

"鸟羽"舰的正常排水量250吨,全长56.4米,垂线间长54.86米,最大宽8.23米,平均吃水0.79米,体量规模超过了"隅田""伏见",在当时长江上的各国川江炮舰中可称是大舰,而吃水仍能控制在1米以内,便于航行在川江上,足以说明当时日本的舰船设计能力。该舰装备了3座立式双缸双胀往复蒸汽机,配套两座"イ"号舰本式燃煤水管锅炉,3轴推进,主机功率1400马

---

[1] [日]片桐大自:《联合舰队军舰铭铭传》,[日]光人社1988年版,第244页。

力,航速15节(一说最大航速为16节)。舰上的煤舱最大容量81吨,人员编制52名。

"鸟羽"舰建成时装备有76毫米口径"5年"式短管高角炮两门、"3年"式6.5毫米口径机枪4门、7.7毫米口径"刘易斯"机枪2门。可能是考虑到当时长江上的潜在敌手武装程度并不高,充当主炮的76毫米口径炮并没有配备防盾。这些武器的安装位置和"隅田""伏见"相似,两门主炮分装在一层甲板室顶部的前后两端,机枪安装在二层甲板室室内,可以透过甲板室侧面很大的窗户向外射击。[1]

"鸟羽"在浮船坞中被拖航往上海的情景,照片在"笠置"舰上拍摄

和英国设计建造的"隅田""伏见"号相比较,"鸟羽"舰的武备和动力性能明显都有所提升,一度被称为长江上最优秀之炮舰。"鸟羽"号1911年11月17日竣工后舰籍编在佐世保镇守府,在往中国长江部署时,考虑到该舰属于川江炮舰舰型,不适宜于在海上航行,为确保安全考虑,"鸟羽"舰被收纳在浮船坞中,由巡洋舰"笠置"号从佐世保拖航到上海加入第3舰队,犹如裹在襁褓中运来中国和其他川江炮舰同队服役,首任舰长为堀田英夫海军少佐。[2]

在服役生涯中,与日本军舰普遍存在的修修补补现象一致,"鸟羽"的建筑结构和武器装备也根据不同时期的任务需要和武备发展情况发生过多次变化。

1932年"一·二八"事变之前,"鸟羽"舰的"5年"式76毫米口径主炮换装成了带有防盾的"3年"式8厘高角炮,火炮身管倍径更长,相应威力也更大。另外为了方便张挂无线电天线,在舰尾厨房建筑之后又增加了一座后桅杆,以便在前后桅杆间架设无线电天线。"鸟羽"舰原本在一层甲板室顶上前

---

[1]《丸スペシャル·日本の炮舰》,1980年11月。《世界の舰船》增刊第47集,[日]海人社1997年版,第97页。

[2]《海军》第10卷,[日]诚文图书1981年版,第248页。

实施了防空强化改造后的"鸟羽"舰,可以看到二层甲板室顶部多出了高射炮阵位

端设有一座独立的驾驶室,再在驾驶室的顶部设置露天飞桥。但自从该舰的前主炮更换成带着防盾的样式后,驾驶室向前的视线即被前主炮的防盾遮挡住,为同步解决这一问题,这次改装后露天飞桥被包裹成全封闭的样式充当驾驶室,而原来的驾驶室推测改成了海图室。

"一·二八"事变中,日本在华军舰首次感受到来自中国空军的潜在威胁,事变后"鸟羽"舰在二层甲板室顶部探照灯台和烟囱之间的位置上新建了一座炮台,安装1座"93"式双联装13毫米口径高射机枪,以弥补舰体中部防空火力之不足。

1937年日本全面侵华战争开始,"鸟羽"舰参加了第11战队的一系列作战行动。1941年9月20日,这艘舰龄将近30年的老舰从长江作战的一线退下,编入上海方面根据地队。得到命令后"鸟羽"于10月30日从长江中游驶抵上海,11月8日进入三菱江南造船所入坞维护,15日出坞。同年12月8日太平洋战争爆发,"鸟羽"与在沪的日本驱逐舰"莲"共同配合,击沉了不愿投降的英国川江炮舰"海燕"号(Petrel),并生擒美国川江炮舰"威克"号(Wake),创造了其服役以来最重要的一笔战绩。

其后的"鸟羽"主要在南京、芜湖一带江上执行警备任务,1943年8月20日编制调整至扬子江方面特别根据地队,其活动区域则仍然在上海、南京、芜湖一带。抗战后期,为应对日益严峻的中美空中威胁,"鸟羽"和其他日本川江炮舰一样,又被做了一次重要的武备改装,充作水上防空平台使用。

此次改装的情形根据日本战败投降时记录的"鸟羽"装备情况可作大致判断:舰上原有的"3年"式8厘高角炮被全部拆移至别处使用,取而代之的是3门"96"式25毫米口径高射炮,其中两门分别安装在原前后主炮炮位,另1门安装在二层甲板室顶部探照灯台和烟囱之间的炮台上。此外舰上还装备3门"93"式13毫米口径单管高射机枪,推测分别安装在驾驶台顶部、二层甲板室

上原探照灯台的位置以及一层甲板室顶部末端。"鸟羽"的其他武器还有两门"92"式7.7毫米口径机枪,以及供上岸作战使用的3门"3年"式81毫米口径迫击炮、两门"11年"式6.5毫米口径轻机枪。[1]这种将原有的武备拆除,改装3门25毫米口径炮、3门迫击炮、3门13毫米口径机枪和两门7.7毫米口径机枪、两门6.5毫米口径机枪的"3+3+3+2+2"的武备模式,也普遍出现在其他的日本川江炮舰身上。

"势多"

日本海军自建成"鸟羽"舰后,为了进一步充实在长江上的舰艇力量,1920年开始建造"势多"级川江炮舰,同级多达4艘,是日本海军史上单级舰数最多的川江炮舰。4舰分为两组,分别在三菱神户造船所和播磨造船所建造。

在中国扬子机器有限公司进行组装施工的"比良""保津",照片中可见施工环境非常简陋

其中三菱神户造船所建造的"比良"(舰名取自滋贺县西部一带琵琶湖沿岸的比良山地)、"保津"(舰名取自京都附近的河流保津川的名字)双双于1921年8月15日开工,舰体完成后拆散运输到汉口,1922年4月17日在汉口交由清末时代曾为中国海军建造过川江炮舰的中国扬子机器有限公司进行组装。"比良"舰1923年3月24日在汉口扬子公

下水后的"保津"舰

---

〔1〕JACAR(アジア歴史資料センター)C08010874900、海軍一般史料・中央・引渡目録・支那方面艦隊引渡目録14/17(防衛省防衛研究所)。

61

在扬子机器有限公司码头舾装的"比良"舰,前主炮是无防盾的样式

司下水,8月24日竣工,"保津"舰在同年的4月19日下水,11月7日竣工。据日方的资料称,当时因为扬子公司的设施简陋,设备不齐整,两艘川江炮舰的建造工作实际颇为艰苦。

播磨造船所建造的"势多"(舰名取自滋贺县大津附近琵琶湖一带的地名)和"坚田"(舰名取自琵琶湖南西岸的观光胜地坚田)1922年4月29日同时开工,舰体建成后也是拆散运到中国,1923年1月25日在上海由中日合资的东华造船厂组装。"势多"于当年的6月30日下水,10月6日竣工,"坚田"于7月16日下水,10月20日竣工。[1]

"势多"级川江炮舰从设计上看可以视作是"鸟羽"舰的衍生型,大体上和"鸟羽"十分相似。"势多"级的主尺度几乎和"鸟羽"完全一样,全长为57.9米,垂线间长也是54.86米,最大宽和"鸟羽"同是8.23米,惟有正常排水量较大,为338吨,吃水也超过了1米,达到1.02米。军舰的动力系统采取两座立式三缸三胀往复蒸汽机、两座"口"号舰本式煤油混烧锅炉,双轴推进,装备三具平衡舵,主机功率2100马力,航速16节。舰上的煤舱容量20吨、重油载量74吨,续航力1750海里/10节。[2]

"势多"级的动力性能大体上和"鸟羽"相似,值得注意的是,"势多"

---

[1]《丸スペシャル・日本の炮舰》,1980年11月,第30页。
[2]《世界の舰船》增刊第47集,[日]海人社1997年版,第98页。

级是日本海军在川江炮舰上采用煤、油混烧锅炉的开始，由此军舰的续航力得到增大，这对需要长时间在海外地区服役的军舰来说，无疑是非常重要的特性。

建成后停泊在上海东华造船厂附近的"势多"舰

"势多"级的外观布局和"鸟羽"号几乎完全相同，只是"势多"级在新造时就已经增加了后桅杆，以便在前后桅杆舰张挂无线电天线。另外有所区别的是，"势多"没有在二层甲板室顶部布置探照灯台，而是改到了飞桥甲板的后缘。

"势多"级的甲板室布局和"鸟羽"也很相似，舰首带有一段防浪舷墙，舰体的中部是上下两层的甲板室建筑，其中甲板室一层、机舱棚前部是舰长室、士官室，机舱棚后部是准士官和下士官室，甲板室二层在机舱围壁前方是海图室、无线电室，机舱围壁后方是水兵室。

"势多"级新建造时的主炮为两门"3年"式8厘高角炮，分别安装在第一层甲板室顶部的前后两端，和"鸟羽"新造时的情况一样，这两门主炮也都没有安装防盾。"势多"级军舰另外各装备6门7.7毫米口径"刘易斯"机枪，安装在第二层甲板室内部的两侧，透过窗户向外射击。

"势多"级4舰竣工后舰籍都隶属在佐世保镇守府名下，当年即全部编入海军第1遣外舰队，开始在中国长江沿线活动，因为是在中国长江边组装下水，省却了长距离拖航到中国的麻烦。和"鸟羽"舰的改造情况类似，"势多"级

在长江中巡弋的"势多"舰，已经实施了防空武备的加装

军舰也在1930年左右也进行了较大程度的改装，首先是给8厘高角炮装上了防盾。由于前主炮新装的防盾影响到了驾驶室的视界，另在飞桥甲板上修建一座装甲司令塔。1932年"一·二八"事变发生后，"势多"级炮舰也进行了增强中部防空火力的改造，在二层甲板室顶部烟囱之后的位置上新增两处圆形炮台，各安装1座"93"式13毫米口径双联装高射机枪，另外在飞桥上的司令塔顶部加装了一具测距仪，型号为"96"式66厘米测距仪。[1]

"势多"级和"鸟羽"级炮舰在后烟囱之后的二层甲板室顶部甲板上，都紧挨着布置有一座较大的通风筒。"鸟羽"在这座通风筒后加装高射炮时，考虑到回避这座通风筒对高射炮旋回操作的妨碍，而采取了增建一座高度超过通风筒的炮台。"势多"级改造之初准备在甲板室顶部加装两座高射炮炮位，如果大风筒后的炮位采取"鸟羽"一样的增高处理，势必迫使后方的炮位也作增高，对此"势多"的处理办法是两座炮位都只是较矮的平台。为了防止大风筒影响高射炮，干脆将风筒帽去除，改为在直立的风筒筒身上加装一个简易的防雨罩。

---

[1]《海军》第10卷，[日]诚文图书1981年版，第249—250页。

江上沉浮——日降川江炮舰

不同于"鸟羽"舰在侵华战争中"全身而退"的幸运,"势多"级4舰的命运可谓是多灾多难。

1938年12月10日,"势多"级的首舰"势多"号首先马失前蹄。当天"势多"在岳州下游的长江江面上触爆了中国海军投放的水雷,导致前部左舷被炸开,整个军舰的舰首被炸断。受伤之后,被迫在舰尾外用木板制做出了一个临时的舰首,首尾倒置,开倒车勉强回到上海江南造船所大修。修复后,该舰主要被配置在长江中游地区活动,配合日本陆军作战。1943年6月6日"势多"被中国空军飞机扫射,战死17人,舰体严重受

舰首被水雷炸断后的"势多"舰惨状

伤,6月8日进入汉口维修至26日,此后便部署在长江下游。1944年1月10日该舰在九江遭盟军战机攻击,4月2日在安庆遭空袭,当年10月10日编制调整到中国方面舰队第21炮舰队之下。

同级的"比良"舰建成后也是配置在汉口一带活动,1942年11月25日在湖北洪湖新滩镇附近江面被中国空军飞机攻击,舰员死、伤各5人。1943年5月31日,该舰又在汉口遭中国空军战机攻击,战死9人,此后6月2日从汉口出发前往上海江南造船所修理,至7月末修竣重新返回汉口。未及一月,"比良"于9月1日在石灰窑江面被5架中国空军的P-40型战斗机攻击受伤,次年5月22日巡弋经安庆时被11架P-51型战斗机攻击,6月11日又在安庆遭8架P-38型战斗机攻击,8月17日于九江被16架编队的B-25型轰炸机轰炸,军舰后部约四分之一的舰体被炸断,失去自航能力,拖往上海修理。同年10月10日该舰在修理中编制列入中国方面舰队第22炮舰队,24日终于修理完毕后仍然布置在长江下游一带活动。

1944年11月25日"比良"在安庆再遭轰炸。当天下午2时5分,10架P-51型战斗机从东南方俯冲进攻停泊在安庆江面的"比良"等日舰。一号机被日舰击落后,二号机投弹命中"比良"舰尾,引起后部弹药库大爆炸,该舰于2时8分

在江南造船所维修的"比良"舰

舰体向左大幅度倾斜，2分钟后江水即淹入舰长室，2时17分弃舰，2时21分舰体沉没。

"比良"被炸沉一个月后，同级的"保津"号也在安徽安庆被空袭。该舰1944年10月10日编入中国方面舰队第22炮舰队，12月26日下午4时许在安庆被中国空军空袭，左舷水线下中弹，舰体严重受损，下午4时57分搁浅，战斗中战死8人、受伤10人。因为无法拖曳修理，1945年1月2日"保津"装备的8厘高角炮和25毫米口径高射炮全部被拆移上岸，隶属关系也暂时转移到九江警备队，形同废舰，最后在日本战败前的1945年5月10日被从海军除籍。

"势多"级"坚田"号同样是1942年后开始遇到来自中国和同盟国战机的威胁，1943年8月27日在汉口遇空袭受伤，战死5人。1944年10月10日编入中国方面舰队第21炮舰队，而后主要配置在南京、上海一带充当防空平台，1945年4月2日和"势多"一起在九江执行警备。当天下午3时九江地区响起空袭警报，3时4分2架P-51型战斗机超低空冲向"势多""坚田"实施扫射。3时5分，"坚田"轮机舱第二锅炉室被命中两弹引起爆炸，舰体立刻进水搁浅，战斗中"坚田"战死4人，伤6人。事后日本海军尝试进行堵漏排水，将该舰拖往上海修理。

至1945年日本投降时，"势多"级军舰中的"比良""保津"早已因重伤

停泊在黄浦江畔的"保津"舰

无法修理而拆解（分别于1947年5月3日、1945年5月10日从日本海军除籍），"坚田"舰投降时则还在上海修理，仅剩一艘"势多"号。向中国海军投降时，"势多"级的武备状态已经完全是防空舰模式，与"鸟羽"的配备相似，舰上原有的76毫米口径高角炮和13毫米口径双联机枪都不复存在，代之的是3门"96"式25毫米口径单管高射炮、3门"93"式13毫米口径单管高射机枪、3门"3年"式81毫米口径海军迫击炮、两门"92"式7.7毫米口径机枪以及两门"11年"式6.5毫米口径轻机枪。[1]

在长江上进行作战行动的"坚田"

---

[1] JACAR（アジア歴史資料センター）C08010874700、海軍一般史料・中央・引渡目録・支那方面艦隊引渡目録14/17（防衛省防衛研究所）。

"热海""二见"

1927年,日本海军鉴于"势多"级川江炮舰实际使用中随着改造出现的吃水过多,在枯水期很难上驶川江的问题,决定为补不足而新设计一型川江炮舰。为此,1928年日本海军的军舰设计人员专门来到中国,现场考察长江中上游水文情况,调查"鸟羽""势多"等川江炮舰的服役情况,总结经验,在此基础上设计出了"热海"级川江炮舰。

"热海"级炮舰同级共两艘,即"热海""二见",该级军舰努力保证浅吃水,并缩短了舰体长度,以增加在三峡等水流湍急地区的操控性,同时对舰内的居住条件做大幅提升,安装了电扇、暖气等设施。[1]

"热海"级军舰排水量205吨,小于"鸟羽""势多",该舰的舰体体量也小了很多,垂线间长45.3米,最大宽6.79米,吃水1.13米,动力采用和"势多"级相似的配置,两座立式双缸双胀往复蒸汽机、两座"口"号舰本式煤油混烧

竣工后的"热海"舰。照片摄于1929年7月3日,该舰的造型较之"势多"级已经发生了巨大的变化

---

[1]《海军》第10卷,[日]诚文图书1981年版,第251页。

锅炉,双轴推进,三具平衡舵,功率为1200马力,设计航速16节,舰上载煤31吨、重油26吨,续航力1000海里/10节。[1]

"热海"级炮舰的外观较此前的日本川江炮舰有了很明显的变化,其重点就是轮机舱部位的布置。

众所周知,军舰、轮船上出于散热和通风等功能的需要,在安装主机等设备的位置上部,船体的甲板面上必然会布置水密的机舱棚、采光窗等设施。对于此,川江炮舰没有丝毫的例外。日本海军早期的"鸟羽""势多"乃至"伏见""隅田"等炮舰在这一方面的布置方法上,普遍运用的是英国川江炮舰的传统设计套路,即直接在机舱上方的主甲板中部布置机舱棚、采光窗。早期英国川江炮舰在布置甲板室时,一层甲板室往往是前后分开的状态,中间留出机舱棚区域,二层甲板室则是前后连贯,总体上从侧面看甲板室呈现出一个类似拱门的造型。但由于川江炮舰干舷低矮,主甲板上极容易上浪,且一旦遭遇武装较强的敌手,暴露在主甲板上的机舱棚等设施极容易被击伤。设计建造"势多"级炮舰时,设计师即试图解决这一问题,在机舱棚区域外侧增高护板,总

"热海"级的"二见"号

---

[1]《世界の舰船》增刊第47集,[日]海人社1997年版,第100页。

体上看起来好像一层甲板室是个整体,只是在位于舰体中部区域的甲板室外壁上有一道长长的开口。

在机舱棚外侧增高挡板解决了防浪等问题,然而新的问题随之而产生,受挡板加高的影响,机舱棚区域朝向外侧的开口面积缩小了很多,直接影响了舰内的通风、采光。等到设计"热海"级时,设计师另辟蹊径,不在主甲板上设机舱棚,军舰甲板室一层被设计成了前后连贯的整体式,中部的甲板室外壁上也没有留开口,军舰甲板室二层则被从当中劈开,分成了前方的舰桥、海图室和后方的兵员室两部分,而中间留空的位置上布置机舱棚和采光窗,透过下方一层甲板室内部的通风井、采光井和机舱相连接,总体上甲板室从侧面看呈"凹"形。

"热海"级炮舰的舰体较此前的日本川江炮舰缩水,又被严格的吃水要求所限制,舰上的武备安装余地就变得所剩无几。该级军舰只设前主炮,在一层甲板室最前端顶部安装1门76毫米口径"5年"式短管高角炮,另安装5门7.7毫米口径"刘易斯"机枪和1门中国俗称"歪把子机枪"的"11年"式6.5毫米口径机枪。其中在一层甲板室顶部中部两侧各安装两门7.7毫米口径机枪,一层甲板室顶部末端对着舰尾的位置安装1门7.7毫米口径机枪,剩余的那门"11年"式机枪存放在舰内,作为机动火力。以"热海"级设计、建造时长江流域的局势看,这种川江炮舰虽然火力较此前的型号减弱不少,但应对长江上游的潜在武装挑战还是绰有余裕的。

1928年11月6日该级军舰的首舰"热海"在日本三井玉野造船所开工,其舰名取自日本静冈县温泉观光胜地热海的名字,1929年3月30日顺利下水,6月30日竣工,舰籍隶属于佐世保镇守府。同级二号舰"二见"开工时间略晚,该舰的舰名取自日本伊势的观光胜地二见浦,1930年2月28日在藤永田造船所竣工,舰籍也隶属在佐世保镇守府。

二舰建成后一改此前川江炮舰向中国部署的传统模式,并没有采取拆散后运到中国组装的方法,而是跨海自行直航中国,从中不难得出该级军舰的航行性能较以往日式川江炮舰更强的印象。二舰同于1930年5月2日编入第1遣外舰队,配置在汉口、宜昌、重庆江段执行警戒。和其他几艘日本川江炮舰一样,"热海""二见"也在1932年"一·二八"事变后针对当时已经露出端倪的中国空军威胁,进行了加装防空火力的改造,二舰同在后部二层甲板室顶上新增

1933年6月在三峡地区搁浅后的"二见"

了一个炮位,加装1座13毫米口径双联装高射机枪。

就在此次改造后未久,专门以强调在川江的航行能力而设计建造的"热海"级却在三峡地区大出洋相。1933年6月,日本海军第3舰队司令米内光政中将特别选择被称为非常适合川江航行的"热海"级军舰"二见"号作为座舰,从宜昌向重庆方向上驶。未料6月25日上午10时,"二见"航经三峡巫山上游时居然搁浅坐礁,呈现舰首翘起、舰尾没入水中的危险景象。日方尝试将舰上的武备等物资拆运上岸以减少军舰吃水来脱困,然而并无显著效果。一直坐等了20天后,随着江水水位上升,7月16日"二见"号才终于从礁盘上脱离,直到24日才得以从出事地点出发下驶上海修理。[1]

日本全面侵华战争开始后,"热海"和"二见"初期都在长江中游活动,配合日本陆军溯江而上的进攻。1941年3月10日,"二见"在城陵矶附近组织登陆队上岸清剿附近的中国游击队,战斗中舰长金井博少佐被击毙,成为抗日战争中少有的日本舰长在华被击毙的例子。此后多灾多难的"二见"被从长江中上游地区调离,离开了川江,前往上海、南京一带执行警戒任务。同级姊妹

---

[1] [日]福井静夫:《写真日本海军全舰艇史》(上卷),KKベストセラーズ1994年版,第455—456页。

中的"热海"舰继续在汉口一带活动,太平洋战争爆发后也变成中国空军和美国陆军第十四航空队战机在长江上的重点打击目标,1943年6月10日"热海"在汉口附近江面遭空袭,战死7人,事后该舰通体改为涂饰成接近长江江水颜色的黄褐色,以图对空隐蔽。然而同年9月1日,采用伪装涂色的"热海"在汉口附近又遭空袭,中弹92处,舰体受损,在处理完伤情后"热海"于9月15日被从汉口调往下游,结束了在长江中上游的活动历史。[1]

1944年10月10日,"热海"和"二见"同被编入中国方面舰队第23炮舰队,其后二舰进行了针对加强防空能力的改装,改造内容和此前的"鸟羽""势多"完全一样,即将舰上原先装备的76毫米炮、13毫米双联装机枪等全部拆除,代之以"96"式25毫米口径单管高射炮、"93"式13毫米口径单管高射机枪各3门,另有"3年"式81毫米口径迫击炮3门、"92"式7.7毫米口径机枪两门、"11年"式6.5毫米口径机枪两门。[2]

出人意料的是,1944年10月30日改为防空舰的"二见"竟然被重新派回长江中上游,负责江上防空,很快便在九江遭空袭受伤。1945年"二见"继续在长江中上游负责防空和扫雷任务,日本投降时停泊在九江。

"伏见""隅田"(二代)

1945年抗战胜利时向中国海军投降的最新一型日本川江炮舰是侵华战争爆发后来华,继承了1935年除籍的日本第一代川江炮舰"伏见""隅田"舰名的二代"伏见"级炮舰。

第二代"伏见""隅田"是日本海军1937年度第三次补充计划中列入的川江炮舰,与大型长江炮舰"桥立"同期建造。该舰的设计基于上一级"热海"级,在保证能够在枯水期上驶川江的航行能力同时,进一步加强舰上火力。这种既不能让军舰的排水量过大,同时又要满足装备优势武器、具备良好的生活环境和较长的续航力的设计要求,被日本著名海军史专家福井静夫评价为"相

---

[1]《丸スペシャル・日本の炮舰》,1980年11月,第31页。
[2] JACAR(アジア歴史資料センター)C08010875000、海軍一般史料・中央・引渡目録・支那方面艦隊引渡目録14/17(防衛省防衛研究所)。

二代"伏见"舰

当复杂"。[1]

日本军令部对该级军舰最初提出的设计指标为，标准排水量260吨、航速17节，续航力1400海里/10节，装备76毫米口径短管高角炮1门、25毫米口径高射炮两门、150毫米口径曲射炮1门。[2] 在实际的设计中，因为日本海军第3舰队又提出该级军舰要具备在长江中上游临时充当舰队旗舰的能力，又增强了通信设备，增加旗舰设施，最终排水量大大增加，但是吃水仍保持在1米左右。

最终完成的新一代"伏见""隅田"标准排水量304吨，垂线间长48.5米，宽度达到9.8米的夸张程度，在付出牺牲军舰机动性能的代价后将吃水控制在1.2米。在短胖的舰型条件下为了达到军令部对航速的要求，"伏见"级的动力配置发生了革命性的变化。该级舰的主机采用两座"舰本"式全齿轮传动透平机，配套采用两座"ホ"号舰本式重油专烧水管锅炉，双轴推进，2200马力，航速17节。舰上的重油载量为54吨，续航力能满足海军提出的1400海里/10节的要求。[3]

---

〔1〕［日］福井静夫：《日本の军舰》，［日］出版协同社1956年版，第146页。
〔2〕《海军》第10卷，［日］诚文图书1981年版，第253—254页。
〔3〕《世界の舰船》增刊第47集，［日］海人社1997年版，第102页。

二代"隅田"舰

"伏见"二代的外观延续"热海"级创造的"凹"形甲板室样式，较之做出了进一步的优化，外观显得颇具现代感。另外颇具特点的是，"伏见"二代仅有一座烟囱，这是从众多日本川江炮舰中识别该型的重要外部特征。

该级军舰位于前部二层甲板室的舰桥建筑做了拓展，以适应旗舰舱室的安排需要。历来日本川江炮舰上安装于一层甲板室顶部前段的前主炮，在"伏见"二代上挪到了舰首甲板上，主炮的型号选用的是1门"5年"式76毫米口径短管高角炮。"伏见"二代的后主炮选用了1门25毫米口径"96"式单管高射炮，安装在后部二层甲板室顶上。显得比较特别的是，这门炮配上了硕大的防盾。除此之外，为了应对当时中国海军在长江上的水雷战攻势，"伏见"二代还破天荒地在川江炮舰上携带了破雷卫。至于军令部设计要求中的其他武器，"伏见"二代一律没有采用，推测此举是为了减轻武器载重，保证该级舰的浅吃水指标。由此这两艘日本海军最新的川江炮舰，事实上却成为了当时日本海军川江炮舰中火力最弱者。

第二代"伏见""隅田"均在日本大阪的藤永田造船所建造，"伏见"号于1939年7月15日首先竣工，"隅田"舰迟至第二年5月31日竣工，舰籍全部隶属于横须贺镇守府。建造完成后，"伏见"和"隅田"都如同"热海"级军舰一样，采取自航到达中国就役的模式。"伏见"1939年8月8日编入第3舰队第11战队，随后被派至川江，先后编在中游警戒队和上游警戒队，在石灰窑、汉口一代参与侵华作战。随后于1940年6月17日来到中国的"隅田"也随之配

置到川江,和"伏见"共同执行任务。[1]因为到华的时间相对较晚,二舰没有如其他日本川江炮舰那样进行防空加强改装,不过都在1943年进行过加装防弹钢板等改装。特别的是,二舰沿甲板边还加装了日本称为"舷外电路"的防磁电缆,显然是为更好执行扫雷任务而设。

遭空袭受伤的"隅田"在进行修理,照片上可以看到火炮防盾等处密集的弹痕

1944年6月22日,"隅田"在湖北新堤附近被中国空军战机袭击,战死8人,预示了这级军舰即将走向末途。1944年11月25日可称得上是日本在华川江炮舰历史上最阴暗的一天,当天聚泊在安庆附近江面的川江炮舰遭中国空军的猛烈打击,除"比良"被击沉外,来华未久编在22炮舰队的"伏见"也在当天被炸,中弹两处,舰体半沉。同在现场的"隅田"1号锅炉中弹无法使用,4号重油罐中弹引起大火。

此后,仅剩孑然一身的"隅田"从长江中上游离开。可能因为受伤后舰况较差,该舰此后进行了奇怪的武备改装,舰上原有的武器全部被拆除,新装的武备仅有1门13毫米口径单管高射机枪和两门7.7毫米口径机枪而已。[2]5月10日"隅田"从22炮舰队改编入第21炮舰队,负责长江口警戒,日本战败时停泊在上海。

"多多良""舞子"

抗战胜利时向中国海军投降的日本川江炮舰中还另有几艘身世特殊者,即战争中被日本海军获得的别国军舰,除意大利海军的"鸣海"外,还有美国海军的"威克"(Wake)和葡萄牙海军的"澳门"(Macau)两艘。

---

[1]《丸スペシャル・日本の炮舰》,1980年11月,第31—32页。
[2] JACAR(アジア歴史資料センター)C08010875500、海军一般史料・中央・引渡目录・支那方面艦隊引渡目録14/17(防卫省防卫研究所)。

1941年12月8日日本军使乘坐小火轮劝降"威克"号时的情景

"威克"原名"关岛"（Guam），是美国海军在19世纪20年代为了充实在中国的海军力量而新造的6艘川江炮舰之一。当时为解决川江炮舰无法远涉重洋的问题，包括"威克"在内的6舰都选择就近在中国海军的上海江南造船所建造，6舰共分3级，其中"威克"属于体量最小一级的首制舰，1927年12月28日竣工，同级另有一艘"图图依拉"号（Tutuila）。

"威克"号的排水量370吨，水线长45.72米（150英尺），全长48.59米（159英尺5英寸），最大宽8.25米（27英尺1英寸），吃水1.55米（5英尺1英寸），动力系统装备两座立式三缸三胀往复式蒸汽机，两台"桑尼克罗夫特"（Thornycroft）重油专烧水管锅炉，功率1950马力，航速14.5节，舰上储油量75吨。和当时活跃在长江上的各国川江炮舰的大致外形相似，"威克"号也是低干舷、主甲板之上设有两层甲板室。外观上最大的特点是位于一层甲板室顶部前段的舰桥外形，"威克"没有采取传统的装甲司令塔，而是布置了一个横长的硕大的驾驶室，外部带有装甲护板。武备配置方面"威克"舰的情况较传统，主炮是两门3英寸（76毫米）口径23倍径高射炮，分装在一层甲板室顶部的前后两端，舰上另装备有10门7.7毫米口径"刘易斯"机枪，设在二层甲板室的内部。[1]

1941年12月8日日本挑起太平洋战争对英美开战，事前中国方面舰队进行

---

[1] *Jane's Fighting Ships 1937*，p.512.*Conway's All The World's Fighting Ships 1922—1946*，Conway Maritime Press 1987，p.156.

作战部署，准备对当时正停泊在上海黄浦江上的美国"威克"号和英国炮舰"海燕"下手。清晨5时，日方派出军使乘坐汽艇分别前往劝降。与英国海军"海燕"号誓死不降的情况绝然不同，当日本军使、中国方面舰队参谋松本作次少佐乘坐的汽艇靠近美国"威克"后不久，"威克"号舰长表示投降，升起了白旗。[1]此后"威克"号于12月15日编入日本海军中国方面舰队上海根据地队，更名"多多良"，舰籍隶属佐世保镇守府。

改造中的"多多良"舰

编入日本海军同天，"多多良"即被交由日本海军第1工作部进行改造，其主要内容是测试该舰的性能，将舰上原设的前后主炮拆除，代之以日制76毫米口径高角炮，至1942年1月26日完成。此后"多多良"又在1942年4月21日进入江南造船所改造机枪安装方式，将原先布置于二层甲板室内部的机枪挪至二层甲板室外侧的廊道上。同年7月7日还在南京根据日本海军的装备模式，对"多多良"的无线电设备进行改换。

日军在俘获"多多良"后，发现该舰的动力性能不佳，测试后仅有12.5节，加之实际吃水较深，不适宜执行长江中上游的作战任务，该舰遂长时间被留在上海、南京地区使用。1942年10月11日，"多多良"不慎在长江北岸靖江的新港江面触礁，导致舰况更劣，此后该舰便处在长期的修理维护中。歪打正着的是，因为"多多良"经常性停泊上海，加上舰内居住条件较好，当日本驻华舰队的旗舰"出云"因任务外遣时，"多多良"还曾一度充任过日本在华舰队的临时旗舰。[2]

1944年前后，"多多良"进行了一次重要的武备改装，旧有的武器被一律拆除，新装的武备模式和"鸟羽""势多"等如出一辙，即25毫米口径单管高

---

[1]《中国方面海军作战》（2），[日]朝云新闻社1974年版，第325页。
[2]《丸スペシャル・日本の炮舰》，1980年11月，第32页。

临时充当驻华舰队旗舰的"多多良"

射炮、13毫米口径单管高射机枪各3门，7.7毫米口径机枪、6.5毫米口径机枪各两门。[1] 其具体安装位置可能是在原前后主炮位各装1门25毫米口径高射炮，飞桥甲板两翼各装1门13毫米口径高射机枪，剩余的1门13毫米口径机枪和25毫米口径高射炮安装在烟囱之后的甲板室顶部位置上，小口径机枪则仍然布置在甲板室外侧。

此后"多多良"编入日本中国方面舰队第24炮舰队，1944年12月除曾在九江被中国空军多日连续空袭，日本投降时停泊在上海。

和上述所有日本川江炮舰的情况都不同的是，日本投降时还有一艘在长江以外地区的川江炮舰型军舰"舞子"号。"舞子"号原名"澳门"，是葡萄牙海军为加强在澳门地区的军力而在英国亚罗船厂订造的浅吃水炮舰，1910年建成后即部署到澳门。军舰的排水量为133吨，垂直线间长36.5米，最大宽6米，吃水0.6米，装备两座立式三缸三胀往复蒸汽机，配套两座亚罗水管锅炉，功率250马力，航速只有11.8节。该舰的外观设计和日本海军早期在英国亚罗船厂订造的川江炮舰"伏见"较为相似，只是因为军舰体量小，"澳门"舰主甲板上

---

[1] JACAR（アジア歴史資料センター）C08010875100、海軍一般史料・中央・引渡目録・支那方面艦隊引渡目録14/17（防衛省防衛研究所）。

葡国海军时代的"舞子"

的甲板室仅有一层,该舰装备57毫米口径机关炮两门,配置在甲板室顶部前后端,另有3门机枪,布置在甲板室内。

太平洋战争爆发后,日本海军为了加强广东方面内河作战的力量,急需浅吃水炮舰,经过和葡萄牙政府进行洽商,1943年8月15日将舰龄陈旧的"澳门"号购入,编入了日本海军,更名为"舞子"号,舰籍隶属佐世保镇守府,编制列在日本海军第2遣支舰队名下。购买后,"舞子"于8月17日交于日本海军第2工作部在香港实施入坞保养、维修,23日出坞在香港担任警备,同年10月1日在香港维多利亚港内试航,于当年底11月20日从香港开抵广州,开始担负广东内河的巡逻警备。

"舞子"曾在1944年6月3日再回香港进行维修,但从日本投降时该舰的状态看,所有的武备仍然维持葡萄牙海军时期的配置,再加上南粤地区内河没有像长江水域那样遇到盟国空军的强烈威胁,在其他日本川江炮舰上常见的防空武备增强改造,在"舞子"上并没有出现。日本投降时,孤处在广东的"舞子"成为一艘另类的日本投降川江炮舰。[1]

---

[1]《丸スペシャル・日本の炮舰》,1980年11月,第33页。

接　收

1945年9月11日，中国海军总司令陈绍宽率海军参谋长曾以鼎、候补员吴振南等17人从刚刚举行完中国战区受降仪式的南京抵达日本侵华海军的主要基地上海，随即开始布置点检接收日伪海军投降的工作，同时事实上把上海变成了中国海军抗战后复兴的基地。

按照中国海军总司令部的受降部署，中国战区分为淞沪、京芜镇澄、华北、台湾澎湖、厦门定海、舟山群岛、汉口九江、广东越北共八个海军受降区，由海军总司令部分派大员前往接收，[1]后又进一步细分为南京、上海、九江、武汉、青岛、舟山、厦门、台澎、广州、海南共十个海军受降区。[2]因为一时无法挑拣出如此多的高级将领办理受降事务，很多抗战中被闲置的海军元老级人物（时称海军候补员）重获起用。9月12日上午，中国海军总司令部驻沪办事处处长林献炘率员接收江南造船所及日本海军工作部，13日下午海军候补员佘振兴奉命开始接收在沪的日本海军舰艇。由于当时中国海军兵力经过抗战本就萎缩严重，又有大量精锐被派赴欧美接舰，再加上抗战甫胜，海军人员多在大后方未及东来，所以当接收日舰时便出现了一幕怪现象，在国民政府海军接收大员指挥下登上日舰接管的都是原汪伪海军官兵，此举难免让外界产生不好的联想和非议。

根据当时海军总参谋长曾以鼎向外界透露的数目，9月13日当天在沪接收的日本舰艇共计17艘，14日为37艘，15日在沪接收以及奉命由汉口、九江一带开抵上海

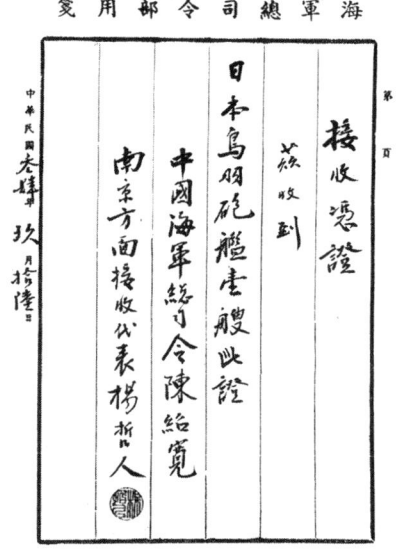

中国海军总司令陈绍宽署名的接收日本投降川江炮舰的收据

---

[1]《抗日战争正面战场》（下），凤凰出版社2005年版，第1888页。
[2]《海军舰队发展史》（一），（中国台湾）台湾防卫部门"史政局"2001年版，第214页。

江上沉浮——日降川江炮舰

于同日被接收的日本舰艇为37艘。[1]其中，真正具有战斗力的主要就是曾经在中国的水域趾高气昂的日本海军川江炮舰。9月16日由中国海军总司令陈绍宽和在现场具体负责接收工作的原汪伪海军南京基地部司令杨哲人（又名杨绍震）联名向日方开具收条，至此在沪日本军舰的受降工作告一段落。正式在册的日本投降军舰中，包括日本海军的川江炮舰"鸟羽""势多""热海""二见""隅田""多多良"，以及被日本俘虏的意大利炮舰"兴津"。此后在具体统计时，"隅田"列作上海区接收舰，其余各舰列为南京区接收舰。[2]日本投降时还在上海江南造船所中修理的日本川江炮舰"坚田"，以及搁浅在长江中的"伏见"（二代），此后中国海军都未做修复，直接废除。[3]事有蹊跷的是，在英国《简氏年鉴》中，记载日本海军的"隅田"也被编入中国海军，更名"江凤"，但是在国军接收投降日舰的档案中并找不到相应记载，怀疑《简氏年鉴》的记录属于讹误。[4]

美术作品：日降长江炮舰。创作：王益恺

---

[1]《申报》，1945年9月16日，第一张。
[2]《海军舰队发展史》（一），（中国台湾）台湾防卫部门"史政局"2001年版，第250—251页。
[3] 一说"伏见"（二代）更名"江凤"继续服役，存疑。
[4] Jane's Fighting Ships 1953—1954, p158.

81

被中国海军接收后，"鸟羽""势多""热海""二见""隅田""多多良"6艘川江炮舰分别更名"永济"（Yung Chi）、"常德"（Chang Teh）、"永安"（Yung An）、"永平"（Yung Pin）、"江犀"（Kiang Shih）、"太原"（Tai Yuan），均编列在中国海军第二舰队，与抗日战争期间英美赠送中国的"美原""英德""英山""英豪"编在一队，其后随第二舰队在1946年8月改编为江防舰队。[1]相隔数千公里外，在广东被接收的"舞子"号则更名"舞凤"，就近编入广东江防炮艇队、第六炮艇队，后改编隶属海岸巡防第四艇队。[2]大致与被中国海军接收的时间同步，这些日本川江炮舰在日本海军的舰籍逐次注销，1945年9月30日"鸟羽""势多""热海""二见""多多良"等最先销除舰籍，其余的"隅田""舞子"以及未能修复的"坚田""伏见"在1947年5月3日被注销舰籍。

进入青天白日旗下服役后的日本川江炮舰，其武备设施没有做太大的变动，基本还保持着日本海军时代的武备配置，推测在1946年之后除了"舞凤"之外的其他各舰逐步拆卸了一些日制武器，各加装了1门40毫米口径的"博福斯"高射炮以加强火力。

1947年双十节拍摄的罕见照片，聚泊在一起的中国海军所属原日降川江炮舰，照片中前排左起为"太原""江犀""郝穴"

---

[1]《海军舰队发展史》（一），（中国台湾）台湾防卫部门"史政局"2001年版，第250—251页。
[2]《海军舰队发展史》（一），（中国台湾）台湾防卫部门"史政局"2001年版，第272页。

江上沉浮——日降川江炮舰

抗战结束后中国内战很快爆发，海军江防舰队军舰首当其冲，在长江沿线相继卷入到内战硝烟中。原日本军舰"鸟羽"改换而来的"永济"号1948年在湖北江陵郝穴镇江面成功阻击了解放军。为纪念此事该舰舰名被更改为"郝穴"，当时《简氏舰船年鉴》介绍该舰时，将舰名音译为Ho Hseuh，[1] 然而后来日本《世界の舰船》杂志对此事严重失考，竟将Ho Hseuh音译为"合群"，凭空生造出了一个舰名，在关于"鸟羽"舰历史的介绍中称该舰被中国海军接收后更名"合群"，就此产生了影响颇广的误传。[2]

1949年初，面对内战战场上节节败退的颓势，国民政府开始着手布置长江防务，意在确保东南半壁江山。为加强江面上的战力，海军海防第一、第二舰队军舰相继驶入长江，分别负责长江口至江阴、江阴至湖口段江防。而原先承担长江防务的江防舰队因所辖多为川江炮舰，而被调往上游，负责湖口至重庆段江防。为使布置在湖口以下的海防第二舰队便于巡防、联络起见，使其也配有一定数量的浅吃水军舰，原编列在江防舰队的"江犀""太原"等舰被暂时调拨给海防第二舰队指挥。

美术作品："太原"舰被国民党空军飞机炸沉时的情景。创作：王益恺

---

[1] *Jane's Fighting Ships 1953—1954*，p158.
[2]《世界舰船》增刊第47集，[日]海人社1997年版，第97页。

起 义

1949年初春解放军成功发起渡江战役，以迅雷不及掩耳之势席卷江南。海防第二舰队军舰先是被海军总司令部命令集中至南京笆斗山江面待命，继而又被命令突围向下游到上海集中。在当时解放军已经控制长江出海门户江阴要塞，而且海防第二舰队中大量福建籍官兵对新任海军司令桂永清打压、清洗军中闽人的措施不满。目睹此情，海防第二舰队司令林遵不愿向下游突围，于4月23日召集各舰舰长会议，商量前途。"太原"舰舰长陈务笃、"江犀"舰舰长张家宝等支持林遵率舰队起义，当天下午海防第二舰队遂告解体，一部分不愿意起义的军舰在"永嘉"舰舰长陈庆堃串联下冒死冲向下游，另一部军舰则在林遵率领下宣布起义加入人民军队。"太原""江犀"就此成为日降川江炮舰中最先加入人民军队的舰只。

经与解放军接洽后，海防第二舰队各舰被解放军命令拆除轻武器，各舰仅留1/3舰员，军舰择地停泊隐蔽防空，此后5月4日隐蔽在南京采石矶的"太原"舰首先被国军空军飞机炸沉，"江犀"舰则在9月19日被寻找起义的"长治"舰的国军空军B-25轰炸机炸伤于荻港。[1]

解放军成功发动渡江战役时，更多的日降川江炮舰正跟随江防舰队在长江中游的武汉一带驻防。5月中旬，解放军第四野战军部队逼近长江中游重镇武汉，江防舰队遂向沙市至宜昌一带退却，归属湘鄂边区绥靖司令宋希濂指挥，7月15日宜昌局势紧张后江防舰队西撤往万县，归属川鄂边区绥靖司令孙震指挥。经孙震申请国防部，最后江防舰队将"各舰中机件略为完备、燃料较充足"的"郝穴"和"永安"舰留防万县，其余各舰内驶重庆。[2]

在当时国民党军队节节败退、闽系海军又遭打压的局势下，海军各舰大多人心涣散。11月28日，"郝穴""永安"奉命护送民生公司商船运输陆军前往

---

[1] 刘广凯：《刘广凯将军报国忆往》，（中国台湾）中研院近代史研究所1994年版，第52页。陈务笃："国民党军海防第二舰队起义亲历记"，《解放战争时期国民党军起义投诚·海军》，解放军出版社1995年版，第550页。据张爱萍回忆则称"太原"是1949年4月30日被炸沉，见《海军·回忆史料》，解放军出版社1999年版，第6页。

[2] 叶裕和："国民党军海军江防舰队起义前后"，《解放战争时期国民党军起义投诚·海军》，解放军出版社1995年版，第702页。

忠县，途中得知前方航路上的涪陵已被解放军攻占，进则前路危险，退则违反军令，在进退失据间，时任"永安"舰舰长聂锡禹在舰上联络发动起义，进而邀"郝穴"舰一起参加。"郝穴"舰长李世鲁在副长王内修的支持下，遂决定起义。二舰于29日晨悬挂白旗，鸣汽笛起义，从忠县下驶，沿途多次和岸上的国民党部队交火，最后成功到达鄂西解放区巴东，投身人民解放军。在下驶途中尽管遭到岸上的攻击，但是二舰的损伤极为轻微，人员方面仅仅是"郝穴"舰被打死炊事兵王阿五、"永安"舰被打死理发兵洪茂官而已。[1]

其余包括"永平""常德"舰和"民权""英德""英山"的江防舰队主力于8月退至重庆。在解放军大兵逼近重庆之际，江防舰队司令叶裕和感到大势已去，不愿执行卫戍司令部要求江防舰队上驶江津的命令，暗中和解放军进行接洽。1949年11月30日解放军解放重庆，12月1日江防舰队各舰即高悬"重庆人民海军军舰"旗帜，宣布加入解放军。

起义后的"郝穴"舰，舰桥侧面还能见到中国时代的识别特征——舰名牌。照片收藏：中国船政文化博物馆

---

〔1〕张增富："'永安'舰士兵起义活动情况"，《解放战争时期国民党军起义投诚·海军》，解放军出版社1995年版，第699页。

85

大致与江防舰队中的日降川江炮舰逐次加入人民军队同步，1949年10月在广州解放前夕，驻泊在广州黄埔军港码头的"舞凤"艇上也酝酿着起义的风暴。10月14日，驻广州的第四巡防艇队向所属舰艇下达撤离广州的命令。"舞凤"副长梁魁庭私下与艇长李皋、轮机长左世云商议，认为炮艇吨位小不可能开得到台湾，如果只是人去台湾的话，未来在海军中没有实力依托，"将来日子肯定不好过，所以还不如不去"。10月20日，"舞凤"艇以航速慢为由，提前艇队其他艇先行，于早晨6时拖带轮机存在故障的"炮38"和"巡40"号艇撤离广州。在佯装下驶一段时间后，"舞凤"突然转向返回，于当晚10时到达黄埔岛附近的伦头乡，经上岸与解放军取得联系，10月22日"舞凤"艇开入广州，交由解放军军代表曹志友接收，也加入了解放军序列。[1]

编入人民解放军后的日降川江炮舰此后的生涯也分为南北两地。在长江中起义的军舰除被炸沉者外，"郝穴""永安""永平""常德""江犀"共5艘日降川江炮舰被编入华东军区海军第1纵队。该纵队因为所属军舰多为浅水炮舰，1950年3月改称华东军区海军江防舰队。同年4月23日，华东军区海军在南京燕子矶江面举行庆祝海军成立一周年活动，同时对所属军舰调整编制和重新命名。川江炮舰均以中国著名的江流的名称更名，"郝穴"改名"湘江"，"永安"更名"珠江"，"永平"更名"乌江"，"常德"改名"闽江"，"江犀"改名"涪江"。原华东海军江防舰队改编为第5舰队，因其主要任务是运输、登陆，川江炮舰等舰只旋被调离该舰队，"分别调去淞沪基地、海校或作报废处理"。[2]

1951年"湘江"舰干部合影。照片收藏：中国船政博物馆

其后，这些原本在川江内

〔1〕陈务笃："国民党军海防第二舰队起义亲历记"，《解放战争时期国民党军起义投诚·海军》，解放军出版社1995年版，第550页。

〔2〕《海军·回忆史料》，解放军出版社1999年版，第68页。

河上巡防的军舰,随着中国内水主权完全收回而渐失其使用价值,最终在20世纪60年代完全从中国海军的序列内消失。

和在长江内起义的军舰的情况有所不同,位于广东的"舞凤"炮艇在起义之后,立即被解放军投入作战行动,艇名改为"舞凤3-522"艇。1949年11月下旬"舞凤3-522"首先开赴中山县一带进行剿匪和缉私,同年12月初在中山县的八塘尾成功抓获了1艘80吨级的走私船,立下战功。后来这艘被捕的走私船被改为炮艇,命名为"奋斗"号。1949年12月,人民解放军广东军区江防司令部成立,"舞凤3-522"艇编入在其中,成为当时的骨干军舰之一。1950年1月,"舞凤3-522"艇和"前进""劳动""解放"等炮艇一起参加配合解放军解放海南岛的战斗。因艇小不适合跨海航行,"舞凤3-522"未直接参加渡海作战。[1] 1950年12月3日,以原广东军区江防部队为基础,中南军区海军在广州正式成立,"舞凤3-522"艇在此期间渐失踪迹,推测因为机器老化等问题处于半报废状态。时人回忆"舞凤3-522"艇"烧木柴,经常停驶",最终从中南军区海军中退役。还需一提的是,曾指挥了"舞凤"艇起义的该艇艇长李皋、副长梁魁庭都参加了1950年5月25日的垃圾尾海战。海战中梁魁庭作为"解放"号炮艇的艇长英勇作战,成为人民海军早期著名的战斗英雄。而原"舞凤"艇长李皋随"桂山"号炮艇作战,在"桂山"号遭重创被迫在垃圾尾搁浅后,艇上人员上岸坚持战斗至最后,李皋受伤后被国民党军队捕获牺牲。[2]

---

[1] 梁魁庭:"我和'舞凤'艇一起走向新生",《解放战争时期国民党军起义投诚·海军》,解放军出版社1995年版,第657页。

[2] 《海军·回忆史料》,解放军出版社1999年版,第174—175页。

欧陆来帆

——抗战胜利时接收的日俘意大利军舰

"艾尔玛诺·卡洛托"

19世纪末,欧洲古国意大利受英、法等传统列强在远东攫取到丰厚利益的深深刺激,意图进行仿效,对甲午战争之后国势一蹶不振的中国敲诈勒索。1898年意大利政府派出装甲巡洋舰"马可·波罗"(Marco Polo,排水量4511吨)等军舰到达远东,准备强行占领中国浙江沿海的三门湾,以之作为意大利在远东的军港和政治、经济桥头堡。对欧洲列强中排在末尾的意大利国的来袭,当时已备受东、西方列强欺凌的清政府做出了出人意料的反应。因为通过调查发现意大利东来的军力并不十分占优,在海军将领叶祖珪、刘冠雄等人的积极倡议下,清政府对此事展现出了怒不可遏的情绪,摆出一副不惜一战也要维护领土主权的强硬态度。本就没有做好真的通过武力手段与中国大打出手的意大利被迫停手,这次冒失的开疆拓土行动尚未完全实施就以彻底的失败告终。

三门湾事件变成了一场笑话后,意大利在中国攫取利益的野心却并未因此消散,数年后借着中国庚子国变的乱局,意大利乘火打劫,终于得以插足进入中国。1900年中国北方爆发了大规模排外的义和团运动,随着京津地区的各国使领馆、教堂等机构遭到义和团拳民围攻,清政府保护无力,事态趋于失控,列强出手组成联军进行武装干涉,最终引发了清政府与列强的战争。庚子事件中清政府对列强作战彻底失败,各参战列强国家均凭借1901年签署的《辛丑条

约》掠取了大量利益。作为出兵入侵中国的列强之一,意大利虽然仅仅派出区区数百人的登陆部队,但早在进攻天津时就通过武力强行占领获取了控制区,随后在1902年以条约正式获得了面积为0.458平方公里的租界地,终于实现其在远东建立基地的夙愿,中国的版图上又多出了一块意大利的租

曾和"埃尔玛诺·卡洛托"号搭配在华部署的意大利炮舰"塞巴斯蒂安·柯伯特"号

界。紧随其后,意大利海军的军舰便配合陆上部队,开始进驻天津,成立意大利远东海军支队(Italian Naval Forces in The Far East),负责在远东地区维护、开拓意大利的海外利益。[1]

起初因为意大利在华的侨民数量不多,所涉及的利益范围也并不广泛,对在华海军的要求较低,长期驻扎在中国的意大利军舰仅有曾在三门湾事件中充当侵华先锋的装甲巡洋舰"马可·波罗"号一艘。之后随着意大利的传教和商业活动在中国不断扩展,乃至逐渐蔓延深入到地方富庶但是教案和盗匪纷起的中国长江流域,为了保护在中国内河沿线的侨民和特权,以及确保在长江出海口重要通商城市上海的利益,意大利外交部于1910年商请海军增加驻华的军力。意大利海军为此专门设计建造了两艘用于在中国内河水域执行警戒、护卫任务的军舰,加派到中国。其中第一艘是正常排水量为877吨的炮舰"塞巴斯蒂安·柯伯特"(Sebastiano Caboto)号,由意大利C.N.R巴勒莫工厂(Cantieri Navali Riuniti Palermo)建造,1911年3月开工,1913年7月20日下水,当年的11月23日成军,于1914年抵达上海接替"马可·波罗"号,加入意大利远东海军分队,充当主力舰。[2]

"塞巴斯蒂安·柯伯特"建成的当年,意大利海军预备部署到中国的第二

---

〔1〕[意]Alberto Rosselli:Regia Marina Italiana 网站,http://www.regiamarina.net
〔2〕*Conway's All The World's Fighting Ships 1906—1921*,Conway Maritime Press 1985,P.279. 另有一说称该舰是1912年7月20日下水。

艘炮舰也完成了设计。该舰计划和"塞巴斯蒂安·柯伯特"形成大小搭配的组合，即以"塞巴斯蒂安·柯伯特"主要负责执行在中国沿海地区的任务，而新舰全力负责在中国内河水域的活动。这艘新舰由此被设计得排水量极浅，在计划中是一艘标准排水量247吨，吃水控制在0.8、0.9至1.3米的浅水炮舰，舰型就是当时活跃在中国长江流域的川江炮舰，外观和日本海军在华的"伏见""鸟羽"等川江炮舰十分相似，推测在设计上可能存在有某种参考借鉴关系。

能够深入中国长江中上游的川江炮舰因为体量小、吃水浅，根本不具备在外海直接航行的能力，很多列强国家主要是采取在本国建造完成后拆散运输到中国组装，或是干脆直接在中国建造的施工、部署模式。经"马可·波罗"号的舰长到实地考察，最终决定在中国长江流域就近建造意大利的川江炮舰，选定了当时上海颇富历史的造船企业——英商耶松有限公司（Shanghai Dock and Engingneering Co., Ltd）承造。[1]该舰的舰名则以1900年庚子事变中进攻天

带有一幅标准的川江炮舰外观的"埃尔玛诺·卡洛托"号

---

[1] http://www.trentoincina.it 台湾"中国军舰博物馆"网站误称是江南制造局承造，此一误会还见于该网站主办者姚开阳的论文"炮舰外交下的各国驻华浅水炮舰队"，（中国香港）第三届近代中国海防国际学术研讨会论文。

津时阵亡的意大利海军少尉埃尔玛诺·卡洛托（Ermanno Carlotto）的名字命名，以作纪念。[1]

"埃尔玛诺·卡洛托"号于1914年3月在上海耶松公司开工建造，旋因第一次世界大战爆发，施工暂停至战争结束，工期拖宕数年后于1918年6月19日下水，1921年2月28日正式成军。该舰的标准排水量247吨，满载排水量318吨，军舰长160英尺1英寸（48.8米），宽24英尺7英寸（7.5米），吃水2英尺11英寸（0.91米），体量在当时各国的川江炮舰中属于较大的一类。该舰的动力系统采用两座立式三胀蒸汽机，配套安装两座英国亚罗公司（Yarrow）造重油专烧水管锅炉，功率1100马力，双轴双桨推进，航速13.5至14节，舰上可载重油56吨，续航力1250英里/8-9节。全舰的编制约为44人（4名军官、40名士兵。一说为4名军官、56名士兵）。除此以外，和各列强的在华炮舰相似，"埃尔玛诺·卡洛托"舰上也雇佣有一批中国人充当仆役、司炉、操舵、引水等工作。

"埃尔玛诺·卡洛托"的外形和当时在长江上活动的各国川江炮舰有颇多相似之处，军舰的干舷极其低矮，在舰首则设有很短的一段舷墙用以防浪。主甲板上的建筑分为两层，第一层是前后两段式甲板室，其中布置官兵住舱、厨房等舱室。在其上犹如跨设桥梁一般另设一层甲板室，其中设有无线电房、军官舱等舱室，在第二层甲板室的前方设有一座小型的装甲司令塔，在其前方搭建有木制的驾驶室，是舰上的驾驶、指挥场所。

作为川江炮舰型的军舰，因为主要考虑应对、压制武装程度较低的水上和岸上对手，"埃尔玛诺·卡洛托"的武

意大利海军时代的"埃尔玛诺·卡洛托"号，舰首舷侧可以看到该舰的舰名

---

[1]［意］阿德里亚诺·马达罗：《1900年的北京》，东方出版社2006年版，第103页。

备较为简单，该舰的主炮选用了2门"阿姆斯特朗"（Armstrong）3英寸口径40倍径舰炮，分装在第一层甲板室前、后端顶部甲板上，以此作为前后主炮。其他还装备有作为辅助武器的6门"菲亚特"（Fiat）8毫米口径机枪和2门"柯尔特·勃朗宁"（Colt-Browning）M1895式6.5毫米口径机枪，可以临时布置在舰上的合适位置使用，其总体的火力在当时各国川江炮舰中占据上游。[1]

建成之后，恰值中国北方的局势不稳，紧接着又发生了直奉军阀混战，"埃尔玛诺·卡洛托"被立刻派往天津，进入白河警戒驻防，以保护意大利租界区的安全。除此之外，以八国联军侵华战争中本国战斗英雄名字命名的这艘军舰，在20世纪20年代初还先后被派到中国长江中上游、汉江、闽江等内河水域，进行试航和调查水文情况，成为深入中国内河的第一艘意大利军舰。

1927年，中国国民革命军北伐进抵南京，北伐军的部分部队进入南京后发生了劫掠领事馆区和教堂、学校、商铺、外侨寓所等情况，并出现了枪杀外国人的暴行，带动起大规模的排外骚乱活动，包括意大利籍震旦预科学校校长在内的多位外国人在混乱中遇难。事发后，英、日等国纷纷调派在华海军炮舰赶往南京干涉，并进行报复性炮击。"埃尔玛诺·卡洛托"作为意大利在华的先锋军舰也匆匆从上海赶赴南京，参加了对南京北伐军的炮击行动，是为该舰在中国首度真正参加到作战行动中。

伴随北伐军的胜利挺进，中国长江沿线在20世纪20年代末掀起了一股以收回租界权利为主要诉求的反帝浪潮，各通商港口的外国租界区一片恐慌之情。"埃尔玛诺·卡洛托"和其他各国列强在华炮舰一样，在此时期频繁奔走于长江沿线的汉口、宜昌、沙市、长沙等要口，充当保卫本国利益的警卫队。期间，该舰的武备发生了细微变化，原先装备的8门机枪调整成了6门8毫米口径机枪，样式老旧的勃朗宁式机枪悄悄从舰上消失。

1931年"九一八"事变爆发，包括"埃尔玛诺·卡洛托"在内的很多西方列强在华军舰的任务发生变化。此时，日本对中国的领土野心已经彻底公开，中日两国间发生更大规模军事冲突的危险性变得越来越大。为了能够在大乱局发生时切实保障意大利在华的租界和商侨利益，意大利海军对在华军舰进行调整更新。在华表现活跃的"埃尔玛诺·卡洛托"舰龄虽老，但在没有更新的浅

---

[1] *Conway's All The World's Fighting Ships 1922—1946*，Conway Maritime Press 1987，P.281.

欧陆来帆——抗战胜利时接收的日俘意大利军舰

在中国水域巡弋的"埃尔玛诺·卡洛托"号,照片中可以看到甲板室二层前后安装的主炮

水炮舰建造服役之前,仍然以上海、天津等为活动基地,充当意大利在中国内河水域的宪兵。而当初与该舰大小搭配的搭档"塞巴斯蒂安·柯伯特"则因舰龄过老而被召回母国退役,代之以一艘战力、舰龄都更优的新军舰,以此应对日本咄咄逼人态势下复杂多变的中国时局。

"勒班托"

中国发生"九一八"事变后,被意大利海军选择作为"塞巴斯蒂安·柯伯特"继任者的是一艘布雷舰,即"阿兹欧"级(Azio)布雷舰"勒班托"号(Lepanto)。

"阿兹欧"级军舰是意大利军舰设计师弗兰西斯科·洛东迪(Francesco Rotundi)在20世纪20年代初设计的海外服役用军舰。之所以会设计成布雷舰这一看似和殖民地巡护没什么关系的舰种,与意大利海军的海外殖民地防护战略颇有关系。在其看来,意大利海军在远离本土的地区,不可能长期配置过于强大的海上兵力,因而殖民地的巡护军舰除了应该具备执行日常警戒、震慑任务的炮舰式功能外,还应该能在海外地区发生大规模事变、战争时起到固守待

93

在中国服役期间进坞维修时的"勒班托",照片中可以看到舰尾的水雷投放口

援的作用,能够以少敌多保护住海外殖民地的滨海、滨水方向,而布设水雷无疑是从海洋、水路方向封锁航道、自我保护的重要招数,因而该级驻外军舰全部采取了布雷舰形式。同时,因为布设水雷的功能所需,布雷舰舰尾处的干舷显得低矮,由此这种船型同时还适用于投放深水炸弹、测量航道水深等多种用途,这些同样都是在海外服役时可以运用到的本领。

"阿兹欧"级(Azio)布雷舰同级共建造了6艘之多,其中"勒班托"号由意大利C.N.R安科纳海军工厂(C.N.R Cantiere Navale Riuniti Ancoan)建造,于1925年6月开工,1927年5月22日下水,1928年8月26日成军入役。该舰的满载排水量850吨,标准排水量625吨(615长吨),舰长204英尺(62.18米),宽28英尺6英寸(8.69米),吃水8英尺6英寸(2.59米),体量规模上和她准备接替的"塞巴斯蒂安·柯伯特"相近。

"勒班托"的动力系统装备的是2座英国亚罗公司(Yarrow)三胀往复式蒸汽机和2座"桑尼克罗夫特"(Thornycroft)重油专烧水管锅炉,功率1500马力,双轴双桨推进,航速15节,舰上的燃料柜可储存75吨重油,续航力1500英里/15节(3500英里/10节),全舰编制为74人(5名军官,69名士兵。另一说为9名军官、128名士兵)。[1]

"勒班托"舰采取了长首楼船型,双桅单烟囱,宽大的舰桥("勒班托"舰的舰桥结构本就显得非常宽大,在临来中国之前又做过一次改造,使得舰桥的范围和规模变得更大。此举可能与意大利海军计划将该舰用于在中国担负旗舰使命有关,考虑了同时要在舰上容纳旗舰参谋人员,所以加大了舰桥体量。)和前桅杆安装在首楼顶部甲板上,从首楼向后,主甲板上纵向朝舰尾延

---

[1] *Conway's All The World's Fighting Ships 1922—1946*, Conway Maritime Press 1987, P.317. 《帝國海軍の真實艦艇史2》,[日]学习研究社2005年版,第151页。

伸一条甲板室建筑，烟囱位于甲板室靠近首楼的位置上，后桅杆则位于甲板室的末尾。在甲板室之后，舰上留出了一段空阔的舰尾甲板，安装有水雷布设架，用以敷设该级舰赖以得名的专业武器——水雷，舰上同时可携带80枚水雷。

除水雷外，"勒班托"舰的武备主要是枪炮，该舰装备有4英寸口径舰炮两门（型号为法国"施奈德"式），分别安装在首楼顶部甲板前方和甲板室顶部甲板末尾，充作该舰的主炮。另安装1门"维克斯"40毫米口径高射炮，布置在甲板室顶部后桅杆与烟囱之间，是该舰最重要的防空火力。此外，舰上的辅助轻武器还有2门机枪。

意大利海军时期的"勒班托"

"勒班托"服役后最先被配置在希腊海港城市塞萨洛尼基（Thessalonik），曾经在意大利的传统殖民地非洲一带进行过巡防和水文调查活动。1932年11月11日奉命开往远东，途中因为遭遇台风而临时在菲律宾避风，直到1933年的3月10日才抵达上海，与"塞巴斯蒂安·柯伯特"顺利交接。从此意大利驻华军舰的阵容便变成了"勒班托"和"埃尔玛诺·卡洛托"的组合搭配形式，其中以体型较大的"勒班托"舰作为意大利远东海军支队的旗舰。

抵任伊始，"勒班托"即马不停蹄立刻在中国水域四处奔走，以尽快熟悉水情航路，并向各界展示意大利海军新战力的到来。吃水超过2米的"勒班托"甚至也努力尝试沿长江上驶的航行。继而，该舰还接连开赴青岛、烟台、威海、大连、仁川等中国北方乃至朝鲜半岛重要港口，熟悉各港口情况，在这些各国舰船往来繁忙的水域、港口显示意大利海军力量的存在。

不出意方对中国局势的判断，就在"勒班托"部署到中国几年后，1937年在距离意大利天津租界不远的北京附近发生了"七七"卢沟桥事变，日本挑起全面侵华战争。就在中日两国鏖战之际，"勒班托"舰又先后开赴香港、越南海防、厦门乃至日本本土的东京、京都、横滨等处游历。因为当年意大利加入了德、日两国签订的反共产国际协定，因而意大利实际上和日本已经处于盟友关系。根据当时上海出版的英文版《中国年鉴》报道，此时意大利远东海军支队在华军舰仅"勒班托"和"埃尔玛诺·卡洛托"，二舰的舰长分别是费雷特·巴洛尼（Fregate E.Baroni）和科尔维特·格雷戈理（Corvetta G.Gregorio），以"勒班托"舰舰长费雷特·巴洛尼为支队司令。[1]

侵华战争时期的日本国内画报，封面上就是停泊在黄浦江上的意大利军舰"勒班托"（左）和"埃尔玛诺·卡洛托"，此时意大利和日本尚处于同盟状态

此后，意大利和日本的关系变得日益紧密，1940年9月27日，德、意、日

太平洋战争爆发前停泊在上海的"勒班托"号

---

[1] *The Chinese Year Book 1936—1937*, The Commercial Press, Limited 1936, P.986.

三国正式签订《德、意、日三国同盟条约》，轴心国成立，意大利更是和日本变成了真正的军事盟友。此时以日军占领的中国城市上海为主要驻泊港的"勒班托"和"埃尔玛诺·卡洛托"日益变得无所事事，坐观日军在中国的侵略战争不断扩大，乃至又挑起了太平洋战争。

时间到了1943年，欧陆战场发生风云巨变，7月10日盟军在意大利西西里岛成功登陆，意大利军队大败。7月25日，墨索里尼（Benito Mussolini）法西斯政权倒台，意大利陆军元帅巴多格里奥（Pietro Badoglio）出任首相，9月3日意大利新政府向盟军接洽投降媾和，签订停战协定，退出了第二次世界大战战团。几乎一夜之间，停泊在上海的"勒班托"和"埃尔玛诺·卡洛托"就从日本的盟邦军舰变成了敌国军舰。

日 俘

1943年当地时间9月8日（中国时间9月9日），欧洲盟军和意大利新政府同天正式宣布停战宣言，意大利政府从野蛮侵略扩张的恶魔中挣脱了出来。考虑到在海外的舰船将可能会因此陷入尴尬的境地，意大利海军在政府宣布停战布告之前，就已经提前向包括远东区域在内的驻扎海外地区的意大利军舰发布命令，要求就近前往中立国港口暂避，如果无法驶避，则应设法自行沉毁军舰。同一天，得知意大利向盟国无条件投降，在侵略战争道路上越陷越深的日本大本营立即视意大利为敌国，发布命令要求中国方面舰队等侵华部队接管意大利在中国的舰船和租界。[1]

9月9日清晨5时30分，接到本国海军下达的要求撤往中立港口的命令时，"勒班托""埃尔玛诺·卡洛托"和一艘意大利商船正结伴停泊在上海法租界附近的黄浦江江面。以"勒班托"和"埃尔玛诺·卡洛托"二舰的油料储量以及续航力，在日军控制下的东亚海域，根本没有远逃往中立国的可能性。时任编队指挥官的"勒班托"舰舰长约瑟夫·莫伦特（Giuseppe Morante）决定执行自沉命令，指挥"勒班托""埃尔玛诺·卡洛托"首先将舰上的机要文件全部销毁，其后二舰的大部分人员离舰上岸，由轮机部门的官兵负责打开军舰的海底

---

[1]《中国方面海军作战》（2），[日]朝云新闻社1975年版，第386—387页。

阀自沉。"埃尔玛诺·卡洛托"自沉时因为官兵执行任务不坚决，仅仅只是半沉在江中（一说根本没有沉没），而且轮机舱根本没有进水。"勒班托"舰的情况则截然不同，该舰于清晨7时左右沉入了黄浦江中，下沉时则因舰内进水不匀，舰体发生严重侧倾，最后是以左舷在下、右舷在上的姿态侧卧在江里。

安排军舰实施自沉后，约瑟夫·莫伦特舰长和二舰舰员及在上海的意大利海军"圣马可"营官兵约200余人集中至意大利领事馆，随后即被赶来的日军全部拘捕，沦为日军的阶下囚，从盟友到仇敌的变化竟然就在如此一瞬间毫不留情地完成了。

意大利战俘此后一度被日军关押在三菱江南造船所附近，参加修复"埃尔玛诺·卡洛托"和"勒班托"的活动。据当时目睹过这些意大利战俘的日本人战后回忆，意大利战俘休息时习惯在空地上一边晒日光浴，一边用餐聊天，结果1944年盟军轰炸上海时，多名正在用餐的意大利战俘即被炸死。这些羁留在异国的意大利人，其后又在中国辗转过多个战俘营，幸存者最终在二战结束后的1946—1947年才回到了其祖国。[1]

意大利向盟国投降时，正值日本海军在太平洋战争中接连遭遇中途岛、瓜达卡纳尔战役惨败之际，日本海军的舰船装备损失惨重，急需补充。加之日本在中国沿海的海上运输线日益受到盟军战机、潜艇的威胁，运输船团也急需更多的护航军舰保护。在本国造舰能力已经超限的情况下，打捞、修复占领区中沉没的他国军舰，便成为一项快速补充新舰的捷径，在上海的2艘意大利军舰很快就和一些沉没在上海的美国和中国军舰那样，由日军设法进行了维修恢复，编入到日本海军序列里。

"埃尔玛诺·卡洛托"自沉时最为敷衍了事，舰体状况较好，打捞难度小，因而最先被日军拖曳，于1943年10月5日被拖航到三菱江南造船所进行维修改造。经过日方检查，"埃尔玛诺·卡洛托"的舰体、主机、通讯和航海设备均无损坏，仅需根据日本水兵的生活习惯，对原先舰上的厕所、浴室、厨房加以东方化改造。当年11月1日上午10时13分，日本海军在江南造船所码头举行该舰的正式入役和改造开工仪式，将"埃尔玛诺·卡洛托"编入日本海军，命名为"鸣海"（日本名古屋附近的地名，出产著名瓷器"鸣海烧"），舰种定为炮

---

[1]《帝国海軍の真實艦艇史2》，[日]学习研究社2005年版，第151—152页。

舰，舰籍隶属佐世保镇守府，配置于中国方面舰队扬子江特别根据地队，首任舰长吉田驹雄海军大尉，全舰核定编制57人（军官7人，士兵50人）。

在完成舰体等方面的改造后，日方于12月6日对"鸣海"舰的武备和无线电设备加以更换。其中该舰原本装备的2门阿姆斯特朗3英寸口径舰炮因为难以获得弹药和零件供应而撤去，代之以日本海军的制式化武器。原安装于第二层甲板室前方的前主炮换成1座"96"式25毫米口径双联装高射炮（最大仰角80度，俯角－10度，最大射高5250米，最大射速220发/分钟），第二层甲板室末尾位置上的后主炮改成1座"93"式13毫米口径双联装高射机枪（最大仰角85度，俯角－5度，最大射高3500米）。从主炮的变化可以清楚地看出，日军实际上已经将该舰改换成了防空军舰，明显的用意就是要以该舰执行护航、要地防御任务。此外，原"埃尔玛诺·卡洛托"装备的轻机枪也因为枪弹和日军不通用，改成了4门日本"92"式7.7毫米口径机枪。另外还配备了部分轻武器，包括20枝"38"式步枪和5枝"14"式手枪。和武器的情况类似，原"埃尔玛诺·卡洛托"装备的无线电设备也因为和日方的型号不匹配，备件难觅，干脆移除，新装了日式的收报、发报机。

1943年12月11日，改造完毕的"鸣海"载上重油、弹药，于13日进行了稳性测试，在15日至18日进行航试，20日进行正式航试，21日试射枪炮，至月底各项测试顺利完成，维修改造竣工。因为该舰没有因自沉受损，因而变为日本军舰"鸣海"时未做大的修理，其舰体外观和意大利时期基本相同。[1]

较之"埃尔玛诺·卡洛托"，意大利向盟军投降时在上海真正执行自沉的"勒班托"号的打捞修复工作就复杂了许多。日军上海第一工作部负责该舰的打捞修复，经探明该舰的水下沉没姿态后，首先采取措施扶正舰体，对下沉过程中的破损处实施修补，后于1943年11月8日打捞出水，拖航送入三菱江南造船所船坞进行维修。

"勒班托"自沉时舰体损伤较大，上层建筑、舰体等都有不同程度的破损，且轮机舱完全被水淹浸。日方采取的维修方法是将原舰上受损的舰桥、烟囱、桅杆等上层建筑全部拆除，另外制作新件更换。借着将上层建筑拆除的机

---

[1]《帝国海军の真实舰艇史2》，［日］学习研究社2005年版，第130—131页。［日］片桐大自：《联合舰队军舰铭铭传》，［日］光人社1988年版，第248页。［日］森恒英：《日本の驱逐舰》，［日］グラソプリ出版1995年版，第228—237页。

日本支那方面舰队司令在"兴津"命名式上诵读命名书

会,该舰的蒸汽机、锅炉也被从舰体内掉出,拆卸分解后逐件维修保养,再合拢装回舰内使用。

1944年3月1日,日本海军在江南造船所举行该舰编入日本舰籍和开工维修仪式,由时任中国方面舰队司令官近藤信竹大将诵读命名书,"勒班托"号被命名为"兴津"(日本静冈县清水市东北地名,以景色优美闻名),舰种和"鸣海"一样都是归类为炮舰,舰籍隶属佐世保镇守府,编入中国方面舰队上海根据地队,首任舰长为滨崎长太郎海军少佐,全舰定编制70~80人。

"兴津"舰的维修一直进行到1944年4月,该舰的外观发生了翻天覆地的变化。在基本保留长首楼舰型的基础上,首楼上的舰桥建筑完全新建,改成了当时日本海防舰上常见的上下两层式样。舰桥一层从前至后分别是舰长室、无线电室、电测(雷达)室,一层舰桥的前方另设有一处圆形的火炮安装平台。在一层舰桥顶部的前方,设有第二层舰桥,即驾驶室,其后部设有一座方位盘火控塔,塔顶的测距仪十分显眼。在一层舰桥顶部后方则建有略似三脚桅式样的前桅。

"勒班托"原先位于舰体中部的甲板室结构基本予以保留,而舷边的舷墙则全部切除,改为栏杆,仅在首楼末端还能看到一段原先舷墙的过渡折角轮廓。"兴津"重建的中部甲板室长度较短,甲板室顶上的烟囱也不同于"勒班托"原先的直立式,改成了略微后倾的样式。烟囱之后的甲板室顶部甲板上,向左右各增拓出一个用于安装枪炮的耳台,在甲板室末尾则设置了一个圆盘形的炮位。"兴津"舰的后桅杆则设在舰尾方向的圆盘形炮位与甲板室相交的位置附近。

和外观上的巨大变化一样,日本海军对"兴津"的武备配置也颇下苦心。军舰的主炮改为2门日本"三年"式8厘高角炮,分装在首楼顶部甲板和甲板

室末尾的主甲板上,另装备2座"96"式25毫米口径三联装高射炮,分别安放在舰桥前方和甲板室末尾的圆盘形平台上,2门"96"式25毫米口径单管高射炮,分别安装在甲板室顶部左右的耳台上。从主副炮皆采用高射火炮的这一选择,也可看出当时日本海军对防空护航军舰的需求之急迫。"勒班托"舰原有的布雷功能在"兴津"上得到保留,舰尾安装了两座布雷架,可搭载"93"式水雷36枚。另外,为弥补当时日本海军反潜护航兵力的不足,"兴津"舰上又装备2座"94"式爆雷投射机("Y"炮),具体安装位置在水雷轨道附近。配合Y炮的使用,"兴津"舰上还加装了"93"式水中听音机。在一艘打捞再生的军舰上,添加如此之多的功能,也可以看出当时日本海军舰船装备捉襟见肘,但凡具有一点改装潜力的军舰就完全不放过的窘状。

1944年5月4日,完成修理改造和武备加装的"兴津"在吴淞口附近进行航试,期间与搭载摄影师拍摄"兴津"航行姿态的江南造船所拖船"鹰丸"发生相撞事故,导致"鹰丸"沉没,中国籍船长和一名船员以及在船摄影的日本摄影师共三人失踪。所幸"兴津"在碰撞中没有大的损失,仅右舷船壳板略有撞伤。此后,"兴津"的航试活动继续进行,于1944年5月14日完成。[1]

从此,"兴津""鸣海"这两艘原本的意大利军舰开始了在太阳旗下的服役生涯。2005年日本《历史群像》杂志特刊登载了海军史学家田村俊夫曾撰写过"兴津""鸣海"二舰的舰史文章,征引大量当事人回忆及日方档案,为今天了解这艘军舰在日本海军中的服役情况提供了一扇重要的窗口。

"兴津"

"兴津"舰的维修、改造工作完成后,于1944年5月15日进行了弹药、粮食、淡水等物资的补给,随后开出黄浦江,在长江口一带海域进行适应性训练,以使舰员和军舰之间熟习磨合,至21日返回上海进行休整和再补给。

根据1943年日军制定的海上交通保护区划分,"兴津"所在的中国方面舰队上海根据地队的主要任务是担负上海至台湾、上海至厦门、上海至青岛三条中国沿海重要海上运输线路的护航工作。当时上海根据地队仅有"宇治""安

---

[1]《帝国海军の真実艦艇史2》,[日]学习研究社2005年版,第152—154页。[日]片桐大自:《联合舰队军舰铭铭传》,[日]光人社1988年版,第232—233页。

宅""鸟羽""栗""栂""莲"等6艘护航军舰,此时具备较强防空能力和一定反潜能力的"兴津"舰的加入,可谓是使得上海根据地队又多出了一艘主力舰,"兴津"也立刻成为中国沿海护航行动中的中坚骨干。[1]

1944年6月5日,"兴津"舰开始执行首次护航任务,护卫从上海开往台湾的"ク六〇五"号运输船团,一路平安无事,于9日顺利送达台湾基隆,随后在12日从基隆返航,于14日安全回到上海,任务圆满结束。可能是在首次出海护航航行中发现了一些舰上设备存在问题,"兴津"舰返回上海后旋即于22日进入三菱江南造船所维修,至6月24日又重新出海执行护航任务,参加护卫从上海开往台湾高雄的"ク四〇六"号运输船团,在30日平安抵达高雄。

此后,"兴津"舰终日奔忙于上海至台湾基隆、高雄、马公的运输航路上,和上海根据地队的"宇治""栗""栂"一起担任护航任务,侥幸的是各次护航中均未遇到盟军飞机或潜艇攻击。

1944年9月27日,"兴津"舰受领一桩特殊任务,护卫"首里丸""明岛丸"从上海开往日本本土的佐世保港,首度执行跨越外海的上海至日本本土护航。10月2日"兴津"护卫船团抵达佐世保,旋后"兴津"即被送入船坞维护,并且在此加装上了当时日本驱逐舰广泛使用的"93"式水中探信仪,以应对威胁越来越大的盟军潜艇,同时舰上新加入3名水侦员以操作新设备(1945年1月又增加4名)。就此原本已经装备了深弹发射炮的"兴津"号成了中国沿海日本护卫舰船中为数不多具有完整反潜武器的军舰之一。

在佐世保军港的维护和设备加装工作于当月8日完成,"兴津"重回上海。由于在佐世保期间舰长浜崎因为患盲肠炎住院治疗,改由杉山忠嘉海军少佐临时代理舰长。也就在此时,日本海军在中国沿海的护航方式发生了新的变化,为提高军舰的利用效率,从上海前往台湾的船团改成接力式护航,即由"宇治""兴津"之类出海航行能力不强的炮舰将运输船团沿近海先从上海护卫到浙江沿海的舟山定海一带后,再由在此等候的较具远海行动能力的驱逐舰"栗""莲"接手再护送向台湾,"兴津"的护航行动轨迹遂调整为上海至舟山间。

1944年年底,"兴津"舰再度进入三菱江南造船所,于12月18日被送进第

---

[1]《中国方面海军作战》(2),[日]朝云新闻社1975年版,第419页。

三号船坞进行维修,并准备加装逆探装置(电波探知机)。19日上午,干船坞内的积水被排出,"兴津"舰稳稳坐到了船坞中的龙骨墩上,准备开始离水的大修保养,舰员们则准备离舰上岸临时居住。下午1时,正当"兴津"舰的官兵在后甲板集合准

1945年1月在三菱杨树浦工厂维修时日本舰员在"兴津"后部8厘炮附近的合影

备对舰上的官兵宿舍打扫清洁时,8架美军的B-29型轰炸机突然出现在江南造船所上空,随即开始了长达一小时的三轮反复轰炸。"兴津"的舰员立即用舰上的8厘高角炮、25毫米口径高射炮对空射击,然而B-29型轰炸机的飞行高度超出了这些防空武器的最大射高,对空作战根本没有任何效果。最终,江南造船所内的车间厂房受损严重,第1、2号船坞中正在维修的东亚海运商船"罗山丸"和"弁天丸"号被炸毁,轰炸发生时停泊在第3号船坞坞口水域的炮舰"热海"号遭重创,唯独第3号船坞里无法动弹的"兴津"号侥幸未受什么损失。

此次轰炸对江南造船所的设施破坏极大,乃至于船坞也因坞门受损而无法继续进行坞修,"兴津"被迫于12月20日转到三菱杨树浦工厂继续维修和加装"逆探"设备,至1945年1月全部完工,离开船厂重新加入到护航行动中。2月14日,原"飞渡濑"舰长肱冈虎次郎海军少佐新任"兴津"号舰长,19日,在新任舰长指挥下,"兴津"出海参加护卫满载陆军的"光マル三"号船团从上海前往香港。后因考虑香港方面沿海美军飞机、潜艇活动频繁,航行过于危险,遂改在25日到达汕头卸载登陆,而后"兴津"护卫船团于3月3日离开汕头,10日平安回到上海。

进入1945年,日本在太平洋战场上已经陷入全面溃败的颓局,失败眼见无可挽回,从海外地区往本土回撤军队、平民的行动也在这时逐渐展开。4月17日,"兴津"舰参加了护卫运送在华日本平民的"モ七〇五"号船团从上海

1945年6月17日在执行护航任务时的"兴津"舰

经青岛开往日本本土的行动,于27日到达佐世保。随后5月1日"兴津"再次被送入佐世保海军工厂,在第3号船坞接受维修改装,军舰的前桅上加装了"13"号和"22"号两种电探天线,以进一步提高防空和海上作战能力。同时,"兴津"的水管锅炉也在佐世保工厂进行了清理维护,以保持军舰的动力输出与航速。

上述工程在5月3日完成后,"兴津"于5月11日从佐世保出发重返上海,随行还搭乘了计划配属到浙江舟山的日本"震洋"队队员42人(从1945年年初开始,日本海军为防范美军在中国沿海登陆,开始在中国沿海的海南岛、香港、厦门、舟山、泗礁山等五地配置特攻武器——"震洋"自杀艇。)与以往护航行动时所遇到的一帆风顺的情况明显不同,"兴津"此后的活动开始变得惊险连连。回航途中先是11日中午12时30分后遭到了5架美军战机的攻击,之后14日又在靠近大陆时意外受到来自岸上的攻击。5月27日"兴津"护卫从青岛开航上海的"シ〇三"船团出发后,28日就在航行中遇到了美军PB2YB型水上巡逻机的袭击。

1945年6月18日从上海向青岛护航途中从"宇治"舰上拍摄到的"兴津"(照片中远处左侧的军舰)

欧陆来帆——抗战胜利时接收的日俘意大利军舰

1945年7月17日，又完成了一次青岛至上海船团护航的"兴津"在上海系留期间，发生了一次激烈的防空作战，成为这艘意大利军舰在太阳旗下的战斗绝唱。据时任"兴津"舰炮术军士远藤为康回忆，当天盟军的B-25型轰炸机和P-51型战斗机轰炸了浦东的日本陆军机场，返航时沿黄浦江飞行，攻击江上船只。盟军可能没有意料到此时江上居然还有具备较强防空火力的日本军舰存在，B-25型和P-51型编队均采取了耀武扬威的低空飞行，以示震慑，结果立刻陷入"兴津"的防空火网。"兴津"舰尾的8厘高角炮当场击落一架B-25型轰炸机，甲板室后部平台上的三联装25毫米口径高射炮以及甲板室顶部甲板侧面耳台上的单管25毫米高射炮共击落三架P-51型战斗机，创造了该舰历史上最耀眼的战绩。

进入8月份，"兴津"和"宇治"等军舰一起继续担负青岛至上海间的船团护航。因为日本战局恶化，各种战略物资均纷纷告罄，重油奇缺，"兴津"在此时也开始大量从青岛补给花生油当作锅炉燃料。8月15日，"兴津"在上海进行整备，准备几天后运送前往浙江嵊泗列岛泗礁山的"震洋"特攻队员。当天突然接到支那方面舰队的命令，要求全员准备在正午时分收听重要广播，随即全舰官兵便在"兴津"舰的前甲板上集中，电信兵还专门从电讯室接线，在前甲板上架设了扩音喇叭。随着正午一分一秒到来，扩音器中传出的声音让全舰陷入一片愁云惨雾中，当天，"兴津"在上海见证了日本天皇下诏向盟国无条件投降的历史时刻。身处在中国港口的"兴津"几乎毫无悬疑可能会成为中国海军的俘虏，此时舰上共有军官13人、士兵140人。[1]

"鸣海"

和"勒班托"舰编入日本海军后活动的区域完全不同，"埃尔玛诺·卡洛托"变成日本军舰"鸣海"后，因其自身的川江炮舰舰型特点，主要被用在长江中担任警备任务。

1943年在三菱江南造船所完成舰体维护和武备等设备更换后，"鸣海"于12月31日中午12时离开江南造船所码头，进入长江上驶，于1944年元旦到达南

---

[1] 本节大量参考了［日］田村俊夫："'レパント'後身'興津'から中国海军'咸寧'に至る全足跡"一文，见《帝国海军の真實艦艇史2》，［日］学研社2005年版。

经过1943年改造后的"鸣海"舰

京,1月7日抵达安徽安庆报到入列。当时日本海军中国方面舰队扬子江方面根据地队对长江实施划区警备,共分作九江上游的上游江段、九江下游至南京的中游江段、南京至上海的下游江段等三个防区,"鸣海"舰被分配在下游江段。又因考虑到从九江至南京江段过于绵长,为了补给便利起见,在实际操作上中游江段和下游江段的巡防分界点则设在安徽的港口城市安庆,"鸣海"即一度以安庆为基地。

驻防安庆期间,"鸣海"数度往来于安庆、南京间,进行江面巡防,均未遇到实质性的战斗。1944年2月下旬,"鸣海"舰被调派往江西九江,担任当地的警备舰。就在21日到达九江未久,"鸣海"即开始了其不断遭受盟军飞机轰炸的多舛命运。

当时配合太平洋战场上的盟军反攻攻势,中国战区的中、美战机也频繁出动轰炸侵华日军。1944年2月24日,9架盟军的B-25型轰炸机编队到达九江上空,在5000米高度实施水平轰炸,停泊在九江岸边的"鸣海"和外形与其相似的日本炮舰"势多"随即开始对空射击。在约6分钟左右的战斗中,"鸣海"发射25毫米口径高射炮弹305发、13毫米口径机枪弹178发、7.7毫米口径机枪弹363发,不过因为B-25型当时的飞行高度较高,"鸣海"的防空作战并无任何战果。

数月之后,1944年6月3日的下午1时5分与1时39分,各有一架B-24型轰炸机飞临安庆上空,当时正和"多多良"舰停泊安庆的"鸣海"立即开始对空射击,共消耗25毫米口径高射炮弹27发、13毫米口径机枪弹115发、7.7毫米口径机枪弹235发,未对盟军飞机造成损害。

6月18日,"鸣海"舰遇到第三次盟军飞机来袭。当天中午12时55分,由

3架B-25型轰炸机、12架P-38型战斗机组成的盟军机群飞抵安庆,正在安庆附近江面停泊的"鸣海"与"多多良""热海""须磨"展开防空作战。"鸣海"舰上的主力防空武器25毫米口径高射炮在连续发射455发炮弹后,因撞针损坏而被迫停止射击,其他的13毫米口径机枪当天消耗弹药970发、7.7毫米机枪弹药消耗1750发,仍无任何战果,未能展现出太大的防空价值。

可能是连次轰炸中舰体受到附近炸弹爆炸引起的震荡影响,1944年7月21日左右"鸣海"舰的主机、锅炉、发电机等接连发生了故障,以致无法再继续执行巡防任务。8月1日,该舰被送回三菱江南造船所维修,期间鉴于"鸣海"在多次防空作战中表现平平的情况,又增加装备了1门13毫米口径高射机枪。据日本海军史学者田村俊夫推断,这门新增的火炮可能安装在了舰桥顶部。

"鸣海"的这次维修工作至1944年的8月25日结束,26日便匆匆离开江南造船所,沿着刚被编入日本海军后前往安庆归队的航迹行动。27日该舰抵达南京补给重油等物资,31日离开南京,于9月1日再度回到安庆。

10月6日,"鸣海"舰的对空作战再次开始。当天12时25分,2架可能属于美军第14航空队的P-40型战斗机到达九江上空,向前一天刚刚从安庆来到此地

美术作品:被盟军空袭的"鸣海"舰。创作:王益恺

107

的"鸣海"舰发起进攻。当天，P-40型战机采取低空俯冲轰炸战术。"鸣海"这次未能延续此前的幸运，很快左舷的6号燃料柜直接中弹，储存的重油立即起火燃烧，上层建筑的木构件几乎荡然无存。继而一枚炸弹在右舷外炸开，弹片将甲板室顶部甲板末尾撕开，上甲板留下了直径约60毫米的破口，连接舵轮与舵叶的链条也被弹片炸断。不过舰上的人员伤亡并不很重，仅有2名水兵受轻伤，在经过对舵叶应急修理后，"鸣海"勉强能够低速航行。此战，"鸣海"共发射25毫米口径高射炮炮弹104发、13毫米口径机枪弹600发、7.7毫米口径机枪弹141发，然而仍然未能对来袭的盟军飞机造成任何杀伤。

10月8日凌晨3时50分，伤痕累累的"鸣海"由"早濑"舰拖曳进入安庆港，设法应急抢修，至9日勉强控制住了伤情。10月10日，日军扬子江根据地队变更舰队编制，将所属的炮舰按照每2艘编组为1个炮舰队的模式整编为5个炮艇队，"鸣海"与"多多良"舰被编为第24炮艇队。随之，舰员中增加了担任第24炮艇队主计长、军医长的军官各一名。

1944年11月，"鸣海"开始前往九江执行警戒任务，其中15至26日间前往汉口进行了短暂的休整、补给。刚刚从汉口返回未久，12月2日，对空战斗再起。当天，6架美军的P-51型战斗机飞临九江上空，对第24炮艇队军舰实施轰炸，"鸣海"在3分钟时间里共发射25毫米口径炮弹46发、13毫米口径机枪弹367发、7.7毫米口径机枪弹147发，所幸军舰在轰炸中未受损失，然而也未能对来袭的盟军飞机造成杀伤。

2天过后，12月5日中午11时过后，5架美军的P-51型战机从"鸣海"舰停泊地的上游方向飞来。"鸣海"对之发射25毫米口径炮弹196发、13毫米口径机枪弹1200发、7.7毫米口径机枪弹141发。旋后，7日下午1点17分，两架P-51型战机从前日的来路方向低空发起空袭。

之后经历了近半个多月的平静，1945年1月14日"鸣海"向汉口方向航行时，在下午1时13分遭遇2架P-51型战机袭击、下午4时50分遭遇5架P-51型战机袭击。交战之中，"鸣海"舰遭扫射中弹多处，主甲板以上留下130多处弹孔，2号锅炉的主、辅蒸汽管被打破，1号锅炉给水管被打破，另外军舰周围落下5枚炮弹，破片将水线下击穿，引起舰内进水。战斗中"鸣海"阵亡3名士兵，受伤8人。

重伤的"鸣海"15日凌晨4时被紧急用拖船拖往下游，22日抵达三菱江南

造船所在第2船坞进坞大修。很多锈蚀严重的船底外板也趁此机会全部换新，直到2月20日才修理出坞，又经一系列测试，至3月1日方才认定"鸣海"可以恢复行动，6日舰长一职任命小池三雄海军大尉接替。

1945年3月13日下午，"鸣海"与"须磨"舰同行上驶长江，因"须磨"在江阴附近发生主机故障需要应急修理，"鸣海"被迫暂停于北岸的靖江八圩港等待。19日二舰重新恢复航行，下午3时26分在经过天生桥附近江面时，"须磨"突然触爆中国军队布设的水雷，15分钟后沉没。一旁的"鸣海"匆忙救援"须磨"的舰员，折返上海。在上海协助处理"须磨"善后事宜期间，"鸣海"于4月2日上午10时20分又遭美军P-51型战机袭击，后在4月15日重新返回到安庆就地担任警戒。

因为当时盟军战机在长江沿线乃至东南沿海对日舰的威胁越来越大，日军几无招架之力，为免受更大的损失，1945年5月24日扬子江方面特别根据地队命令所有江上各舰全部返回上海，人员、武器一律上岸。"鸣海"舰回航经过芜湖时又接到命令，将2门13毫米口径机枪拆卸上岸，交予芜湖日军用作防空。随后该舰在6月13日下午4时15分抵达上海，即刻接获命令，将舰上剩余的25毫米口径高射炮、7.7毫米口径机枪等武器拆卸上岸使用，人员全部离舰，"鸣海"此后成为了一艘事实上的废舰，就此一直挨到日本无条件投降。[1]

青天白日旗下

1945年8月15日，日本天皇通过电台发表诏谕，宣布无条件投降，第二次世界大战落下帷幕。8月16日，"兴津"和在华的很多日本军队单位一样，开始将舰上重要的文书档案等焚毁。因为尚未接到盟军方面的处置意见，"兴津"舰不久之后再度从上海出港，连续在19至20日和21至22日间向浙江泗礁山运送了两次特攻队员。

9月3日，日本政府代表在东京湾的美军"密苏里"战列舰上正式签署投降书，随后9月9日中国战区受降仪式在南京中国陆军司令部大礼堂举行，中国派遣军司令冈村宁次大将签署投降书。第二天，原侵华日军支那方面舰队司令部

---

[1] 本节大量参考了［日］田村俊夫："'レパント'後身'興津'から中国海军'咸宁'に至る全足跡"一文，见《帝国海军の真实舰艇史2》，［日］学研社2005年版。

中国海军刚刚接收后的"咸宁"舰,舰上武备等设施仍保留着日本时期的状态

更名中国战区日本海军总联络部。9月13日,正在江阴一带长江上执行扫雷任务的"兴津"号接到准备向中国海军投降的命令,当天舰员将军舰旗焚毁,于14日晚上7时到达南京等待受降。

1945年9月15日,曾任民国海军"宁海"号巡洋舰舰长,在抗击日军侵华的江阴保卫战中作战受伤的中国海军总司令部舰械处处长海军少将陈宏泰作为海军接收南京区专员,对"兴津"舰实施接收。[1]显得多少有些尴尬的是,当时陈宏泰同行仅有8名官兵,且其中有6名士兵都是刚刚招降纳叛得来的原汪伪海军人员。抗战中损失惨重的中国海军原本人员数量就已很少,再加之大量精锐官兵被抽调往英美受训接舰,又因为大后方至东南沿海间的交通阻隔,以至于在接收日舰时不得不大量启用未及仔细甄别的原伪海军人员。

根据日方当事人的回忆,举行接收仪式时,"兴津"舰全舰日本官兵集中列队,听候中国海军点检。在完成了接收签字等手续后,中国的青天白日满地红国旗升起到"兴津"舰尾旗杆之巅,陈宏泰少将宣读接收文告和命名词,"兴津"被中国海军命名为"咸宁"号。既是纪念抗战中损失的中国炮舰"咸宁",同时也有战火初灭之时期望四方安宁和平的寓意。因为接收时"兴津"的各种武备齐全,这艘武器装备多样,且具有出海航行能力的军舰颇受注意,被编列在海军第一舰队序列中,首任舰长为海军中校邱仲明。

为使官兵尽快熟悉"咸宁"舰的各项操作,中国海军挑选了包括航海长在内的30名日本官兵留舰指导,其余包括舰长在内的120名原"兴津"舰官兵于9

---

[1] 根据《海军大事记》第二辑记载,陈宏泰是于1945年10月被派任为接收南京区专员,负责接收芜湖、南京、镇江、江阴等地区的海军舰艇和机关、设备。见《海军大事记》(第二辑),(中国台湾)"海军总司令部"1968年版,第173页。

月22日离舰，中国海军练兵营派出官兵15名于27日登舰。此后，中日官兵混编的"咸宁"便开始了一段磕磕碰碰的训练生涯。

先是10月13日，"咸宁"得到准备航向台湾的命令。为了尽快弥补舰上舰员数量的不足，又从已经上岸的原"兴津"舰日籍舰员中抽调了23人上舰帮助工作。不过就在当晚，在中方舰员全部不在舰时，"咸宁"舰上突起火灾，后虽然经过查证这场火灾可能是烟头或者烟囱的火星引起，并非出于某种阴谋破坏，但在如此之巧的时机发生这种破坏性的事件，难免不让人起疑。

此后，开航台湾的计划突然被取消，改为前往汉口。日方舰员开始在舰上讲授8厘高角炮的使用和拆装分解方法，17日原中国海军布雷队官兵13人登舰补充中方舰员人数。22日早晨，"咸宁"离开南京开往汉口，开始了在中国海军时代的首次航行。

当时在"咸宁"上服务的日方人员后来回忆，中国海军在舰官兵对日方人员颇为客气，学习也极为勤勉，不过除了原汪伪海军人员外，其余人大都不懂日语，只能通过中文笔谈或者用英文来交流，效率较低。

10月27日，"咸宁"舰到达汉口，舰长一职改由海军少校吕叔奋接任。11月1日"咸宁"抵达武穴停泊，3日新增了一批中国海军人员上舰，具体包括轮机长及航海军官等4人。5日，"咸宁"舰官兵在日方人员指导下，进行首次实弹射击训练，以武穴附近的高山为目标，25毫米口径高射炮喷吐出阵阵火光。不过据称这次实弹射击的评价不佳，因为射击造成了意外的山火灾难。

1945年11月11日，"咸宁"由舰长吕叔奋亲自指挥，从武穴开往富池口，是为中国海军首次自行驾驶"咸宁"航行。此后，"咸宁"舰便在武穴一带巡弋。期间因为舰上厕所卫生情况不佳，以及舰上缺乏淡水、餐食不佳等问题，日方舰员满腹牢骚。经过交涉，中国海军不得已向在舰日本人发放香烟、慰问金以及副食补贴等以作安抚。

12月1日，中国海军总司令陈绍宽到达武穴视察，并特别约谈了"咸宁"舰舰长，听取有关"咸宁"舰补给品缺乏等报告后，陈绍宽当即下令"咸宁"于第二天下驶南京。对此日方舰员万分积极，以至于仅仅用了2天多时间，"咸宁"就神速般回到了南京。不过日方舰员意料不及的是，尽管"咸宁"舰包括电探、水中听声等设备的使用和维护尚未向中国海军交底，但是在武穴期间日军的闹事显然引起了中国海军方面的不快，11日舰上剔出了20名日本官兵，于12月30日该舰抵达上海时转交复兴岛日俘集中营看管。

1946年年初，"咸宁"舰开抵南通附近的浏河江段警戒，一度和共产党部队发生摩擦交火。2月2日，海军中校林葆恪接替吕叔奋，担任"咸宁"舰长。2月15日，"咸宁"回江南造船所维修，期间突然发生了原日本海军上海根据地队的2名参谋与"咸宁"舰舰长口舌争辩，乃至怒火中烧的舰长拔出手枪相向的严重事件。此后中日双方即商定，尽快完成技术交接，使舰上剩余的日方人员离舰。不过在交接过程中，又发生了日方人员不愿交出舰上水中探信仪电路图的事件，经过10余天的争辩，甚至软禁日方在舰人员进行威胁，最终此事仍不了了之。至3月8日，剩余的日方舰员全部离舰，转往复兴岛集中营，就此"咸宁"才完全居于中国海军的操作下。从后来的情况看，因语言不通以及日方人员不配合等原因，"咸宁"舰接舰官兵对该舰技术装备的掌握十分有限，舰上原有的方位盘、水中探信仪、电探、"Y"炮等技术装备都成了虚设。

海峡风云

和"兴津"舰的情况有所不同，废置在上海的"鸣海"舰于8月16日接到准备被中国海军接收的命令，9月15日完成接收，被中国海军重命名为"江鲲"号，纪念抗战中损失的中国炮舰"江鲲"号。不过接收时的"鸣海"非但没有任何武器装备，甚至于轮机都处于无法使用的状态，彻底成了一艘废舰。对此，日方的解释是"鸣海"从1945年6月拆除武器废置后，因缺乏维护，所以轮机已经无法使用。

在英、美援舰和日本投降、赔偿舰大量来到的时代背景下，民国海军显然没有兴趣花费力气去修复和重新武装一艘排水量只有区区200余吨的小炮舰。"鸣海"虽然更名为"江鲲"，但事实上仍然继续处于废置状态，1949年大陆解放时，该舰并未出现到新生的人民海军序列中，推测已彻底废弃。而现代流传的所谓该舰在人民海军中一直服役到60年代的说法，推测不确。

2艘被中国接收的日俘意大利军舰便只剩下"咸宁"一艘活跃海上。

1946年7月1日，民国海军改海军第一舰队为海防舰队，"咸宁"随之改隶海防舰队名下，和海防舰队其他各舰一起，被派往华北巡防。1947年7月1日，

欧陆来帆——抗战胜利时接收的日俘意大利军舰

美术作品：中国海军接收后的"江鲲"舰。创作：王益恺

海防第一舰队划分为3个分队，"咸宁"舰与"长治""逸仙""永翔""永绩"等4艘老舰被编列为海防第一舰队第三分队，配合国军进攻解放区的作战，参加对华北地区的海上封锁活动。1948年转往南下，在舟山群岛附近巡防，攻击共产党军队。同年10月1日，改编列在海防第二舰队第六队第十三分队，与"长治""永靖"同队。1949年5月12日，"咸宁"的编制又改到海防第一舰队第三分队，与"营口""固宁"舰同队，参加了上海保卫战。期间，为阻滞解放军的攻势，"咸宁"舰主要在浏河、杨行、月浦等地以炮火支援陆军作战。[1]

解放军解放上海后，"咸宁"舰退往浙江舟山定海基地，期间曾在1949年6月24日配合陆军87军221师进攻浙江穿山半岛，在9月3日配合陆军突袭浙江玉环岛。1949年10月初，海防第一舰队司令刘广凯鉴于"咸宁"舰的主炮弹药即将用尽，且主机的工作状况不佳、电台损坏，遂命令从10月7日起"咸宁"结束在定海的勤务，与"永靖"舰一起开往台湾补给、维修，并要求途中顺道在所经的大陈、洞头等岛屿巡视一番。

---

[1]《国民革命军战史·戡乱》第六册（上），（中国台湾）台湾防卫部门"史政局"1989年版，第145—146页。

1949年10月8日上午,"咸宁"由时任舰长海军中校陈振夫指挥,作为编队指挥舰率"永靖"离开定海,于当天傍晚抵达大陈。恰值前夜解放军三野七兵团21军63师及浙江警备1旅2团跨海进攻洞头列岛,消息传到大陈后,"咸宁"舰长陈振夫留"永靖"在大陈协助防务,自己则指挥"咸宁"单舰开往瓯江口海域,于下午4时30分以8厘高角炮猛烈射击洞头岛,"期望能藉此以诱发隐藏或被俘官兵能乘机逃出"。10月10日清晨,"咸宁"再以炮火射击洞头岛上,并在北龙山附近海域截击解放军运输帆船,解放军船只即转向北龙山西北岙登陆,以机枪和迫击炮反击"咸宁"。交火中"咸宁"舰因离岸过近,驾驶台被击穿数处,罗经、车钟中弹,受伤官兵2名,而解放军凭据作战的村寨则被炮击命中起火,"茅棚渔寮,全部烧毁"。入夜后"咸宁"因主炮弹药用尽而回航大陈,驻守至11月15日驶抵台湾左营进行维修。[1]因为"咸宁"原装备的日式武器此时已经难觅弹药和零件供应,在左营维修期间即全部换装为美式武备,前后主炮及驾驶室前的防空炮位全部换装美式3英寸口径舰炮,另装备2门40毫米口径高射炮、4门20毫米口径高射炮。该舰原先装备的方位盘、电探、水中探信仪、水雷布设架、"Y"炮等统统拆除,改成了一艘彻头彻尾的炮舰。

1950年6月1日,"咸宁"的编制列入海防第一舰队第四分队,与"信阳""潮安"舰同队,驻防马公岛。此时,国民党海军舰艇已开始使用舷号,

换装美式武器后的"咸宁"舰,可以看到舰首的"79"舷号

---

[1] 陈振夫:"大陈岛往事记述",http://www.boxum.com/hero/xsj1/376_5.shtml

欧陆来帆——抗战胜利时接收的日俘意大利军舰

美术作品:"咸宁"舰在汕头海面拦截"北光"号商船。创作:王益恺

"咸宁"舰被定舷号为79。当年,"咸宁"参加广东沿海的封锁作战,7月26日在汕头海面拦截到一艘从香港出发向内地运输物资的英籍商船"北光"号,并将该船押解至马公岛,没收船上全部货物后释放。9月3日,又在金门围头湾拘捕一艘大陆的运输机帆船。

1952年7月1日,日形老旧的"咸宁"改隶新成立不久的海军第四舰队,以左营为基地,与"德安""高安""泰安""成安"等4艘"安"字舰共同编列在该舰队的第43战队,主要负责海上巡逻行政事务,退入二线军舰序列。沉寂一年后,犹如回光返照般,"咸宁"接连于1954年3月11日在乌坵外海、6月29日在马祖外海与解放军舰艇发生交战,至此该舰的战斗生涯划上句号。这艘意大利为了掠夺在华利益而来到中国的军舰,经历了30年军旅生涯后老去,1955年8月31日在海峡对岸的台湾除役拆解,为意大利军舰在中国海域的历史画上了句号。[1]

---

[1] 钟坚:《惊涛骇浪中战备航行——海军舰艇志》,(中国台湾)麦田出版2003年版,第153页。

怒海快骑

——日降小型炮艇

日本炮艇

　　1945年9月9日,第二次世界大战中国战区日军投降签字仪式在南京举行,中国人民的抗日战争取得伟大胜利,中国海军随后根据与盟军总部商订的区划,开始着手对日本中国方面舰队舰只以及日本海军残留在越南北部以及中国的舰船装备、物资实施受降接收。由于第二次世界大战末期,日本海军已经在盟军的强力打击下处于舰只损失日甚一日的山穷水尽地步,日本投降时残留在中国的舰艇已是一片潦倒,除了数量有限的区区几艘长江炮舰外,其余大多是型号杂乱的炮艇、测量艇、工程船、交通船乃至拖轮、趸船甚至是机帆船、乌篷船等杂役舰艇,而这些恰是中国海军接收的日降军舰中的最大项。这些杂乱的舰艇对当时渴望重建海防、重拾尊严的民国海军而言,相比起正在到来的英美援舰,可谓是完全瞧不上眼的破烂垃圾,但是此后在解放战争中横空出世的中国人民解放军海军,其发展和壮大的基础上,很大程度得益自这些杂乱的日降舰艇。

　　在抗战胜利时缴获的日降杂类舰艇之中,以炮艇为较具有战斗力的一类,也是此后被中国海军大量继续使用的一类。

　　日本海军发展史上,原本并没有炮艇这一军舰类别,直到1918年日本陆军在俄罗斯远东阿穆尔河(黑龙江)中捕获了2艘俄国海军炮艇后,才开启了这一类军舰在日本海军的发展历史,分列于杂役船舰种之下。自那以后,日本曾

怒海快骑——日降小型炮艇

日本海军设计建造的第一艘专用炮舰"小鹰",其外观上不难看到有参考中国海军"海鸥"等炮艇的踪迹

在1930年建造过名为"小鹰"的炮艇,部署于青岛,1932年建造了朝鲜总督府河川警备用的炮艇"九重",及至1935年又为伪满建造了松花江警备舰"小樱""白梅""野菊",[1]日本在浅水小炮艇的设计建造方面经验渐趋成熟。

日军全面侵华战争开始后,随着日军铁蹄在中国土地上践踏的范围越来越广,日军开始面临到十分频繁的江河作战任务。中国南北方沿海岛礁密布,长江沿线更是河网纵横,在这些区域纵使是浅吃水的川江炮舰也难施展手脚,就此战场的现实开始需求一种更小型的火力支援型军舰——炮艇,随之以炮艇为主要装备的海军单位也出现。

至日本战败前夕,日本海军在中国装备有炮艇的单位主要是长江流域的扬子江方面特别根据地队(辖江阴炮艇基地队、镇江炮艇基地队、芜湖炮艇基地队、安庆炮艇基地队、湖口炮艇基地队、武穴炮艇基地队、石灰窑炮艇基地队、鄂城炮艇基地队、九江方面警备队、安庆方面警备队、汉口方面警备队)、东南沿海的第二遣支舰队(辖厦门方面部队、广东警备队、香港方面部队等),[2]所装备的炮艇种类上分为中型炮艇、"舰水"型、特设炮艇、"大发"炮艇、"滑走"炮艇等多种,总数多达数百艘。

---

[1]《海军》第11卷,[日]诚文图书1981年版,第197—198页。
[2]《中国方面海军作战》(2),[日]朝云出版社1975年版,附图第二。

"滑走艇"型炮艇

按照时间次序,全面侵华战争期间最早出现在侵华日军中的炮艇是滑走艇型炮艇。该型炮艇的改造基础是日本海军称为特型内火艇的"滑走艇",属于不采用水下螺旋桨驱动的空气艇。

1938年,日军溯长江而上,攻向中游的重要城市武汉。根据溯江作战的需要,为了适应在中国的河汊、沼泽地等浅水地区航行作战以及扫雷,日本海军于当年从国内征用了原本在熊野川上当作旅游船的7艘长16米的"空气船",各加装1门7.7毫米口径"92"式机枪后调动至中国长江战场(编号"3393"至"3399"),舰籍隶属在佐世保防备队。经实际使用发现非常得力,遂在横须贺海军工厂以及和歌山县纪南铁工业组合分头紧急订造,于1938年当年共完成了全部41艘(编号"3509"至"3549")的建造,舰籍均隶属佐世保防备队,全部投用在中国战场,在进攻武汉的战斗中以及战后在长江上的扫雷行动中都发挥了十分重要的作用。

在武汉附近江面上活动的日本滑走艇,照片右侧远处体型较大的船只是日本海军俘虏后当作特设军舰使用的原中国海关"飞星"号缉私舰

日本海军定型建造的这种滑走艇较征用艇更大,全长19.5米,艇体为浅吃水、浅舱深的舱面全敞开式木舢板船型,造型与日本海军使用的运货用通船十分相似。滑走艇在艇尾装备一台犹如大电扇一般的带着螺旋桨叶的航空发动机(后期曾有装

武汉江面上的日军滑走艇,背景中是日军进攻武汉时所用的滑走艇母舰"日本海丸"

备2台航空发动机的改型），航速高达19节。高速航行时该艇的吃水极浅，因而对中国海军布放在长江及内河中的水雷无甚忌惮。因其怪模怪样的造型，在中国方面曾被俗称为飞机艇。滑走艇的武器和后来的其他炮艇十分相似，早期多是在艇首架设1门7.7毫米口径的"92"式机枪，后期则有换装为威力更大的13毫米口径"93"式高射机枪的情况。为作战时增强防护起见，在机枪战位的前、左、右三侧还临时装设有防弹钢板充作掩体。战时，滑走艇主要凭借其浅吃水甚至几乎是零吃水的特性，在长江内河以及沼泽地带执行运送步兵作战和扫雷等任务。

滑走艇上选用的7.7毫米口径"92"式机枪，是后来在日本炮艇上十分普遍的装备，其全长0.99米，重11.3千克，理论射速600发/分钟，采用圆盘式的弹夹供弹，每个弹夹可装47发子弹，通常炮艇上会同时携带7.7毫米口径的普通子弹与曳光弹和穿甲弹。[1]

"内火艇"型炮艇

配合滑走艇型炮艇的使用，日本海军在1939年订造了一批新的专用炮艇，主要由横滨的ヨット工作所建造。这型炮艇选用日本海军当时通用的舰载交通艇——15米型内火艇为设计母型，第一批共建造29艘，分别命名为"1059"至"1088"号，于1939年6月完工，随后又增加订造8艘，编号"1201"至"1208"，在1939年末完工。所有这些艇的舰籍隶属关系也采取和滑走艇相同的办法，记录在佐

日本海军15米型内火艇

---

〔1〕JACAR（亚洲历史资料中心（JACAR）National Archives Japan）Ref.C08010858500、支那方面艦隊引渡目録9/17（防衛省防衛研究所）。《写真日本の軍艦》第14卷，［日］光人社1990年版，第172—173页。

在长江上活动的日军15米内火艇型炮艇,照片中可以看到艇的前后以及中部都增加了额外的装甲板防护

世保防备队名下。[1]

15米型内火艇原本在日本海军中还作为舰队司令官、镇守府长官、战队司令官乘坐用的交通艇,别称长官艇,后来广泛用作交通艇等用途。改造为炮艇的这种小艇艇体与原始的15米型内火艇大致相仿,采用木质,排水量13吨,长15米,宽3.3米,吃水1.2米,装备一台海军型汽油发动机,功率80马力,设计航速11节(另有部分采用2台60马力汽油发动机和采用1台120马力汽油发动机的艇)。[2]

这类小艇改造为炮艇的模式非常简单,总体上舱室布局采取艇体前部是战斗舱,中部是机舱和驾驶室,后部是带有硬质棚顶的兵员舱。和滑走艇的武备配置方式一样,15米内火艇型炮艇的武器也只是机枪,其设置方法是在艇首安装1门7.7毫米口径"92"式机枪(后期有部分艇改换13毫米口径"93"式高射机枪),而后用钢板围绕出前左右三面防御,另外在驾驶室两侧以及艇尾也用钢板环绕出防御胸墙。该型炮艇除基本艇员约5人左右外,另可搭载45人,较滑走艇的容载量更大,侵华战争时代不仅用于长江,还在广东珠江水域有过部署。

[1] http://www.geocities.jp/tokusetsukansen/J/index.html
[2] JACAR(アジア歴史資料センター)Ref.C08010854100、支那方面艦隊引渡目録8/17(防衛省防衛研究所)。

怒海快骑——日降小型炮艇

中型炮艇

继设计建造15米内火艇型炮艇之后,日本海军又在1939年左右设计建造了一型体量更大、设计也更完备的新式炮艇,在日本海军中称为中型炮艇。

日本海军的中型炮艇,艇体全部采用钢板,而且完全使用焊接工艺制造,排水量25吨,因此又被习惯称为25吨型炮艇。该型艇的长度为18米,最大宽3.6米,吃水1.2米,装备海军型柴油发动机2座,双轴推进,功率300马力,航速11节。

1940年7月1日在横须贺海军工厂泊岸前拍摄到的"1164"号中型炮艇

中型炮艇的外观有别于日军在内火艇型基础上改制的15米炮艇,属于专门设计的小型炮艇。其外形十分低矮,不仅稳性更好,被敌方火力击中的概率也大大降低。该型艇的艇体结构布局方面,从前至后大致有三个分区,在主甲板下的艇首内是前部

停泊在横须贺海军工厂内的"1164"(右)、"1165"艇,艇首可以看到油漆着炮艇的舰籍隶属地"佐世保防备队"

121

兵员室，外壁上还布置了舷窗，兵员舱内部的乘坐舒适性较好，艇体中部的甲板下是轮机舱，艇体中部的主甲板上则是驾驶室，在艇的中后部是后部兵员室，艇尾两侧则分别布置了简易的厕所和厨房。

该型艇的设计中可圈可点的是，从中部的驾驶室开始，一直连着机舱棚以及后部兵员室上的棚罩采取了一体融合的布局，从前至后连为一个整体，而且考虑到防弹，外壁全部采用5毫米厚的防弹钢板制造，面向艇首和两侧都采取了倾斜式的外立面。除此外，在炮艇上最易受攻击的部位——机舱上方，该型炮艇上设置了一个很大的圆形露天炮位，周围带有装甲护板，是该型炮艇上的主要战位。[1]

中型炮艇上的主要武备是安装在驾驶台后、轮机舱顶上的炮位内，早期有安装1门7.7毫米口径"92"式机枪的情况，其后则更多是安装1门单管或双联的"93"式13毫米口径高射机枪。较之7.7毫米口径的机枪，这门武器无论是外观还是威力都更像是"炮"。

"93"式13毫米口径高射机枪是日本海军1935年购买授权后进行制造的原法国哈乞开斯M1929式机枪，由横须贺造兵部生产，口径13.2毫米，枪身全长1.43米，枪重37千克，枪架重113千

日本海军中型炮艇"1179"号，照片推测拍摄于该艇建成后不久。此时该艇主炮位上安装的是1门7.7毫米口径的"92"式机枪

在珠江上航行的日军炮艇队，近处是1艘装备13毫米口径机枪的中型炮艇，在其右侧后方是1艘15米内火艇型炮艇

---

〔1〕JACAR（アジア歴史資料センター）Ref.C08010864900、支那方面艦隊引渡目録10/17（防衛省防衛研究所）。

克（单管枪架），射速450发/分钟，初速800米/秒，采取弹夹供弹（30发弹夹）。[1]这种机枪分为单装、双联、四联等三型，是二战时代日本军舰上主要的近程防空武器，其缺陷是供弹方式限制了射击速度，但是这型机枪初速高，子弹威力大，其用于内河炮艇上压制主要只有步枪、轻机枪等轻武器的敌手，颇具效力。

配合这门机枪，在机枪炮位前方驾驶室顶上，右侧还安装了一部30厘米口径信号探照灯，驾驶室顶部中央则还有一部警报器，此外一些中型炮艇还在后部兵员舱棚罩的顶上安装1门7.7毫米口径"92"式机枪作为加强火力。

比普通的改造型炮艇更显专业的是，中型炮艇的中部还设有一根可折倒的桅杆，可以用来悬挂军旗、信号旗等，而在驾驶室前方主甲板上还有一根可以折倒的信号灯杆，其上安装了包括航标灯、雾灯等在内的必要的航行灯具。

根据日本海军的使用习惯，中型炮艇在实际搭载步兵作战时，除了其自身固定安装的1门13毫米口径机枪外，还会增加一些其他火力。其中，在艇首最前端将架设1门"3"式迫击炮（口径81.3毫米，射程75至2850米，初速196米/秒，炮重20.4千克），其后方可由步兵架设一门班用机枪，在艇的中后部，后部兵员室舱棚侧面的观察窗可以当作搭载步兵向外射击用的枪眼。

总体而言，日军的中型炮艇在保持着此前各类炮艇能够搭载步兵和能够以火力打击敌方目标以及掩护己方步兵等基础功能外，还具备着在内河中良好的防护性能以及航行性，犹如是内河的水上装甲车，一经问世便立即开始大量建造，从1939年至1941年，由横须贺海军工厂（编号1164-1173，1187-1196）、佐世保海军工厂（编号1174-1178）、宇品造船所（编号1284-1309，1367-1371）、石川岛造船所（编号1318-1327）、三菱长崎造船所（编号1357-1366）等5家船厂共计建造77艘之多，舰籍均隶属佐世保防备队，使用上则全部部署到中国的长江流域以及珠江流域，从1940年末开始陆续出现在中国战场，是日军在华使用的主力型炮艇。[2]

---

〔1〕［日］森恒英：《日本の驱逐舰》，［日］グラソプリ出版1993年版，第217页。
〔2〕http://www.geocities.jp/tokusetsukansen/J/index.html

"舰水"炮艇

"舰水"型炮艇（又被写作"舟水"炮艇）出现于1942年后，所谓的"舰水"，是日文中"舰载水雷艇"的缩写，即舰载鱼雷艇。此一艇种产生于明治时代，在中国其最著名的代表者莫过于北洋海军铁甲舰"定远""镇远"的舰载鱼雷艇。这种艇自身带有动力，体量上较正常的鱼雷艇小，可以作为舰船的载艇，当却是舰船各类载艇中的最大者。此后随着世界海军装备技术的发展，舰载鱼雷艇渐渐失去其存在的价值，但在日本海军的杂役船种别中，仍然保存有"舰水"这一类小艇，虽然名字和明治时代没什么变化，但事实上到了昭和时代这种小艇已经不携带鱼雷，单纯变作最大型舰载动力艇（日本称为"内火艇"）的代称，具体型号则是一种长17米的小艇。

"舰水"炮艇即是"舰载水雷艇"型的炮艇，是利用"舰水"这一艇型为基础，经局部改造而成的炮艇，这种炮艇的运载能力是中国战场上日军炮艇中的佼佼者。根据1945年在长江中游向中国海军投降的日军部队上缴的"舰水"炮艇参数等资料，可以对此类炮艇进行十分明晰的了解。

日本海军17米型舰水艇

"舰水"型炮艇总体上就是利用日本海军17米型的"舰水"艇改造或建造而成，艇体为木质，排水量20吨，艇长17米，宽2米，吃水1.3米，装备一台单动式发动机，功率150马力，设计航速12节。这种炮艇为平甲板，头尖、尾方，其功能舱室从前至后可以大致分为三个部分，小艇前部艇体内是一个小型的兵员室，入口是甲板上的一个圆形人孔盖，艇体中部甲板上隆起带有烟囱的机舱棚建筑，连带在机舱棚之前是半封闭式操舵室，机舱棚后方是带有长方形棚罩的后部兵员室。由于艇体太小，操舵室舵轮链接舵叶的索链是从甲板上露天穿过的。由于炮艇不同于舰载艇，需要考虑到艇员长期驻扎时的生活所需，在"舰水"艇的艇尾之外，另支出一个简易的棚罩，其内部一分为二，靠近右舷的是厕所，紧挨着隔壁则是厨房。

"舰水"炮艇的武器是安装在前部兵员室顶上的机枪，其数量并无一律，多则两门，少则一门，型号是"92"式7.7毫米口径机枪，[1] "舰水"炮艇的人员编制多为5人，在中国战场主要用于江

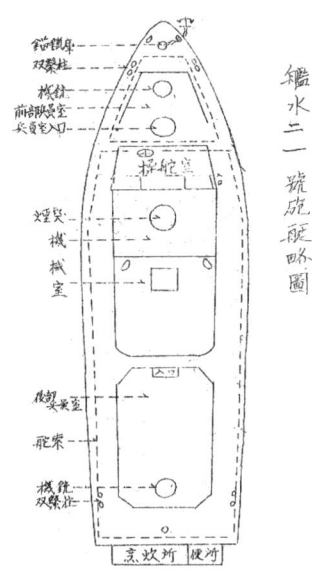

日本舰水型炮艇平面图

在中国内河航行的日军17米舰水炮艇

---

[1] JACAR（亚洲历史资料中心Ref.C08010858500、支那方面艦隊引渡目録9/17（防衛省防衛研究所）。《写真日本の軍艦》第14卷，[日] 光人社1990年版，第172—173页。

125

河巡逻、扫雷，以及运送步兵实施登陆作战。其前后的两个兵员室，推测至少可以容纳一个小队规模的全副武装的步兵（非炮艇型的"舰水"艇理论上最多可搭载100人）。后期可能是考虑到前方兵员室是处在主甲板下的封闭舱室，内部拥挤、憋闷，尤其当夏季在中国南方以及长江中上游活动时，这个舱室更是难以置身其中，于是又有一些"舰水"炮艇不顾艇首水密的安全要求，干脆将前部兵员室顶部切开，改为露天。另外，考虑到防范河流两岸中国军队及游击队的狙击，有一些"舰水艇"还在兵员室两侧竖立钢板，聊作防护。

在建造方面，第一批炮艇型舰水艇在1939年诞生，分别是舰籍隶属日本海军兵学校的"1114"艇，以及原为"常磐"舰舰载艇的"1126"艇。其后三菱长崎造船所与横濱ヨット工作所又各建造2艘，编号分为别"1141""1142"和"1143""1144"，舰籍隶属海军兵学校。1942年后陆续又改造5艘，分别是原"日向"舰载艇"1529"和横须贺海军工厂的库存艇"1693"至"1696"。[1]

"大发""小发"型炮艇

"大发""小发"型炮艇是以侵华战争中日本海军大量装备的"大发""小发"艇为基础通过简单改装而成的炮艇（"大发""小发"为日本陆军的舟艇分类名称，在海军中的正式名称是14米特型运货船和10米特型运货船）。

"小发"艇全称"小发动艇"，是日本最早的近岸登陆艇，1924年左右开始试制，最多可搭载40名武装步兵。

"大发"艇全称则为"大发动艇"，是1932年最终定型的日军小型登陆艇，设计时以能满足运载70名步兵在敌前抢滩登陆，或者能够搭载一辆重达12吨的"89"式中战车实施敌前登陆为要求。侵华战争中这类小艇通常被用于兵员和物资运输，在日军进攻广东沿海时也曾有实施抢滩登陆的战例，其后部分加装武器，成为炮艇。

据不完整的统计，全面抗战爆发时日本海军最先在上海方向投入了6艘"大发"，而后吴工厂又应急建造40艘投入中国战场，其后还有20艘"小发"

---

[1] http://www.geocities.jp/tokusetsukansen/J/index.html

怒海快骑——日降小型炮艇

航行中的日军大发炮艇，照片中可以看到艇体中部已经搭建成了兵员舱，艇尾设有装甲防护和机枪

运至中国，加入扬子江溯江作战。[1]

"大发"艇的艇体钢质，空载时排水量9.5吨，全长14.88米，宽3.4米，装备1台海军型汽油发动机，功率120马力，航速16.7节（另有装备80马力、60马力汽油发动机的型号，航速分别为13.5节、7.8节不等）。其艇体中前部为全敞开式的登陆舱，艇首有可以收放的登陆踏板，主机位于艇尾，露天的驾驶室设在主机舱上方，为保证操舵手的安全，驾驶位置的前方是装甲护盾。

"小发"艇的艇体同样也是钢质，空载排水量3.75吨，全长10.6米，宽2.6米，装备1台60马力汽油发动机，最大航速18.5节。"小发"的外形类似海军传统的舢板，全艇为舱面敞开式，发动机设置在艇内中部，操舵位即在附近。在"小发"艇的艇首方向设有一段高起的防盾，用以在抢滩登陆式防御敌方火力攻击。

"大发""小发"改造为炮艇的方式相似，"大发"艇是在登陆舱中前部设置机枪位，可以高过前方的登陆踏板门进行设计，"小发"艇则更为简单，直接在艇首护盾处架设机枪，所选的型号则大多是7.7毫米口径的"92"式，

---

[1]《海军》第11卷，[日]诚文图书1981年版，第199页。

127

1941年4月19日在镇海拍摄到的日军"大发"炮艇,照片中可以看到艇上的全部3处机枪战位

也有部分"大发"艇后来被发现安装了13毫米口径的"93"式高射机枪。[1] 此外,从一些历史照片可以看到,还有一批"大发"炮艇的改造方式更为复杂,即直接在登陆舱中部建成带有棚罩的兵员室,在艇首、兵员室顶上以及艇尾布置武器,其中艇首和兵员室顶上是7.7毫米口径机枪,艇尾为13毫米口径高射机枪。

汽艇型炮艇

1940年3月30日汪精卫伪中华民国政府成立,侵华日军开始操纵伪政权为其执行后方警备任务,长江下游地区的江河警戒等琐碎任务也开始交由汪伪海军承担,为此日本海军控制的三菱江南造船所甚至开始为汪伪海军建造专用的巡逻炮艇。此后日本海军自身不再增添新造炮艇,而只是根据在长江中游的扫荡作战和扫雷作业需要,偶尔新编一些数量有限的炮艇,来源多是一些旧有的杂类船艇,汽艇型炮艇是其中重要的一类。

太平洋战争爆发后,日本海军苦于柴油机等内燃主机供应不足,获取难

---

〔1〕[日]大内建二:《扬陆舰艇入门》,[日]潮书房光人社2013年版,第51—64页。

日军的20吨级汽艇，外形上与17米舰水艇十分相似

得，于是在一些杂项船艇上恢复使用蒸汽机，即所谓汽船或汽艇。被改用做炮艇的汽艇，是日本海军中的20吨级拖船兼交通船，船体主尺度与17米型舰水艇相仿，长17米，宽3.3米，吃水1.33米，装备1座200马力蒸汽机，单轴推进，航速在11至12节上下。

该型炮艇外观上和舰水炮艇有些相似，艇首甲板安装1门7.7毫米口径"92"式机枪，其后是操舵室，艇体中部是机舱棚和一座显得和艇体大小比例不甚协调的大烟囱，在艇的后部设有可以搭载步兵的兵员室，在甲板面上建有舱棚，棚顶上另安装1门7.7毫米口径"92"式机枪，在炮艇的末尾则按照左厨房右厕所的模式分割。

2014年在江苏仪征发现的一艘被改造使用过的日军小艇，从艇型看该艇最初可能是1艘汽艇型炮艇

根据日本投降时向中国海军交代的情况显示，汽艇型炮艇因为对燃料补给的要求不高，自持能力相对以油为燃料的炮艇更强，且艇上生活空间余地较大，当时主要的用途是在长江中游地区执行扫雷作业，也可视为是一种武装扫雷艇。

特设炮艇

除汽艇型炮艇外，日本在华使用的炮艇中还有一类体型最大者，即特设炮艇。日本海军中的特设舰船，专指根据军用等目的，以原本并非军用船的船舶改造成的军事用船，其大者有特设航空母舰、特设巡洋舰等，而日本海军所用的特设炮艇则是这种军舰中最不起眼的一类小不点。

由于这类炮艇并不是统一由一型船只改造而成，各艘之间参数千差万别，只能求其代表性艇进行分析。综合日本投降时的情况看，在中国长江流域和珠江流域使用的特设炮艇前身除俘虏和征用的中国船只外，多为征用来的日本本国近海拖网渔船，而在海南岛等地也出现有征用近海珍珠捕捞船的特例。

以日本海军扬子江根据地队所属的"401"号炮艇为例，该艇是1937年4月建造的日本近海拖网渔船，排水量47.12吨，该艇长22.3米，宽度为4.6米，吃水1.5米，装备1台主机，功率105马力，航速7节。在艇前段的首楼顶部安装了1门7.7毫米口径的"92"式机枪，原在驾驶室之前的鱼货舱被改为兵员舱，驾驶室后的船员舱继续沿用。而其他各艘特设炮艇，由于同属日本近海拖网渔船，虽然尺度、主机功率、航速等不尽相同，但是船体设计相近，改造方法也相似。[1]（部分被征用后将原来用于张设拖网的桅杆、横木拆除。）

日本海军大量征用渔船改成炮艇在长江上使用的缘由，可能与1938年后中国海军在长江上坚持实施的布雷战有很大关系。当时日本海陆军经由长江水道的军运十分繁忙，而中国海军采取敌后游击等方式，大量布防漂雷，对日方的水上活动构成极大威胁。但是日军原有的炮艇大多因为缺乏足够的生活设施和居住空间，无法在远离基地和补给船的某水域长期驻守清扫，由近海渔船来改造为炮艇恰好能够弥补不足。

---

[1] JACAR（アジア歴史資料センター）Ref.C08010858600、支那方面艦隊引渡目録9/17。

停泊在一处内河基地旁的日军炮艇队，队末靠近岸边的就是1艘渔船改造成的特设炮艇，高高翘起的船头上可以看到1门7.7毫米口径机枪

受降纳编

抗战胜利日本投降后，遗留在华的炮艇全部被中国海军接管，其后与国军缴获的汪精卫伪政权海军的各类炮艇一起进行汰选。综合日本投降移交时的艇况等因素，最终编入中国海军的主要是中型炮艇，另外也掺杂有一些舰水、内火、汽艇和特设型炮艇。

1946年，民国政府抗战胜利后继解散陈绍宽海军总司令部后，对所属舰队编制也进行调整。以缴获的日降和汪伪炮艇等为基础，先后在青岛、扬州、高雄、定海、九江、广州、海口、厦门分别编成第1至第8共8个炮艇队，1947年5月1日又在吴淞增设第9炮艇队，这些艇队承担长江、珠江等内河水域以及沿海港湾的巡护工作。艇队所装备的炮艇中，原日本海军的中型炮艇则一律冠以"炮"字头的两位数编号或三位数编号作为艇名，舰水型、内火艇型的炮艇多使用冠"巡"字头的巡逻艇艇名，大、小发型炮艇多使用冠有"登"字头的编号艇名，至于武备方面仍然使用日式武器，但多将中型炮艇和大发炮艇上的机枪换装为火力凶猛的双联13毫米口径机枪。[1]

至1948年国民党在内战战场上节节败退，开始筹划长江防线时，对原有的9个炮艇队以及由英国赠送的港湾炮艇编成的海岸巡防艇队实施混编，整编成5个划区驻防的巡防艇队以及第1至第3共3个担负机动作战任务的机动艇队，[2]参加到长江布防中。此时，原日本海军的中型炮艇仍然是其中的中坚主力，作为艇队主力的机动艇队中就多编入的是这类炮艇。以中型炮艇的防护性、机动力以及火力而言，如果将数量足够的这类炮艇集中在长江的某一江段实施密集巡逻布防，显然会对解放军之后的渡江行动构成较大型军舰更为巨大的威胁，然而此后的事态发展完全出乎当时民国海军总部的意料。

1949年4月23日，经中共上海局策反委员会、苏南行署、苏北军分区1分区公安局长江直属工作站等中共地下组织分别建立联系和实施策反的民国海军第3机动艇队在镇江发动了起义。第3机动艇队当时共下辖了3个分队，计有各类艇只24艘，涵盖了几种主要型号的日本投降炮艇。起义时除所辖的"炮-67"艇在第1分队长李文新率领下单艇逃亡外，其余各艇全部参加了起义，是为解放战争中国民党海军第一个整编制起义的单位，也是人民解放军所获得的第一批日式炮艇。

投入人民解放军的第3机动艇队艇只中的炮艇包括原日本特设炮艇1艘（"炮-1"），中型炮艇4艘（"炮-52""炮-53""炮-68""炮-104"），型号不详炮艇3艘（"巡-10""巡-121""巡-123"）。[3]

紧接着第3机动艇队起义之后，1949年4月23日晚，停泊南京附近江面的海军海防第二舰队部分舰只在司令林遵率领下宣布起义，投奔解放军，同时起义的还有海军第1机动艇队和第5巡防艇队的大量艇只，其中第1机动艇队起义艇只中的炮艇包括日制中型炮艇5艘（"炮-2""炮-3""炮-4""炮-54""炮-56"），第5巡防艇队起义艇中包括中型炮艇3艘（"炮-103""炮-

---

[1]《海军舰队发展史》（一），（台湾地区防卫部门）"史政编译局"2001年版，第241—242页。

[2] 钟坚：《惊涛骇浪中战备航行——海军舰艇志》，（中国台湾）麦田出版2003年版，第113页。

[3] 陈秉枢："第三机动艇队起义前后"，《解放战争时期国民党军起义投诚·海军》，解放军出版社1995年版，第439—443页。

怒海快骑——日降小型炮艇

起义后停泊在镇江附近港汊内的炮艇群，近处右侧是1艘25吨级中型炮艇，左侧岸边有1艘舱面上已经加盖简易舱房的小艇是国军改造过的"大发"型炮艇

105""炮-106"），舰水型炮艇1艘（"巡-46"）。[1]

解放军成功发动渡江战役后，国民党政府在东南半壁的统治已经难以避免土崩瓦解。随着解放军兵锋逼近处在长江中游的重镇武汉，原驻扎武汉一带的汉口巡防处巡防艇队奉命南撤至湖南岳阳附近待命。1949年5月24日早晨6时，该艇队的部分官兵发动起义，打死了在艇的巡防处处长陈文惠，驾驶5艘炮艇开回已经被解放军占领的武汉，其中的炮艇包括有中型炮艇2艘（"炮-64""炮-65"），舰水型炮艇2艘（"巡-50""巡-66"）。

由于所辖的部分炮艇发生起义，剩余的汉口巡防处巡防艇队在撤至湖南长沙后被整编为第2机动艇队，旋因解放军逼近长沙，艇队撤至衡阳后将所辖艇只离水上岸，由铁路运输至广西柳州水域驻防（所辖"巡-81"号因艇体太大无法运输，在衡阳自毁）。1949年11月25日解放军解放柳州，驻防于柳州的第2机动艇队艇只旋于当天向解放军投降，其中包括有1艘汽艇型炮艇（"巡-

---

[1] 张汝楣："忆第一机动艇队起义"，《解放战争时期国民党军起义投诚·海军》，解放军出版社1995年版，第570—571页。

133

汉口巡防处巡防艇队起义官兵在起义的25吨炮艇上的合影。由于艇体实在太小，人群站立上之后已经基本看不到甲板面上的建筑，不过30厘米直径的探照灯还是十分显眼

53"）。该艇队残余的"小发"炮艇（"巡-59"）内火型炮艇（"巡-79"）则最后在南宁于当年12月4日南宁解放时宣告起义，加入解放军。[1]

在汉口巡防处艇队陆续起义的同步，1949年10月14日解放军解放广州后，原本停泊在黄埔岛的国民党海军第4巡防艇队开始由珠江撤往澳门。10月21日凌晨，拖带着"炮-38"和"巡-40"的炮艇"舞凤"号发动起义，也加入了人民解放军的行列。[2]

总计解放战争中，国民党海军起义的炮艇共涉及第1机动艇队、第2机动艇队、第3机动艇队、汉口巡防处巡防艇队、第4巡防艇队、第5巡防艇队等6个炮艇单位，投奔解放军的日制25吨级中型炮艇达15艘（其中在广州跟随"舞凤"号起义的"炮-38"号后来叛离解放军，重新逃回国民党军阵营），其他杂项炮艇为12艘。除此之外，随这些艇队起义或者投诚的炮艇中还包括一大批原汪

---

[1]"汉口巡防处炮艇队先后起义、投诚"，《解放战争时期国民党军起义投诚·海军》，解放军出版社1995年版，第144—146页。

[2] 梁魁庭："我和'舞凤'艇一起走向新生"，《解放战争时期国民党军起义投诚·海军》，解放军出版社1995年版，第656—658页。

精卫伪政权的D级和E级炮艇。在大量炮艇起义后，国民党海军对此采取了一个奇特的办法，即将起义艇只的艇名番号重新冠于其他小艇，由此造成了解放战争时代很多国军炮艇番号存在一个番号下所指的小艇其实有前后两艘的特殊情况，对于穷追舰艇渊溯的史学研究造成了很大的麻烦。

怒海轻骑

解放战争中，国民党海军起义军舰以及起义炮艇最集中的区域在南京、镇江一带长江下游地区，1949年4月23日人民解放军华东军区海军在江苏泰州决定组建，随即以国民党起义和残留舰艇为主建设海军力量，成立了华东军区海军第1纵队，起义的炮艇全部编在这一序列内。

当时人民解放军面临苏南太湖湖匪猖獗的问题，新生不久的华东海军司令部在8月命令华东海军第1纵队的炮艇对太湖匪患进行清除。起义时艇况较好的日式中型炮艇5艘被抽调参加剿匪，具体的艇上驾驶作业由原国民党海军人员负责，艇上的兵员舱则搭载大批华东海军教导队和华东海军1纵的司令部警卫连人员。经当年9月至10月在太湖地区巡逻剿匪后，华东海军1纵的日制炮艇又参加了当年末在上海浦东、崇明等地的剿匪行动，是为人民海军炮艇部队的最早作战行动。在原侵华日军和国民党海军中都只是杂役角色的炮艇，在缺乏舰艇装备的人民海军里则扮演起了十分活跃的主力舰角色。

1950年2月1日，华东海军将第1纵队所属的炮艇单独列编，成立华东军区江防炮艇大队，隶属海军1纵，由原第3野战军25军74师221团副团长陈雪江任大队长，下辖共45艘小艇，编为3个中队（每中队辖3个分队，每分队3～4艘艇，每艇编制14人）。其中第1中队为炮艇中队（炮艇中队每分队4艘艇），第2中队为巡逻艇中队（辖12艘巡逻艇，多为原汪伪海军炮艇），第3中队为登陆艇中队（辖23艘登陆艇，型号是美式LCVP车辆人员登陆艇）。第1中队所辖共10艘炮艇，全是日制25吨排水量的中型炮艇，当时华东地区起义的日制中型炮艇共有15艘，可能是经过汰选后只列编了艇况较好的部分。[1]

华东海军对这些艇未作大的改修，仍然保持着日本、国民党海军时代的外

---

[1] 陈雪江："海军第一支炮艇大队"，《海军·回忆史料》，解放军出版社1999年版，第180—182页。

人民海军炮艇部队的25吨炮艇

在25吨炮艇上的人民海军官兵，手拿望远镜的军官身旁可以看到驾驶室的棚顶，30毫米口径探照灯已被拆除，只剩下底座，在30毫米探照灯底座前方可以看到警报器依然存在

观，艇上的武备多为1门13毫米口径双联"93"式机枪加1门7.7毫米口径"92"式机枪的组合，也有部分艇的"92"式机枪为两门。不仅外观和武备未作大的变更，这些炮艇的艇名在很长一段时间内也还沿用着国民党海军时期的原名（编入华东海军炮艇大队的25吨炮艇有："炮-3""炮-4""炮-50""炮-53""炮-56""炮-67""炮-68""炮-103""炮-104""炮-105"）。

华东军区炮艇大队成立后，没有选入大队的原华东海军1纵编制内的其他日制炮艇等艇只，在华东海军1纵于1950年4月23日改编为华东海军第5舰队后怒海快骑——日降小型炮艇

一部调拨给淞沪基地和海军学校,剩余则全部报废处理。同年,华东海军在上海成立第4舰队,部分没有编在第5舰队炮艇大队的25吨炮艇纳入第4舰队编制内。

对于新生的华东海军而言,当时长江内河已经没有什么重要的战斗任务,而国民党军队占据的东南沿海岛屿才是最大的威胁,原本是为在长江内河使用而设计制造的日式中型炮艇此后开始被人民海军当作了出海炮艇使用,以其小小的体量在波涛万丈的大海上竟然创造出了人民海军最早的战斗传奇。

1950年7月7日,炮艇大队"炮-68""炮-105"配合华东海军第7舰队炮舰"瑞金""兴国"和第5舰队登陆舰"卫岗""车桥"进行了嵊泗列岛作战,其中两艘小炮艇支援陆军成功登陆解放了大、小洋山岛。[1]与"炮-68""炮-105"参加嵊泗列岛解放作战同时,炮艇大队剩余的8艘日式中型炮艇于7月9日从海门出发,护卫满载陆军的帆船船队准备进攻下大陈岛。航渡过程中船队遇风在琅玑山金清港锚地避风,担任警戒的"炮-3"号艇在发现有1艘国民党海军炮艇的踪迹后单艇出击,火炮对战中因13毫米口径机枪火力太弱,最终"炮-3"号艇被击沉于大陈西部7海里处,艇员遇难9人,搭载步兵

在海上护渔的解放军25吨炮艇

---

[1]《海军战史资料·战例选编》(二),中国人民解放军海军司令部1981年版,第15—16页。

遇难2人，是为人民海军战斗损失的第一艘日制炮艇。此后"炮-3"号沉没造成的编制空缺由一艘本不在编的25吨炮艇顶替，艇名"炮-107"号。[1]

1950年7月12日，炮艇队以4艘炮艇掩护30余艘帆船奔袭大陈外围国民党军占据的披山岛，4艘炮艇与国民党军的日制驱潜特务艇"海鹰"、日式特设炮艇"新宝顺""精忠-1""精忠-2"发生激烈海战。战斗中人民海军采取了撞击、跳帮、扔炸药包等诸多不寻常战术，其中排水量25吨的"炮-107"竟然将排水量150吨的"新宝顺"撞沉，创造了海战传奇。[2]

转年，华东海军第5舰队炮艇大队改为华东海军舟山基地温台巡防大队（舟山基地由华东海军第4舰队改编，辖下另有舟山巡防大队，也装备有25吨中型炮艇），主要装备仍然是中型炮艇，不过各艇的艇号从延续使用的原国民党海军炮艇编号改为了新的4字头三位数艇号。

当时国民党海军和盘踞沿海岛屿的陆军对大陆实施沿岸封锁，破坏海上运

"414"艇被授予英雄艇荣誉后，艇员在艇上主机枪位附近的合影

[1]《海军战史资料·战例选编》（二），中国人民解放军海军司令部1981年版，第19页。
[2]《海军战史资料·战例选编》（二），中国人民解放军海军司令部1981年版，第19—20页。

输和渔业,编制改为巡防大队的炮艇部队主要任务之一就是护航、护渔。1951年6月24日,华东财经委员会的3艘运粮船由坡坝港出发前往海门,同时还有900余艘大陆渔船将由石浦返回台州。因担心遭国民党舰船袭击,温台巡防大队派出"411""413""414""416"等4艘中型炮艇由炮艇分队分队长张家麟率领从石浦出航巡护。当天早晨在头门山附近海域发现有4艘国民党机帆船(原日本海军特设机帆船)在袭击运粮船,遂对其展开进攻,击沉了1艘武装机帆船。[1]战斗中"414"艇表现英勇,后被华东海军授予"头门山海战英雄艇"称号,退役后陈列于北京中国人民革命军事博物馆。[2]

此后,温台巡防大队炮艇在当年12月11日派出6艘中型炮艇协同陆军一部对一江山岛成功进行了侦察性登陆袭击,1952年1月13日又以多艘中型炮艇掩护陆军登陆攻占洞头山,在警戒过程中与国民党舰船发生海战,俘虏"倚云"号炮艇。

陈列在中国人民革命军事博物馆的"414"艇

---

[1]《海军战史资料·战例选编》(二),中国人民解放军海军司令部1981年版,第23—24页。
[2]《海军英模》,解放军出版社2009年版,第97页。

广东江防部队使用的25吨炮艇"前进"号。照片上可以看到主炮已经更换成体型更大的25毫米口径炮,艇体还涂刷了非常特别的迷彩涂装

同年5月,温台巡防大队大队长陈雪江派"412"艇副艇长阮国权率领30余名官兵抵达上海海军江南造船所进行接舰训练,7月由海军江南造船所新造完成的8艘"52甲"型新式炮艇移交给温台巡逻艇大队("509"至"516"艇),同时原装备日制和汪伪炮艇的吴淞巡逻艇大队、舟山巡逻艇大队、嵊泗巡逻艇大队也从江南造船厂各接收了4艘"52甲"炮艇(吴淞"501"-"504";嵊泗"505"-"508";舟山"517"-"520")。相较日式中型炮艇,"52甲"炮艇排水量达到50吨,装备37毫米口径或25毫米口径主炮,无论是火力和在海上的适航能力都驾乎其上,曾经在新中国初期沿海作战中发挥重要作用的大陆上的日式炮艇就在这一年悄然开始退出历史舞台。

作为日降炮艇在人民海军服役故事的另外一条支线,汉口巡防处巡防艇队的2艘25吨炮艇最终可能调拨到了广东军区江防部队,更名为"劳动"与"前进",主炮则更换成了1门25毫米口径机关炮,1950年5月23日两艇与前身同是日降杂类炮艇的"解放"号等参加了著名的解放万山群岛战役。

最后的日式炮艇

除了起义投诚留在大陆加入人民解放军的日式炮艇外,抗战胜利时的日降炮艇中还有一部分跟随国民党海军退往了台湾。这些本来设计用途是在长江中使用的小艇大多是靠着大舰拖曳的方式出海,经由在舟山群岛、金门岛等沿海岛屿的驻防,最后大多退到了台湾终其一生。

1949年后因为所辖炮艇数量经过起义等损耗已经大大减少,1950年2月国民党海军对炮艇部队重新整编,改为巡防艇队和机动艇队各3个,旋因舟山撤守,

1950年7月再度缩编,改为巡防艇队3个、机动艇队1个。

在国民党海军所属的炮艇中,"炮-15""炮-16""炮-17"原部署在福建沿海,曾参加在厦门外围进攻共产党游击队的作战。1949年10月24日解放军渡海进攻金门岛时,"炮-15""炮-16"曾参加过防御作战。除"炮-17"在1951年8月17日参加突击乌

在乌坵海域搁浅损毁的"炮-17"号,此时艇上的舷号为YP-17

坵作战时搁浅损毁外,其余基本存活至上世纪50年代中期。

最终由外岛撤回台湾的25吨炮艇共有"炮-2""炮-3""炮-4""炮-15""炮-16""炮-18"共7艘,疑似特设炮艇包括"炮-5""炮-8""炮-9""炮-10""炮-11""炮-12""炮-13"等。另有吨位超过100吨以上的日降艇只,则用炮字头三位数艇名。在国民党海军军舰普遍采用舷号后,这些炮艇均冠以英文字母YP开头加上其舰名数字的舷号,其后又改为YP开头加上6字头三位数的新舷号,对应"炮-2"为YP-632、"炮-3"YP-633、"炮-4"YP-634、"炮-15"YP-645、"炮-16"YP-646、"炮-18"YP-648。

1955年1月,国民党海军调整编制,巡防艇队、机动艇队全部撤销。美军顾问团认为从大陆撤来的各种小型炮艇不符合作战需要,建议全部报废,海军总司令部则认为"基于事实需要,实难全部报废",于是将艇况较差的炮艇分配到海军基地,作为勤务艇,日降中型炮艇出身的"炮-3"即在此时改为港口勤务艇。其他艇况尚佳的炮艇,则编排给各基地,充当巡逻艇,其中"炮-2"和"炮-4"改作台湾花莲基地巡逻艇,"炮-15""炮-16""炮-18"改成马公基地巡逻艇,就此逐渐退出了历史舞台。[1]

此外,尚有"炮-66""炮-67"等25吨炮艇遗留在大陆沿海岛屿,后转交

---

[1]《海军舰队发展史》(一),(台湾地区防卫部门)"史政编译局"2001年版,第249页。钟坚:《惊涛骇浪中战备航行——海军舰艇志》,(中国台湾)麦田出版2003年版,第547—548页。

给地方部队，结局大多不详。

值得一提的是，日降炮艇的最后一次出场是极为特别的景象。

1959年2月2日下午1时27分，解放军护卫艇29大队4中队的"565""566""567"3艘炮艇由王爷山观通站引导，在福建闽江口外平潭岛附近海域向由此经过的国民党"情报局闽北工作处行动队海上区队"所属的1艘由日降特设炮艇改成的"炮-63"号艇发起进攻。3艘解放军的"55甲"炮艇以梯队展开，使用拦截T字横头的战术，逼近至3000米距离开火，先后共三次拦头攻击，"炮-63"最终中弹起火，弹药库爆炸，于下午1时50分沉没。[1] 中国海军史上的一类特殊军舰，此后彻底变为历史往事。

在北京中国人民革命军事博物馆里，曾经的日降炮艇"414"长期静静陈列在户外展区，游人如织，多只知道其"头门山英雄艇"的勇号，却并没有想到这艘看似并不起眼的小小军舰曾是日本海军在中国耀武扬威的急先锋，又是象征着抗战胜利时中国海军一雪耻辱的战利品。仿佛冥冥中的安排，紧挨在"414"艇的身旁，军博户外展区一度还陈列着一件更不起眼的展品——一件铁锈红色的大铁锚。这柄铁锚恰恰是甲午战争中日本海军作为战利品掳去的中国铁甲舰"镇远"的遗物，随着抗战胜利而重返故土。"镇远"的铁锚和日降炮艇，构成了一幅寓意深刻的图景。

---

[1]《海军战史资料·战例选编》（二），中国人民解放军海军司令部1981年版，第115—116页。

杂流聚合

——日降杂类舰艇

在日降的炮舰、海防舰、炮艇等种类的舰艇之外，抗战胜利时中国海军接收的日本海军投降舰艇中的另一大项是种类非常繁杂的后勤、辅助性舰艇。这类舰艇由于普遍体量较小，型号纷杂，舰材质量差，且日本战败投降时的保养状况大都不佳，对其进行维护保养十分不易，对于抗战胜利后浴火重生的中国海军而言实际的用处并不很大，因而只有少量被优选编入了海军序列，而且其中很多都没有长期使用就告废弃。1949年人民海军成立后，在初创时代舰只难求的局面下，一些这类日降舰艇也通过起义等途径被纳入了人民海军的序列，而且有些居然还短暂充当过战斗主力的角色。

驱潜特务艇

日本海军早在明治时代，其舰艇分类体系中就开始将主战性的军舰和非直接参与海战性的军舰区分成不同的种别，至第二次世界大战日本战败时，日本海军的非直接战斗性军舰均被归类为"特务舰艇"，其中排水量低于1000吨的称为特务艇，包括炮艇在内的大量被中国海军缴获的日降杂类军舰多属于这一门类。其中除了炮艇之外，较具战斗力、向中国海军投降时数量规模较大的首推特务舰艇中的驱潜特务艇。

驱潜特务艇顾名思义，是以对付潜艇为首要任务设计的一类军舰，前身为1933年5月22日分类在特务舰艇种别下的驱潜艇。日本海军设计建造小型反潜军舰的历史起源自20世纪30年代,针对当时世界上潜艇技术发展日新月异的情况,日本海军决定设计建造能够在近海执行反潜任务的小型军舰,按照排水量的大小不同区分为300吨左右的大型艇和150吨左右的小型艇。大、小驱潜艇的设计理念完全相同,都是要求舰体构造尽量简单,适航性能上能够做到机动灵活,装备日本海军称作"水中听音机"的声呐,以及深水炸弹等反潜武器,同

日本海军大型驱潜艇"第3号",相比之后出现的驱特艇,这样的外观才更像是军舰

日本海军小型驱潜艇"第51号"型的"第53"号艇

杂流聚合——日降杂类舰艇

时需要兼具一定的对空和对舰火力。[1]

1933年，日本海军的首型驱潜艇、大型艇"第1号"型在浦贺船坞和石川岛造船所分别建造。这型艇采用平甲板船型，钢制艇体，排水量280吨，全长65.3米，航速24节，装备1门40毫米口径的"毘"式双联高射炮，反潜武器包括1部进口的美国MV声呐，以及36枚深水炸弹。紧随其后，1934年，小型驱潜艇"第51号"型投入设计建造，总体上看就是"第1号"型的小型化，其艇体线型模仿了日俄战争时代的日本鱼雷艇"雁"，同时结合了当时日本近海渔船的一些设计特点，艇体为钢制，排水量170吨，全长45米，航速23节，装备1门40毫米口径单管"毘"式高射炮，1部声纳，18枚深水炸弹。[2]

进入1940年，日本海军的舰艇分类标准中对驱潜艇这一军舰类别进行调整，原300吨级别的大型艇升格归纳入作为主战舰艇的"舰艇"种别，而150吨级别的小型艇仍然留在"特务舰艇"种别中。为和继续使用"驱潜艇"这一分类名称的大型艇有所区别，小型艇则改称作"驱潜特务艇"，简称"驱特"艇。考虑到1941年挑起太平洋战争后，海军对于反潜类军舰的需求必定猛增，体型小、便于短时间内大量建造的驱潜特务艇从1941年开始成为日本海军驱潜

日本战败后已经改为日本海上保安厅巡视船的日本第一艘驱潜特务艇"第1号"，驾驶楼和桅杆已经经历过改造，照片摄于1950年

---

[1]《海军》第11卷，[日]诚文图书1981年版，第54、153页。
[2]《海军》第11卷，[日]诚文图书1981年版，第54、153页。

145

武备尚未安装的日本海军驱潜特务艇"170"号

舰艇的主力投入建造，至1945年日本战败时共建造有200艘之多。

在1941年投入紧急建造的驱潜特务艇没有使用此类舰艇的开山之祖"第51号"型小型驱潜艇的现成设计，而是本着节省资源，便于大量建造等目的，重新做了设计，称作"第1号"型驱潜特务艇。船型选用当时日本十分常见的木制近海拖网渔船的设计为基础，如果不仔细分辨的话，从外形上很容易被误判成是渔船。这种外观欺骗性很强的小艇采用木制，木料大多来源自伪满洲国。舰型总体为平甲板型，艇首高高扬起，利于抗浪，在艇体中部设有木制的驾驶室以及用来安装信号灯具的1根桅杆，驾驶室后方布置了小型的烟囱及机舱棚等建筑，在小艇的末尾居中安装有1座深水炸弹投放架（后期型有加宽艇尾，布设2座投放架的例子）。该型艇的标准排水量只有130吨，全长29.2米，垂线长26米，水线长25.85米，宽5.65米，吃水1.97米，装备1座400马力中速柴油机，最高航速11节，续航力为1850海里/10节，艇上共编制人员32人。

这型驱特艇的武器装备的配置较为灵活，不同时段建造的艇在武备配备情况方面区别较大，从中也可以充分感受到当时日本海军所面临的空中威胁不断加大，以及日本海军在舰艇损失日益严重的局面下不得已而做出的"廖化充先锋"式的无奈举措。总体而言，太平洋战争初期驱特艇主要装备的是"92"式

7.7毫米口径机枪1至2门,安设在艇首甲板上,或分设在首尾甲板空处。后期则改为"93"式13毫米口径机枪1至2门,到了战争的最后期出现了装备威力更大的1至2门"96"式25毫米口径高射炮的情况。反潜武器方面,"驱特"艇除可以携带18—22枚深水炸弹外,初期仅仅装备简易式水中探信仪,其探测效能十分有限,太平洋战争后期随着反潜任务的不断加重,一些"驱特"艇上开始加装"3式Ⅱ型"水中探信仪。[1]

"第1号"型驱潜特务艇由日本木船工业的15家木船厂分头建造,建成后大量被部署于太平洋岛屿地区,执行近海反潜和护卫运输船团等任务。在中国战场,日军并没有大量的布置该型反潜艇,中国海军受降的驱潜特务艇主要来自下述的几个方面。

首先是在中国内地,共发现有两艘该型驱特艇,中国海军接收专员在上海接收了日本中国方面舰队所属的名为"第220号"(市川造船所1944年7月28日

日本战败后停泊在神户港的驱特艇"183"号

---

[1] [日]大内建二:《特务舰艇入门》,[日]光人社2013年版,第94—95页。

开工，12月28日竣工，隶属第十六警备队）的驱潜特务艇。根据"第220号"受降时日方上缴的物资清单显示，该艇是装备了2门"96"式25毫米口径高射炮的后期型驱特艇，被俘时艇上还携带有简易式水中探信仪和"3式II型"水中探信仪各1部，但是深水炸弹已经无存。推测日本战败前该艇在华主要充当大型炮艇使用，这可能也是为什么这类反潜能力并不突出的小艇在战争后期普遍做了火力加强的原因所在。[1]"第220号"驱潜特务艇于1945年10月1日被中国海军正式接收后，更名为"海鹰"号，在中国海军的分类定为炮艇。此外，中国海军还在厦门接收了1艘中国方面舰队的驱特艇"第204号"，后更名为"南安"（米子造船所1944年5月24日开工，9月18日竣工，原隶属日本海军中国方面舰队第二遣支舰队），就地部署在厦门充当炮艇使用。

中国海军接收的更多驱潜特务艇来自大陆以外的地区，抗战胜利后中国海军接收专员共从香港和台澎区等地相继接收了多达9艘的日本海军驱潜特务艇，均为"第1号"型。

其中在香港接收了"第11号"（四国船渠工业所1942年1月5日开工，1943

美术作品：中国海军接收后的驱潜特务艇。创作：王益恺

---

[1] JACAR（アジア歴史資料センター）Ref.C08010875800、支那方面艦隊引渡目録14/17。

年3月12日竣工，隶属第十六警备队）和"第191号"（福冈造船铁工株式会社1943年12月29日开工，1944年7月28日竣工，隶属中国方面舰队第二遣支舰队）2艘，编入第6炮艇队，均以广东省的县名为其重新命名，分别定名为"高明""高要"。

在台澎区的台湾基隆和高雄共接收7艘日军的驱特艇，于1945年12月31日编入中国海军，以"中华民国富强康"的寓意分别更名"光中"（原日军"第74号"，林兼商店彦岛铁工所，1943年5月31日开工，11月17日竣工，隶属南东海面部队）、"光华"（原日军"第75号"，福冈造船铁工株式会社1943年5月8日开工，1944年2月8日竣工，隶属高雄警备府部队马公方面特别根据地队）、"光民"（原日军"第190号"，自念组造船铁工所1943年11月16日开工，1944年7月25日竣工，隶属高雄海军警备队）、"光国"（原日军"第223号"，自念组造船铁工所1944年2月15日开工，同年11月25日竣工，原隶属高雄警备府部队基隆防备队，）、"光富"（原日军"第240号"，三保造船所1944年9月28日开工，1945年1月9日竣工）、"光强"（原日军"第243号"，福冈造船铁工株式会社1944年7月6日开工，11月1日竣工，隶属基隆防备队）、"光康"号（原日军"第3号"，佐贺造船铁工所1942年1月22日开工，1943年3月2日竣工，隶属基隆防备队）。[1]

总计抗战胜利时由中国海军接收的日本驱潜特务艇总数为11艘，其中除了在台湾基隆接收的"光康"号因为接收时就处于损伤状态而放弃使用外，其余均编入了海军（在台接收的后多编入驻在左营的第3巡防艇队），都作为炮艇继续使用。

抗战胜利后不久，中国国内全面内战爆发，编入中国海军内的10艘原日本驱潜特务艇随后也分成了处在解放军和国民党海军阵营的两组。

1949年10月14日，解放军解放广州，国民党海军中的驱潜特务艇"高明"因在黄埔船坞修理未竣，没能随军撤走，遂被解放军缴获，后编入解放军广东军区江防部队，更名为"先锋"号，修理后继续充作炮艇使用。紧随其后，1949年11月9日，由汕头随队撤至南澳岛的国民党海军"光国"号驱潜特务艇奉命由南澳岛起航前往台湾时，艇上的部分水兵发动起义，将上尉艇长袁

---

[1]《海军舰队发展史》（一），（中国台湾）台湾防卫部门"史政局"2001年版，第259页。钟坚：《惊涛骇浪中战备航行——海军舰艇志》，（中国台湾）麦田出版2003年版，第544页。

在垃圾尾海战中荣立战功的人民海军炮艇"先锋"号

经过现代化改装的"先锋1号"艇,艇体外观还基本保持着日本驱特艇的面貌,驾驶楼已经完全重建

福厚投海戕杀后驾艇返回汕头，向解放军投诚，被编入潮汕军分区海防巡逻大队，艇名改为"十月"号，后也编入了广东江防部队作为炮艇。[1]

根据解放军的军史资料显示，"十月"号与"先锋"号虽然属于同型，但是武器装备却有所区别，原日本海军驱潜特

人民海军"海上先锋艇"命名大会现场

务艇"十月"属于"第1号"型的中早期型，装备2门13毫米口径机枪，起义时艇上还另有2门7.7毫米口径机枪。"先锋"号则原先只有1门双联13毫米口径机枪，编入解放军后又加装了1门12.7毫米口径机枪。

这2艘排水量超过100吨的驱特艇，在当时解放军广东江防部队内属于大型主力艇，"十月"艇曾参加解放南澳岛的作战，其后的历史不详。（台湾地区海军军史档案记载在华南地区曾击沉过1艘解放军的驱特艇，该艇会否是"十月"艇待考）。"先锋"号则以在1950年5月25日爆发的垃圾尾海战中表现神勇著称，后定舷号"3-541"。在垃圾尾海战后，为纪念"先锋"号的英勇敢战精神，继承广东江防部队衣钵的中南军区海军又模仿"先锋"的艇型新建了一艘"先锋2号"炮艇，原"先锋"号则改名为"先锋1号"。该艇最后于1965年退役，一度被陈列至广州黄埔岛上用于参观，"先锋1号"艇名则由接替换装的"0111甲型"新式护卫艇继承，舷号"598"，1965年5月24日由国防部授予该艇"海上先锋艇"荣誉称号。在其后不久爆发的"八·六"海战中，"598"艇作为指挥艇作战英勇，延续了"先锋"号在人民海军中的传奇。[2]

留在国民党海军阵营的8艘驱潜特务艇中，"光华"号在台湾海峡损失，"光强"号在国民党军撤守海南岛时因无法远涉重洋，于1950年1月27日被自

---

[1] "'光国'艇从南澳岛光荣回归"，《国民党军起义投诚·海军》，解放军出版社1995年版，第177—181号。

[2] 《海军英模》，解放军出版社2009年版，第8—12页。

沉在榆林港堵塞航道。剩余的各艇中，以原日本驱潜特务艇"第220号""海鹰"的表现最为活跃。

"海鹰"艇1947年9月20日参加了国民党军队在江苏的江阴、靖江两县对共产党武装的绥靖作战，1949年11月3日参加过国民党军队舟山登步岛作战，1950年5月12日则参加了撤离舟山军民行动。同年7月10日该艇在浙江沿海的披山岛附近海域与解放军的日制25吨炮艇交火，单艇出击的解放军华东海军的"炮-3"号25吨级炮艇被击沉，而后7月12日华东海军多艇出击发起披山海战，"海鹰"号侥幸逃脱。

在厦门被接收的驱特艇"南安"号则参加了国民党军队防守厦门的战役，厦门撤守后退至金门岛，在1949年10月24日的金门古宁头战役中表现活跃，其后还曾在1954年1月参加了在一江山外海巡逻和袭扰大陆船只的作战。

国民党海军旗下的各艘驱特艇在国民党军放弃东南岛屿撤退至台湾后整体更换成"炮"字头的新名，分别为"海鹰"（"炮-103"）、"高要"（"炮-106"）、"南安"（"炮-107"）、"光中"（"炮-108"）、"光民"（"炮-109"）、"光富"（"炮-110"），旋后又分别采用舷号"583、586、587、588、589、590"。1955年10月1日，"海鹰""高要""南安""光民""光富"首先退役，台湾地区海军中剩余的最后一艘原日本驱潜特务艇"光中"号则于1958年10月1日退役。[1] 而在驱特艇的故乡日本，日本战败后大量编入新设的日本海上保安厅作为巡视船的原驱特艇恰好也是在50年代退出了历史舞台。

哨戒特务艇

与驱潜特务艇的战力相当，抗战胜利时日本的投降舰艇中，还包括有一种执行近海巡逻、警戒任务的哨戒特务艇。

第二次世界大战日本不宣而战挑起太平洋战争后，很快遭到英美盟军的猛烈反击，从1943年开始日本海军在太平洋战场渐处颓势。为了确保日本本土近海区域的安全，日本海军在可征用的民船越来越少的局面下，为填补原由征

---

[1] 钟坚：《惊涛骇浪中战备航行——海军舰艇志》，（中国台湾）麦田出版2003年版，第544页。

杂流聚合——日降杂类舰艇

用渔船改造而成的特设监视艇的数量不足，于1943年4月22日决定建造专用于近海警备的特务艇，称为哨戒特务艇，简称"哨特"艇，设计要求为排水量200吨左右，航速10节左右。根据艇体选用的材质不同，区分为采用钢制艇体的甲型和采用木制艇体的乙型，分别计划建造

日本战败时尚未完工的1艘哨戒特务艇"第34号"，从照片上可以清楚地看到这种木制艇的水下船型特征

90和300艘之多，设想主要部署在日本本州岛的东部海岸。后因为战时日本国内资源严重匮乏，受舰材资源的限制，除"第1号"哨戒特务艇是钢制的甲型艇外，其余大量投入建造的实际都是木制艇体的乙型艇。

与驱潜特务艇的情况相似，日本海军考虑到这类小艇必须要具备大量建造的可能性，其设计直接采用了日本国内渔船厂有制造经验的拖网渔船和鲣鲔船等船型为基础，由曾建造驱特艇的市川造船所主导建造和技术指导，日本全国的其他15所造船厂一起分担更多建造任务，从1944年开始正式建造问世。[1]

乙型哨戒特务艇标准排水量238吨，艇长29.8米，宽6.1米，体量和驱潜特务艇相近，总体上类似加强版的驱特艇。该艇的任务看似只是近海警备，实际上需要长期不间断地在海上巡弋，不像驱特艇那样只需要有事时才临时进行扫海和外海护航任务，因而哨特艇格外提升了居住性，而对机动性的要求则不太高，其主机的配备没有一定之规，在战时物资紧缺的局面下，采取了有什么设备就选用什么的灵活变通办法。从最终建造完成的情况看，主要的动力配置模式是选用1台和驱潜特务艇所用型号相同的400马力中速柴油机，航速则只有9节。

由于都是以当时日本的小型渔船作为设计基础，哨戒特务艇的艇体外形和驱潜特务艇惟妙惟肖，主要区别在主甲板之上的上层建筑方面。哨戒特务艇除

---

〔1〕《海军》第11卷，〔日〕诚文图书1981年版，第161—162页。

153

日本哨戒特务艇"第65号",该照片曾被台湾地区海军的出版物误当作"海丰"艇前身的照片

了在艇体中前部设有两层结构的驾驶室建筑外(驾驶室顶部安装有1部"13"号电波探信仪的天线)。考虑到该型艇将要连续在海上执勤巡逻,为提高艇上的居住舒适性,自中部的烟囱和机舱棚向后,主甲板上另建有一座较大的甲板室,专用于艇员的居住和生活,其内部包括有住舱、厨房、厕所、浴室等功能舱室,这也是该艇虽然体量和驱潜特务艇相当,但是排水量较大的原因之一。此外,哨戒特务艇还有一项重要外观特征,即该型艇拥有前后两根桅杆,是区别于只有1根桅杆的驱特艇的最好标志。

武备方面,乙型哨戒特务艇的武器和驱潜特务艇也很相似,也是分为对海、空和对潜两类。其反潜武器为8—12枚深水炸弹,在该型艇的艇尾并排设有两具投放架(早期型投放架较短,每具只能存放4枚水雷,后期型做了加长改造,增加至6枚),另外部分艇上还装备了"3号III型"水中探信仪。其对海和对空的武器是"96"式25毫米口径高射炮,具体的安装形式上也没有特别严格的标准。根据所收集到的关于这类小艇的资料看,其火炮配置大体有几种类型:两门20毫米口径单管高射炮(分装在小艇前后甲板);1座20毫米口径双联高射炮(安装于艇首甲板)、两门20毫米口径单管高射炮(安装在后部甲板室顶部两侧);1门20毫米口径双联机关炮(安装于艇首甲板)、两门120毫米

杂流聚合——日降杂类舰艇

靠泊在一起的日本驱特艇（左）和哨特艇，二者的构造区别可以由此一目了然

口径喷进炮（火箭炮）。

整体来看，日本海军的哨戒特务艇实际上可以视作是一种强化了居住性的近海驱潜艇，然而和驱潜特务艇一样，哨戒特务艇的反潜、防空能力均极薄弱，事实上也只是一种大型炮艇而已。该型艇从1944年开始投入建造，至日本战败时共开工57艘，其中建成的只有27艘，且大部部署在日本本土，战后曾有部分被盟国占领军拨给日本海上保安厅使用，更多的则是改造为渔船转成民用。

令人意外的是，这种建造数量不多，且没有大量进行海外部署的军舰，在抗战胜利时的中国海军受降清单中也有出现。

日本战败后被盟军命令该做扫海艇执行日本海域扫雷任务的哨特艇"第191号"

日本战败后被改作渔船的哨特艇"第85号",因为要在艇上改造出渔货舱,原来的前桅杆被改到了接近艇首的位置,以腾出前部的甲板空间

1945年10月1日,中国海军可能在上海或青岛接收了遗留在中国战区的唯一的1艘日军哨戒特务艇,艇名"第100号"(该艇名为国军档案记载,但在日本哨戒特务艇的建造序列中并无此编号,存疑),中国海军接收后更名"海丰",定为炮艇,编入第2巡防艇队。

"海丰"艇在随后国共内战时代曾活跃于北方战场,不过其出场多是在掩护败逃、撤退等黯淡的场合。1948年10月上旬,"海丰"艇参加了由"重庆""逸仙""永兴"等军舰组成的混合舰队,掩护运输船团,将驻扎烟台的国军第39军海运葫芦岛,并掩护烟台军政人员海运撤退至长山岛,掩护刘公岛守军海运撤至青岛。1949年6月2日,"海丰"艇又参加了掩护青岛军政人员撤退的行动,此后该艇随艇队一路撤退南下,还曾参加过1950年5月18日撤运舟山军民赴台的行动。国民党军队放弃浙江沿海岛屿,海军舰艇陆续集中向台湾后,"海丰"号侥幸退至台湾,被重新命名,改为"江丰"号,定舷号为"548",最终和台湾地区海军中的原日本驱潜特务艇一样,都在20世纪50年代末期退场,于1958年10月1日和驱潜特务艇"光中"同日退役。[1]

二等输送舰

二等输送舰是抗战胜利时代的日降杂类军舰中相对而言体型较大者。

太平洋战争中,因为岛屿作战对在敌方占有空中优势的局面下快速抢滩运输提出了迫切的需要,日本海军和陆军联合开发建造了该型军舰,其使用功能上略相当于美国海军的坦克登陆舰(LST),只是舰体规模小了许多。该型军

---

[1] 钟坚:《惊涛骇浪中战备航行——海军舰艇志》,(中国台湾)麦田出版2003年版,第540—541页。

"第101号"型二等输送舰"第105号"

"第103号"型二等输送舰"第138号"

舰是日本军队中矛盾重重的海、陆军这对老冤家的难得的合作产物,具体由陆军方面设法提供建造所需的钢材,海军方面则负责设计和建造,造出的军舰由海军和陆军分摊。该型舰在日本海军中的分类为二等输送舰,而编入日本陆军的那些在陆军的分类名则是SB艇。(S指战车,B指海军,寓意为海军设计建造的战车运输舰)。

　　二等输送舰于1943年6月开始设计,由海军舰政本部设计师稻田精一技术大佐主持,至11月设计完成。考虑到必须在短时间内大量建造的现实要求,设计中尽量做了工艺简化,外观上看起来就仿佛好几段摆放角度略有不同的立方体连接在一起。该型军舰采用钢质舰材,焊接方式建造,长尾楼船型,标

正在进行作业测试的"第149号"二等输送舰。照片中可以看到坦克后方的斜坡就是连接主甲板和下层甲板的可收放式跳板

准排水量950吨,全长80.5米,垂线间长72米,水线长75.5米,宽9.1米,吃水2.94米("第101号"型吃水2.89米),在舰体的布局上分为十分明显的前中后三个主要的功能分区。[1]

其前部的分区占据了全舰长度的一半左右,功能上属于登陆舱,分为露天的上层主甲板,和在舰体内的下层甲板共两层甲板。下层甲板的正前方是可以打开作为登陆跳板的平板状舰首挡板,人员可以由此直接进出。而上层甲板的前端设有可以向下折放连接到下层甲板上的跳板,借此可以实现上层甲板和下层甲板的联通,车辆人员可以由此登上或撤出上层甲板,增大了登陆舱的搭载量。总计该舰的登陆舱可搭载"97"式中战车9辆(或"特二"式内火艇7辆,或"95"式轻战车14辆,或兵员320人)。

该级舰的中部为轮机舱,设计时原本计划要装备3座400马力中速柴油机(与驱潜特务艇所用型号相同),航速13.4节,续航力3000海里/13节,但在实际建造过程中因为柴油机获得不易,逐渐改为配备1座"甲二五"型2500马力透平蒸汽机,虽然航速提升至16节,但是续航力随之下降,续航力为去程1000海里/16节,归程1700海里/14节。[2]由于主机的变更,也使得二等输送舰分为了两个不同的改型,即首批建造的使用柴油机的"第101号"型,和后续大量建造的采用透平机的"第103号"型,其外观上的主要区别是烟囱的造型,使用透平机作为动力的"第103号"型的烟囱明显更大。

二等输送舰的尾部是舰员的生活区,尾楼内和下层甲板布置各种生活舱室。另外该型军舰的尾部设有压载水柜,抢滩登陆时水柜注水,使军舰呈舰首跃起、舰尾低沉的姿态接近登陆海滩。除了舰首左右的锚外,该级舰在舰尾还

---

[1]《海军》第11卷,[日]诚文图书1981年版,第38页。
[2]《海军》第11卷,[日]诚文图书1981年版,第39页。

杂流聚合——日降杂类舰艇

从舰尾方向拍摄的二等输送舰"第151号",可以看到布置在舰尾部的登陆锚

设有专门为登陆时锚泊所用的1座大锚。

因为考虑到该级军舰主要将在制空权在敌方手中的敌前地区登陆,日本海军设计时为该级军舰配备了相对较强的防空火力。二等输送舰的标准武备配置模式是1门"3年"式8厘高角炮、两座"96"式3联装25毫米口径高射炮、若干门"96"式单管25毫米口径高射炮。其中8厘高射炮安装在尾楼甲板顶部,3联装25毫米口径高射炮分装在驾驶楼两侧的耳台上,25毫米口径高射炮除1门安装在主甲板前部右侧的特定安装平台上外,其余根据需要配置,在实际使用中多安装在尾楼甲板顶部。

与第二次世界大战中美国海军的坦克登陆舰所采取的"开口笑"式艇首设计相

在二等输送舰"第151号"主甲板上拍摄的照片,可以看到位于驾驶楼两侧平台上的2座3联装25毫米口径高射炮。这张照片对于日本海军史研究可谓别具意义,其拍摄者为福井静夫,而在驾驶室顶部露天飞桥上的两人分别是堀元美(右)和田村俊夫,三人均为日本战后海军史研究领域的泰斗,当时都参与到了二等输送舰的技术工作中

159

比（即艇首除可以放倒作为登陆跳板的舰首挡板外，另在外部增加可向左右开合的修型舰首门），舰首完全是方形的日本二等输送舰的最大缺陷就是适航性不佳。设计时为了解决方形舰首不适于航行，以及舰首跳板关闭后无法实现水密等矛盾问题，该舰的设计师采取了将该舰前部水下舰体设计成尖底，利用前部这段迎合航行需求的水下舰体将方头方脑的登陆舱前段垫高出水线以上，以此调和登陆和适航二者间的矛盾。但在实际航行中，这种前尖后方的水下船型被证明导致了军舰的航行性极差，而且舰首水下的尖船底还导致了这种军舰冲滩登陆时的麻烦，综合来看该舰的设计只能评为中下等。

日军的二等输送舰从1944年开始，由大阪造船所、日立造船向岛造船所第二工场、川南工业浦崎造船所3家造船厂分头建造。[1]该级舰原计划建造103艘，至日本战败时为止，实际开工75艘，其中竣工69艘。该级军舰建造时，正值美军在太平洋战争展开反攻，实施"蛙跳"式跃岛作战时，日军盘踞的楚克、马里亚纳群岛等岛屿遭到美军大规模空袭，守军所需的后勤补给陷入困境，二等输送舰遂被投入对这些岛屿实施强行补给，至战争结束时之前多为执行此类任务。

1945年10月1日，中国海军专员在上海接收日本海军中国方面舰队投降舰只，获得了日本战败时在中国大陆地区仅存的1艘二等输送舰"第144号输送舰"。该舰1944年8月20日在日本川南工业浦崎造船所开工，同年10月20日下水，12月1日竣工，建成后最初主要在日本本土执行运输任务，于1945年开始在中国东南沿海以及台湾海峡活动，当年4月1日编入中国方面舰队，此后屡次被中、美战机空袭均侥幸逃脱，至日本战败时刚好停泊在上海。

根据被中国海军俘虏时的情况看，该舰属于日本二等输送舰中的火力强化型，除二等输送舰通常装备的1门8厘高角炮和2座3联装25毫米口径高射炮外，"第144号输送舰"还装备了2门双联25毫米口径高射炮和多达11门的单管25毫米口径高射炮。此外该舰甚至还加装了反潜用的"3型改1"手动深水炸弹投射器6门，共配套12枚深水炸弹。连登陆舰都要试图当作反潜武器使用以图自保，足以见到第二次世界大战末期日本海军山穷水尽的窘状。[2]中国海军

---

〔1〕[日]大内建二：《扬陆舰艇入门》，[日]光人社2013年版，第198—204页。

〔2〕http://www.geocities.jp/tokusetukansen/J/index.html。JACAR（アジア歴史資料センター）Ref.C08010875400、支那方面艦隊引渡目録14/17。

接收后，"第144号输送舰"更名为"同安"，隶属海军总司令部直辖。此后可能受大批美制登陆舰援助到来的影响，这艘日本战时急造的性能不佳的登陆舰很快被废弃，其后情况不详。[1]其在日本海军内的舰籍于1945年10月5日销除。[2]

除"第144号输送舰"外，抗战胜利时中国海军另外在香港接收了1艘日军中国方面舰队所属的二等输送舰"第108号输送舰"。

"第108号输送舰"1944年4月28日在大阪造船所开工，5月25日下水，7月31日竣工后一度分配给陆军，同年9月5日转回海军。与"第144号输送舰"相比，该舰更可谓是命运多舛，其经历是日本二等输送舰战时命运的典型缩影。该舰建成后即被派执行向硫磺岛强行运输的任务，1944年9月26日在从横须贺开向八丈岛途中被美军潜艇击伤，而后于11月5日重新执行运输任务，从横须贺向香港运输，1945年1月16日在香港被美军舰载机轰炸受伤，5月1日编制改隶中国方面舰队。日本战败时，该舰处于无法航行状态，遂被拖航至广州黄埔造船所维修，舰名改为"中条"。1949年10月1日国军从广州撤退，该舰又被拖航至海南岛榆林。由于当时国民党海军已经采用"中、美、联、合"字头来分别命名登陆舰艇，"中条"舰的"中"字头与其军舰规模等级不符，遂于1950年1月1日更名为"美同"号，相当于美军的中型登陆舰LSM级别。国民党军队从海南岛撤退时，该舰因仍无法自航而于1950年5月20日自沉在榆林港阻塞航道，[3]1955年6月1日榆林港清理航道时被打捞拆解。[4]

测量艇与机帆船

日本在发动全面侵华战争后，随着战火不断蔓延入中国内地，日本海军遇到一个十分棘手的难题，即日军缺乏中国长江、珠江流域沿线的很多港汊、河流的水文资料，航行时很容易搁浅、触礁，由此必须对这些中国水域进行重新测量绘图。日军的杂役舰船中便出现了一类专门的测量舰艇，其中涉及抗战胜

---

[1]《海军舰队发展史》（一），（台湾地区防卫部门）"史政编译局"2001年版，第245页。
[2]《世界の舰船》增刊第47集，[日]海人社1997年版，第109页。
[3] 钟坚：《惊涛骇浪中战备航行——海军舰艇志》，（中国台湾）麦田出版2003年版，第580页。
[4]《中国当代救助打捞史》，人民交通出版社1995年版，第42页。

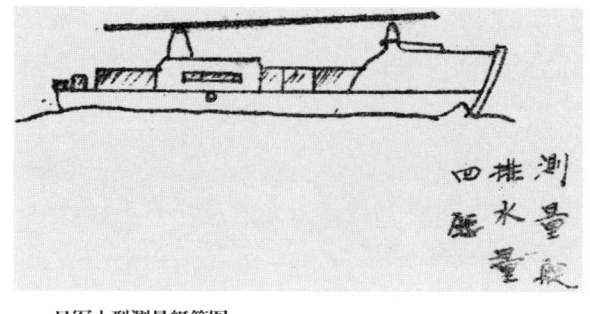

日军小型测量艇简图

利被中国海军接收的,则是其中的测量艇。

第二次世界大战中日本海军的测量艇主要可以分为两类,一类是专门设计建造的江河用小型测量艇,另一类则是利用现成船只改造而成的较大型的测量艇,有时还充当小型测量艇的工作母艇使用。

日本海军的小型测量艇主要为10米型,排水量只有4吨,长10米,宽2.6米,吃水1.1米,装备1台12马力发动机,艇上带有可以收放的测量水尺。日本先后共建造有20余艘该型小测量艇,大多配置在中国战场使用,日军投降时仅在汉口一地就有多达6艘这类小艇被中国海军接收,但可能因为艇体太小,此后并没有编入中国海军的使用记录。[1]

第二次世界大战胜利时,中国海军接收后编入使用的日军测量艇主要是其中的大型艇,最后有明确使用记载的除了原中国海军被日军俘虏后改成测量艇的"鄱阳""都宁"号之外,还有日本海军的测量母艇"测一"和"测八"等。

"测一"艇于1945年10月31日由中国海军接收专员在上海接收,其改造为测量艇之前的前身情况不明。该艇排水量171吨,艇长30米左右,造型可能与日本为伪满洲国设计建造的"大同"型炮艇略似。被接收时艇上的主要武器装备有25毫米口径单管高射炮2门、13毫米口径单管机枪1门,接收后更名"象山",部署在浙江沿海作为炮艇使用。

国共内战时,"象山"是国民党海军日降杂类小艇中战斗经历较为丰富的1艘。该艇初期部署在浙江舟山群岛地区,曾在1950年2月、4月在舟山群岛海域与解放军船艇发生多次交火,1950年5月12日参加撤运舟山军民赴台湾的行动,此后更名"炮-101",定舷号为"581"。1953年6月,该艇配合原日本驱潜特务艇"海鹰"一起参加了掩护国民党陆军和海军陆战队登陆突袭浙江

---

[1] JACAR(アジア歴史資料センター)Ref.C08010854200、支那方面艦隊引渡目録8/17。

沿海积谷山岛、羊屿的作战，1954年5月4日还在浙江一江山岛海域袭击大陆渔船，其后于1958年10月1日退役。"测八"号艇与"测一"同型，被中国海军接收后更名"焦山"，编在海道测量局继续充当测量艇，其后情况不详。[1]

较之测量艇更不起眼的，是日军在侵华战争中曾大量装备使用的武装机

由中大型鲣鲔船改成的日本海军特设监视艇"月浦丸"，100吨以下的小型鲣鲔机帆船则有很多被征用为运输船

帆船。此类船只当时主要是日军为弥补水上运输用船的不足，而利用征用的机帆动力渔船武装而成。由于抗战爆发前中国沿海的渔船多为风帆动力的传统样式，因而日军征用的机帆船实际主要是其本国的近海小型渔船，尤以拖网和鲣

由拖网渔船改成的日本海军特设监视艇"第23日东丸"，这种船型在日本海军机帆船中也十分常见

---

〔1〕JACAR（アジア歴史資料センター）Ref.C08010875600、支那方面艦隊引渡目録14/17。钟坚：《惊涛骇浪中战备航行——海军舰艇志》，（中国台湾）麦田出版2003年版，第544—545页。

163

鲔船居多。抗战胜利时，中国海军在上海、汉口等地接收了大量的这类船只，大多没有直接列入海军编制，而是在其后的国共内战中，转交给了大陆沿海的国民党地方武装。

被中国海军接收的日本机帆船，尺寸上虽然五花八门，但综合其船型、设计，又有一定的内在规律，根据船的外形来分析，总体上比较典型性的主要有两类。

一类是日本近海常见的小型鲣鲔船，多为木制，这种机帆渔船船首尖锐，向前倾斜上翘，通常为双桅杆。根据中国海军在汉口地区接收的日本海军"第三长荣丸"等鲣鲔船型机帆船来看，这类机帆船的长度在20米左右，排水量不超过100吨，为平甲板船型，船首上跃以利于防浪，约占船体一半的整个中部设有渔货舱，渔货舱向后是轮机舱，多安装的是小马力柴油机。在轮机舱正上方的主甲板上设有驾驶室和机舱棚，船尾则设为船员室。直到今天，在中国沿海活跃的拖网渔船仍然是这种总体布置形式。这种船之所以被称为机帆船，主要是在船首和驾驶室后方各设有一根桅杆，必要时可以张挂风帆航行，实际上平时并不会是悬帆的造型。被日军征用后，这类船只的渔货舱被改作货舱，船首甲板和船员室顶部会加设机关炮或机关枪充作武备。

另外一类主要是日本近海的钢制拖网渔船，总体规模大小和布局上和鲣鲔船相似，主要区别是船首形状，这类渔船的船首较为直立，在船首还设有一圈防浪挡板，和现代渔船的外貌特征更为接近。

这两类渔船实际上在日本海军的特设炮艇、特设监视艇中都能找到十分相似的船型，只不过大小有别而已，其名为机帆船，实际上就是小型的动力渔船。

由于目标小、档案零碎，日本海军征用的机帆船被中国海军接收后的重命名情况，很难做到一一完全对应。这类船只此后主要活跃于20世纪50年代初的中国东南沿海国共战斗中，国民党军队以此充当盘踞沿海岛屿的部队的武装运输船，也经常性以这种船只偷袭大陆的渔船和沿海运输，而解放军方面也通过缴获等方式获得了此类机帆船，主要将其用于运输。双方涉及武装机帆船的交火较多，其中较为著名的战例就是发生于1951年6月24日的头门山海战。

当时华东财经委员会的3艘运粮船途经浙江白沙山以东海面时，4艘国民党军队的日制武装机帆船对其实施包围。在附近海域设伏待机的解放军华东海军温台巡防大队的"411"等4艘日本25吨炮艇随即前往解围，其后与机帆船发

生激烈交火，这种原日本海军在二战时代的杂役舰艇间的海战可谓罕见。华东海军4艘25吨炮艇在疾驶途中，"411""413"艇因发生轮机故障掉队，实际最初仅有"414"和"416"艇投入战斗，二艇首先将国民党军的机帆船冲散，继而集中火力重创其中2艘，之后"416"艇单独追击1艘大型机帆船，"414"艇则继续攻击受伤的机帆船。战斗中"414"艇火炮发生故障，一度被武装机帆船反扑，造成艇上5人受伤，最终在"411""413"艇赶到后，华东海军获得全胜，国民党军机帆船被击沉1艘，击伤3艘。[1]

对于舰史研究至为重要的是，海战中华东海军参战炮艇大致判明了国民党武装机帆船上的武器配备模式，为研究这种杂类小艇提供了重要的参考资料。根据人民海军军史资料记载，认为当时国民党军机帆船上的武器包括有"92"式步兵炮、60毫米口径炮、13.2毫米口径和12.7毫米口径机枪。[2]

抗战胜利后，当中国海军尚未来得及全面清点、消化日本投降的各类舰艇时，美国援助的军舰开始大批到来，相比起日降舰，无论是规模、性能都驾乎其上。就此包括杂类舰艇在内的日制舰在中国海军中变得越来越不起眼，直到1947年随着日本赔偿舰的出现，才又激起了一阵小小的涟漪。

---

[1]《海军战史资料·战例选编》（二），中国人民解放军海军司令部1981年版，第23—24页。
[2]《海军战史资料·战例选编》（二），中国人民解放军海军司令部1981年版，第23页。

弃物重生

——日降"海防七号"舰

"海防七号"之谜

中国人民解放军海军诞生于战火纷飞的解放战争时代,由于众所周知的原因,其初期的舰船装备多为民国海军起义舰只,或者是民国海军接收后又弃置的原日本和汪精卫伪政权海军的破烂舰艇。这些舰船来源多端,历史背景复杂,且人民海军接收时大多不掌握其原始的技术和历史信息,接收后又急于改造、修理以成军使用,以至于这段时间列入人民海军的舰艇中存在着很多要么身世根本不详,要么身世记录错乱的情形。

在人民海军创建初期,主要的舰艇部队分属于华东军区海军和广东军区江防部队。其中华东军区海军的主力舰只多为民国海军起义军舰,相对而言舰史渊源尚比较容易考证,而位于南国的广东军区江防部队的所属军舰则基本上都是从民国海军遗弃在华南地区的待修乃至未能成军的报废舰艇中挑拣、整修而成,简直可谓是从垃圾堆中扒拉出的舰艇。这些军舰的历史情况疑团重重,是人民海军早期舰艇中身世情况最不清晰的一批。

1950年4月14日,中国人民解放军海军领导机关在北京正式成立。针对当时华南地区海上武装力量薄弱的状况,海军领导机关于当年上报中央军委获得批准,将广东军区江防部队升格为中南军区海军。由此也是继成立海军领导机关直辖的海军青岛基地之后,对当时华东军区海军独大的海防格局做出了进一

弃物重生——日降"海防七号"舰

1951年11月,海军司令员萧劲光视察中南军区海军。此次视察期间,萧劲光还曾到过黄埔造船所,应当见到了"海防七"

步的平衡。[1]

中南军区海军成立后,除了部队组织和各项设施建设外,着力增强舰艇装备实力。也就在此时,一艘人民海军历史档案中舰名记录为"海防七号"的日制千吨级军舰出现在了中南军区海军名下,及至被改造命名为"南宁"号护卫

1950年代初期中南军区海军第1舰队军舰编队航行的情景。此时的中南军区海军所装备的多是型号杂乱的炮艇、登陆艇

[1]《海军·回忆史料》,解放军出版社1999年版,第48—49页。

167

舰,成为了人民海军在南海方向重要的主力军舰。

长期扮演着中南军区海军以及此后的南海舰队主力舰角色的"南宁"舰,在当时大型军舰稀少的南海方向格外受人瞩目,很多南海舰队的老水兵都以当年曾在"南宁"上服役为荣。关于"南宁"舰的前身及其来由,在人民海军中历来说法较为统一,是南海舰队所属老军舰中难得的舰史记录相对完整的军舰。即该舰是广州解放后在黄埔船坞发现的一艘日制军舰,名为"海防七号"。这一说法,在此后很多书刊上又进一步具体衍生,称"南宁"舰的前身是日本的"第七号"海防舰,二战中受伤后被日军拖曳到黄埔船坞修理云云。

21世纪后,随着中国大陆上海军史研究的热潮兴起,以及凭借着互联网手段检索、利用日本等海外资料变得方便,"南宁"舰的前世是"海防七号"的军方说法引起了一些军史爱好者寻根问底的兴趣。

日本海军从明治时代一直到二次大战覆亡,所列编过军籍的军舰多达千余艘,而档案记录基本上有条不紊,相对中国海军要齐整完备得多。以海军史的考据常识,想要寻找"南宁"的前身故事,只要找到"海防七号"便能直探源头,而在日本海军的舰船序列中,的确存在过一艘名为"第七号"的海防舰。但如果真的仔细查阅日本"第七号"海防舰的历史,便会发现个中存在很大的记录矛盾。

公试中的日本"丙"型海防舰"第17号",曾被一些研究者指认为是"海防七"的日本海防舰"第七号"即属于该型

弃物重生——日降"海防七号"舰

　　海防舰，是日本海军中的近海警备性舰种。早期，这一舰种堪称是日本的军舰"养老院"，即日本海军并不专门设计建造海防舰，而主要是将一些使用日久，或是战力衰退，或是设计不合时宜，不再适合堪当重任的战舰、巡洋舰等军舰从一线撤下，取消其原本的舰种分类，而一概纳入海防舰范畴。其中最为中国人熟悉的例子莫过于甲午战争中日本海军的主力巡洋舰"三景舰"，从一线退后便都变成了海防舰。

　　这种情况持续到了1930年代，日本海军第一次提出设计建造专门的海防舰，这一舰种的用途也从近海警备发展为兼顾防空、反潜和护航的护卫舰。由此直至第二次世界大战结束，日本海军共设计建造了"占守""择捉""御藏""鹈来""丙""丁"型等多个型级的海防舰，其中"第七号"海防舰属于太平洋战争爆发后日本海军为执行日益艰难的海上运输船护航任务而大批量建造的"丙"型军舰。但是根据日本海军的舰史记载，1944年3月10日由日本钢管株式会社建成的"第七号"海防舰仅仅服役了半年多时间，就在同年11月4日被美国潜艇"鳐鱼"号（Ray，SS-271）击沉于菲律宾吕宋岛东部海域。如此，这样一艘1944年就在吕宋岛附近被击沉的日本海防舰，怎么会在1949年又被中国人民解放军发现于广州呢？

　　对于这样的明显史实矛盾，大陆的海军史研究者主要采取了两种不同的方式进行对待。一类研究者继续坚持认为"丙"型的"第七号"海防舰就是"南宁"舰的前身，对于其被美国潜艇击沉的记录则采取了死而复生的诠释法。即凭着"第七号"海防舰肯定成为了"南宁"号的既有结论进行倒推假设，认为"第七号"有可能被美国潜艇击中后发生舰体断裂，有一段舰体完整地浮在海面上没有沉没，而后被日本海军寻获，拖航至广州修理，由此再在1949年被人民海军获得，后

击沉日本"第七号"海防舰的美国潜艇"鳐鱼"

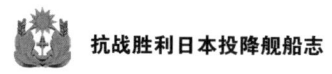

来便成了"南宁"舰。

这一先预设结论的推理诠释显然过于勉强,并不被主流的海军史研究界所认同。大陆上另一类对"南宁"号前身充满兴趣的研究者所采取的做法则是大胆假设,即质疑人民海军军史记载中所称的"海防七号"会否另有所指,认为这一代号很有可能并不是日本海军军舰的舰名,二者间并无对应关系。但是这样的分析仅仅只能进行到这种假设的程度,便缺乏更多史料可供继续深入研究下去。

有关"南宁"舰前身"海防七号"身份问题研究的重大突破,源自海外著名的中国海军史学者马幼垣先生在台湾"海军总司令部"海军史学者陈孝惇女士帮助下的一些重要史料发现。2003年,中国海军史研究领域著名的学术活动——近代中国海防国际学术研讨会在香港举行第二届会议。期间马幼垣先生所提交的讨论香港光复时海军问题的论文中引用了几份源自台湾"国防部"所藏的"国军档案",揭示抗战胜利时中国海军在香港接收日本舰船的情况。其中一份事实上已经让"海防七号"的真实身份大白于天下,只可惜马幼垣先生当时所作论文的讨论范围所限,没有着手直接发掘这一连锁的重大成果。

"七号"由来

1945年8月15日,日本宣布无条件投降,9月9日中国战区受降仪式在南京举行。根据盟军总部的安排,以及当时中国陆军总司令部向侵华日军下达的"军字第二号"命令的相关规定,日本海军中国方面舰队的舰船、设施等必须全部向中国海军缴出,其他在北纬十六度以北的越南、台湾地区以及澎湖群岛等地的日本海军舰船、物资等等也须向中国海军缴出。[1]虽然在此命令中特别说明越南以北地区中不包含英国殖民地香港,但是凭着前一条关于日本中国方面舰队舰船物资要向中国海军投降的命令,事实上在香港的中国方面舰队舰船物资也在中国海军的接收范围之内。

在此之前,已经在太平洋战场活跃的英国皇家海军舰艇于8月20日先行进入维多利亚湾,英军并在港岛登陆,对当时在港的日本军队和物资实施控制、管辖。旋后到了9月间,中国国民政府在香港设立军政部香港区特派委员办公

---

〔1〕包遵彭:《中国海军史》,(中国台湾)海军出版社1951年版,第356页。

处,具体处理接收在香港的日军物资等事务。涉及接收日本军舰等海军事务方面的业务,则由当时海军总司令部广州区接收专员分派小组赴港实施具体操作。1945年末,军政部香港区特派委员办公处就连月来在香港调查到的可供接收的日本中国方面舰队舰船情况连续造册上报。这些表格里以加上流水编号的方式对罗列出的在香港调查统计到的日本投降舰船一一做了说明。

如果抱着要寻找"海防七号"的目的浏览这份统计清单,将会很快发现令人振奋的记录。香港区接收专员上报的表格中,流水统计序号排列在第七号的位置上,登记的竟是一艘名称写为"海防巡舰"的军舰,舰名Manju。在日本海军序列中寻找这个英文拼写的舰名并不困难,对应的是日本战败前夕在香港被盟军飞机炸成重伤的海防舰"满珠"号。

仿佛是要进一步说明"满珠"和"海防七号"的关系,1946年8月29日军政部海军处驻广州区专员办公处香港接收组向军政部上缴了一份计划留用于海军的在港接收舰船清册,将在港接收军舰的范围再作缩小,删去了大量已拨往他处用于民用的杂项船艇,共剩余66艘舰船,其中最大的一艘便是排水量1000吨的那艘"海防巡舰"。表格中的暂用舰名为延续自此前在港接收军舰统计总表上该舰的流水序列号,即海防巡舰"七号",[1]简称之就是"海防七号"。

"南宁"舰的真正前身,日本"择捉"型海防舰"满珠"号,照片摄于1943年11月30日该舰建成时

---

[1] 马幼垣:《靖海澄疆——中国近代海军史事新诠》(下册),中华书局2013年版,第517—522页。

至此，人民海军军史中记载的"南宁"舰的前身、1000吨排水量的日制军舰"海防七号"究竟是一艘什么军舰的答案已经呼之欲出。

不过，在日本现代一些涉及海军史的书籍中，提及战败时遗留在香港的"满珠"号海防舰，习惯将其最后的结局记载为1946年在香港被拆解云云，马幼垣先生于2003年第二届近代中国海防国际学术研讨会上提交的那篇论文内，虽然披露了记载有"满珠"被登记为"第七号"海防巡舰的重要档案，但是又据《世界の舰船》等日本现代书刊中关于"满珠"在1946年被拆解的记录，坚称"'满珠'没有归中国所有，铁案如山"，与"海防七号"的真相擦身而过。

事实上，从史料上解开"南宁"舰前身"海防七号"真实身份为何的最后一把钥匙，就掌握在1949年人民解放军发现"海防七号"时该舰所在的机构——民国海军黄埔造船所所长张钰的回忆录中。1949年在香港加入中共地下党、新中国成立后又担任黄埔造船所所长的张钰回忆称，1947年时黄埔造船所中曾在修理一艘排水量千余吨的日制军舰，舰名正是"海防七号"。[1]被一些日本书籍记载为1946年从香港被拆解消失的"满珠"，实际是拖曳到了广州的黄埔船坞而已。

中国人民解放军南海舰队的千吨级日制海防舰"海防七号"的前身正是日本海军的"满珠"号海防舰。该舰在香港被中国海军接收登记时，阴差阳错获得了一个"七号"的名字，又由于该舰始终没有列入民国海军舰籍，直至被解放军发现时，仍然在使用"七号"这一临时舰名，以至于人民海军获得该舰后，也继续对其沿用了一段时间"海防七号"的舰名。至于日本书籍中出现的"满珠"舰在1946年被拆解的说法，极有可能是对该舰在1946年被中国正式接收一事的讹误记录。

死而复生

"满珠"舰，属于日本海军继第一种专门设计建造的海防舰"占守"型之后研发的海防舰"择捉"型。该型军舰是为了解决"占守"型构造上过于复

---

[1]《中国近代舰艇工业史料集》，上海人民出版社1994年版，第526页。

弃物重生——日降"海防七号"舰

杂,建造费工费料,无法满足太平洋战争爆发后海军对大批量、快速建造海防舰的急迫需求的问题,经过在"占守"型的设计基础上进行简化改造而成的量产型,自1943年3月至1944年2月,共建造了14艘之多,是太平洋战争时代日本海军的第一种量产海防舰。由于设计上和"占守"颇多相似,二型又都被笼统称作"甲"型海防舰。

同级14艘姊妹之中,"满珠"舰排列在第12号,该舰1943年11月30日在日本三井造船玉野工厂竣工,舰名沿袭了当时日本海军用岛屿名为海防舰命名的传统规范,取自马关海峡东侧海中的小岛——满珠岛的名字。日本海军此前在明治时代曾有过一艘命名为"满珠"的风帆训练舰,海防舰"满珠"则是其海军史上第二艘使用该舰名的军舰。[1]

"满珠"舰的标准排水量为870吨,公试时的排水量1020吨,舰体全长77.7米,水线长76.2米,宽9.1米,吃水3米,船型上是典型的长艏楼样式。"满珠"舰的动力选用了2座"舰本"式22号10型10缸柴油机,双轴驱动,功率4200马力,最大航速19.7节,舰上油柜容量207吨,续航力8000海里/16节。

外观上,"满珠"所属的"择捉"级大致还能看到"占守"级海防舰的影子,诸如长艏楼、双桅杆单烟囱等,只是将"占守"上很多复杂的设计全部

日本马关海峡东口海中共有两座岛屿,"满珠"和"干珠",海防舰"满珠"同样有一艘同型姊妹舰"干珠"

---

[1][日]片桐大自:《联合舰队军舰铭铭传》,[日]光人社1988年版,第555页。

简化，例如"占守"的舰首从侧面看是抗浪性能好的"S"形状，而"择捉"则干脆改成了一道前倾的直线条。"满珠"舰共装备3门"3年"式120毫米口径舰炮（分别位于军舰的首楼、尾部主甲板以及甲板室顶部末尾），2座25毫米口径双联高射炮（舰桥两侧），6座深水炸弹投射台（舰上携带36枚深水炸弹），配合这些武器的使用，舰上还装有"22"号电探、水中听信仪等电子设备。综合看起来，"满珠"舰看似对舰、防空、反潜面面俱到，但哪一方面的能力都不是特别强。

1943年11月30日，"满珠"竣工当天即编入日本海军舰籍，隶属第二海上护卫队，立即投入执行为运输船团护航的任务。1944年3月30日，该舰被编入联合舰队，负责为补给船队护航，主要往来于南洋地区。进入1945年后，面对美军强大的太平洋攻势，日本海军益发招架无力，当年1月31日"满珠"曾在越南金兰湾附近被盟军潜艇攻击，舰首受伤，侥幸没有沉没，先是拖曳到日本占领下的越南西贡进行了紧急修护，后又送入新加坡大船坞进行恢复性修理。此后，该舰重新回到海上，仍然执行护航任务。距被美军潜艇攻击几个月后的4月3日，该舰在护航途中经停香港时，在香港海域遭盟军飞机轰炸成重伤。原本遭潜艇攻击后勉强修复的舰首部分伤势格外严重，日本海军对该舰放弃修理，于5月3日将其销除舰籍。

二战结束，中国军政部接收人员在香港清点日降军舰时记录到了所看到的"满珠"舰状况。此时的"满珠"仍然处于待修理状态，一派凄凉之状，舰上的舰首等处均有破损，舰体因为在岸边闲置日久，霉烂陈旧，而原舰上装备的120毫米口径主炮均已拆除不见，取而代之的是三座多联高射炮而已，其中一座高射炮还被挪作了他用。这样的一艘破烂军舰，对抗战胜利时严重缺乏军舰的中国海军而言，其排水量1000吨的体量仍然颇具吸引力，1946年5月27日，"满珠"以"七号"海防巡舰的新名被中国海军正式接收，随即经用水泥对事关舰体水密的一些破损处进行修补后拖航离开香港，送入了位于广州的黄埔海军造船所设法修理。

据1946年末接任黄埔海军造船所所长的张钰回忆称，当时的黄埔造船所局面极小，"黄埔造船所不仅是一个烂摊子，而且是一个小烂摊子，所长、副所长之下仅有三股二室，即总务股、工务股、会计股和工程师室、医务室等，定编人员只有职员十余人，工人三十余人"。以这样的修理基础来医治重伤的

弃物重生——日降"海防七号"舰

"七号"舰几乎不具有可能性,而随着大量英美援助军舰的到来,民国海军对大费周章去修理日本破烂军舰渐失兴趣。1947年末,所长张钰目睹当时物价飞涨下职工生活无以为继、造船所业务无以为继的痛苦局面,未经上报海军总司令部,干脆作出了将承担修理的"七号"舰当作废舰变卖出售的主张,与同在黄埔造船所维修的日制运输船"晓虎丸"共变卖了20余万元港币,所得款项一部分用于支付职工薪

在海上执行护渔任务的人民海军"长白"舰,其前身和"海防七"同属日本"择捉"型海防舰

水,一部分则用来扩大造船所设施规模。不过事有蹊跷的是,"七号"舰虽然出售,但仍长时间滞留在黄埔造船所内,直至广州解放。

人民解放军解放广州后,黄埔造船所被接收,更名为广东军区江防部队黄埔造船所,原所长、已经于1949年逃港加入中共地下党的张钰仍被派回担任所长。可能正是这样的原因,"满珠"在民国海军时代所用的"海防七号"舰名才得以被人民海军所了解。1950年广东军区江防部队升格为中南军区海军后,在加强中南军区海军建设的大背景下,不仅黄埔造船所得到进一步的扩建,在黄埔造船所内闲置待修的"七号"舰也引起了人民海军的浓厚兴趣。

1952年海军舰船修造部派出人员专门赴广州实地察看了"七号"舰的伤情,认为该舰虽然损伤严重,但是仍然具备修复的条件,遂制定修理计划,决定将这艘千吨级的大舰修复。转年的9月,首先将"七号"舰装备的2座日本"舰本"式10缸柴油主机从舰体内拆出,运往上海江南厂进行大修,维护保养至可以使用的程度,经试机发现主机工作情况良好,由此坚定了修复该舰的信心。鉴于当时黄埔造船所缺乏修理大型舰船的能力,1954年4月13日,江南造船厂调拨人员、设备,在黄埔修造船厂老厂区(中南军区黄埔造船所于1951年开辟新厂区成立修船厂,1953年6月更名中国人民解放军黄埔修造船厂)设立的江南厂广州工地开始正式对"海防七"实施大修。[1]

人民海军组织的对"海防七"的大修办法,是将该舰送入黄埔船厂的干船坞进行测绘,了解伤情,而后制定修复设计方案。具体担任修复工程总设计师的是民国时代曾任海军江南造船所造船课长的徐振骐,当时任海军舰船修造部造船处设计室主任。可能是借鉴了江南造船所此前修理维护人民海军序列中的一艘与"满珠"同型的"择捉"级海防舰"隐岐"(即"长白"舰)的经验和资料,以至于修理完工后的"海防七号"与"长白"号外观惊人相似。

从"海防七"到"南宁"

"海防七号"修理时,广州工地主要负责舰体修理与总装等工程,上层建筑的制造则在上海江南造船厂本厂完成后再运输到广州拼装。整个修理工程于1955年4月完成,自1945年4月在香港被炸成重伤约10年后,"海防七"又死而复生。

修理完工后的"海防七"外观上除舰体尚保留着日本"择捉"级海防舰的轮廓特征外,整个上层建筑,尤其是舰桥部分已经焕然一新,舰内设施更是做了彻底的重换更新。修复中,"海防七"的武器全部重配,主炮选用了3门苏式100毫米口径舰炮,安装位置仍然是首楼甲板、舰尾主甲板以及甲板室顶部甲板上。其中安装于甲板室顶部甲板上的100毫米主炮的安装位置较日本时代更接近于甲板室的末尾,几乎就在后主炮的后上方。考虑到防范这门炮射击时炮口冲击波影响到下方的后主炮,在甲板室顶部炮位附近增加了向外伸出的上跃式甲板设计,其结构与民国海军时代江南造船所设计建造的"逸仙"号轻巡洋舰上的相应部位惟妙惟肖。除3门主炮外,"海防七"上还安装了3门苏式37毫米口径高射炮,其中1门安装于驾驶室前方的舰桥甲板上,另两门则安装于烟囱之后的甲板室顶部。总体上,火力较之日本海军时代有了很大的提升。

改造之后"海防七"的主尺度等数据略有变动,其排水量增加至1050吨,舰长78.3米,最大宽9.1米,吃水5.6米,在以小军舰为主的中南军区海军中,

---

[1] 中国舰艇工业史资料丛书《舰艇修理史料集》,上海人民出版社1993年版,第9、42页。

弃物重生——日降"海防七号"舰

编入南海舰队后，涂刷着"3-172"舷号的"南宁"舰

"海防七"已属鹤立鸡群的巨舰。得知该舰修复，时任海军司令员萧劲光曾评价"南海有旗舰了"。

1955年，修复后焕然一新的"海防七"正式交付中南军区海军，编列在第1舰艇大队，舷号"3-172"，舰名经重新命名为"南宁"号。1955年8月6日中南军区海军改为人民解放军海军南海舰队，所辖第1舰艇大队改为中国人民解放军混合舰1支队，"南宁"舰继续保持着南海舰队一号主力舰的地位。

1957年，南海舰队组织进行首次编队远航训练。作为当时舰队中体型大、续航力强的主力舰，"南宁"舰是当次活动的明星舰，为保证圆满执行该次任务，还专门在1956年进入黄埔修造船厂进行了大修保养。从1957年8月12日开始，南海舰队远航训练分为3个航渡阶段，历时26天，共计883海里航程进行，"南宁"舰作为编队指挥舰参加了全程。在日本海军史研究者已经在纸上撰写回顾海防舰的如烟往事时，当"满珠"舰已经在日本被刻上了"殉国"海防舰纪念碑时，日本人可能没有料到曾经的"满珠"正充当着大将率领舰队在碧波万顷的南海海上威风八面。

南海舰队1956年远航训练过程

8月12～13日。黄埔航向湛江，航程284海里，航渡中演练4个科目，到湛江后演练对空实弹射击。

8月26～29日。湛江经清澜航向榆林，航程254海里，航渡中演练8个科目，抵达榆林后参加基地护航实兵演习。

9月5～7日。榆林经琼西海道返回湛江，航程345海里，航渡中演练5个科目。

在"海防七"/"南宁"的率领下，人民海军舰船编队第一次进入了难忘的深蓝海域。继远航训练累积经验之后，1959年针对南越海军在中国西沙海域拦截渔船等挑衅举动，中央军委命令海军组织舰艇执行西沙巡逻，具体任务则落实给南海舰队。1959年3月17日，由时任南海舰队榆林基地政委袁意奋、副司令员王发明率领，南海舰队编组的西沙巡逻编队从榆林启航，开始了新中国成立后人民海军对西沙海域的首次编队巡逻。不出意料的是，南海舰队的主力舰"南宁"被挑选入列，和"泸州"号猎潜艇组合，圆满完成了巡逻使命，于21日返回榆林。

此后，南海舰队又接连组织了对西沙的巡逻，总计1959年共进行了16次西沙巡逻行动。其中4月9日第4次巡逻时，"南宁"舰率领的编队不仅到达了西沙的永兴岛，还直奔当时被南越强占的永乐群岛，实施近距离的威慑性侦察，是为人民海军军旗首次在这片海域飘扬。[1]

频繁出现于南海舰队各种训练、任务中的"南宁"号是那个时代南海上最为夺目的中国军舰，不过在亮光闪闪的表面之下，这艘遭受过重创的日本海军在二战时代的急造舰，其舰况并不乐观，几乎每年都要多次进入船厂实施维修。

1961年，"南宁"舰换用"230"新舷号，不久之后的1963年，中国派出大规模体育代表团前往印尼雅加达参加第一届新生力量运动会，"南宁"作为指挥舰担当了代表团所乘商船的沿途护航任务。1965年，印尼发生大规模恶性

---

[1]《海军·回忆史料》，解放军出版社1999年版，第421—429页。

排华事件,"南宁"舰又被派前往参加撤侨的护航。在又经历了这一连串登场亮相的活动后,一直被努力维持着生命力的"南宁"终于在1968年病倒。当年该舰发生了极为严重的海损事故,出现了舰体受损,机舱进水的严重伤情。

自1968年海损受伤经抢修修复后,"南宁"舰在大海上的出镜率便慢慢减少,不过这艘仿佛注定了拥有着强大生命力的军舰又在另外一个场合留下了自己的身影。1974年,中越西沙海战爆发,之后八一电影制片厂就此事件改编拍摄了故事影片《南海风云》。在西沙地区拍摄时,剧中为了再现人民海军以小艇打大舰的传奇战斗,作为南海舰队体量最大的军舰,"南宁"被选中,扮演了西沙海战中的南越海军"10"号舰,在大银幕上永久地留下了自己的身影。继八一电影制片厂之后,北京电影制片厂投拍西沙题材的故事影片《西沙儿女》,对当演员似乎驾轻就熟的"南宁"再度出镜,因为体量大的缘故,还是扮演的反面角色。

从20世纪70年代开始,中国自造的"65"型护卫舰开始装备南海舰队,1974年6月南海舰队又迎来首艘"051"型驱逐舰,"海防七"/"南宁"号在南海方向上的重要性几乎完全消失,这位身世传奇的老兵到了最后离去的时刻。值得一提的是,在"南宁"舰已经注定会很快离去的时刻,1975年人民海军护卫舰部队更用5字头代码的新舷号时,竟将排列在最前的"500"号授予了老"南宁"舰。

1979年,历经"满珠""海防七"再到"南宁"的这艘原日降海防舰从人民海军队伍中离去。同年3月23日,南海舰队接收第2艘"051"型驱逐舰,将其命名为"南宁"号,延续了老"南宁"在南海舰队的传奇。2012年,带着一身功勋的驱逐舰"南宁"也变成了老"南宁",光荣退出现役。"南宁"舰这一舰名从人民海军序列中暂时离去。

越海来风

——"丹阳"号驱逐舰

1945年4月7日清晨,一支鬼影幢幢的舰队从日本九州海岸南端的大隅海峡悄悄通过,向西驶入东海,准备以这样的伴动来迷惑敌手,而后迅速转向其真正的目标——南方,去进攻聚集在冲绳海域的美军舰船。与队伍中的主力舰"大和"那海上浮城般的庞然身姿显得极不相称的是,相伴"大和"这个巨人出击的只是一些小矮人般的轻巡洋舰和驱逐舰,太平洋战争末期日本海军山穷水尽的窘状已再难掩饰。当天这支舰队的踪迹很快被美国海军航空兵捕捉到,随之而来的是美军雷霆万钧的空中攻势打击,"大和"等舰相继葬身海底,只有寥寥几艘日本军舰得以侥幸退场。而其中就包括了日本海军在太平洋战争中的幸运舰——屡经恶战而不死的驱逐舰"雪风"号。只是这一次的全身而退后,"雪风"已无东山再起的机会,等待着她的是一条为日本海军乃至日本所发动的侵略战争赎罪的道路。

日本赔偿舰

1945年8月15日,日本政府宣布接受《波茨坦公告》,向中、美、英、苏四大同盟国无条件投降,第二次世界大战正式落幕。近代伴随着日本对外扩张侵略的国策而崛起的日本海军,在军国主义日本彻底失败的一刻,早已是实力荡尽,不复昔日趾高气扬的模样。盟国在对曾发动侵略战争的战败国日本的惩处行动中,处置作为日本侵略工具重要组成部分的海军是其中的重要一项。日本战败时，其残存舰只分别处在本土和海外两大区域内，根据盟军总部的安排，位于海外的日本海军舰只主要由各相关的同盟国就地受降接管，而处在日本本土的残存舰只则主要采用了分类处置的办法。

1947年6月28日在东京盟军总部举行的日本赔偿舰分配仪式现场，左侧站立演讲者是美国海军中将葛里芬，在其后方主席台上就座的是中、美、英、苏四国海军代表，右侧第一位是中国海军代表马德建

首先，战争中被日本海军掳掠的同盟国海军军舰中仍然健在的舰只，由盟军勒令日本海军加以修缮后物归原主，包括中国海军的"逸仙"号在内的一批原被俘的同盟国军舰就此得以脱离樊笼，重新返回祖国。其次，对包括了潜艇、特攻兵器在内的进攻性舰艇进行摧毁处理。剩下的舰艇中，以排水量相对较大的一批（约150艘）拆除武备，加装生活设施，改造为特别输送舰，由盟军供给燃料，原日本海军舰员驾驶，暂时负责将海外地区的日本军政人员乃至侨民运回日本本土。包括特设驱潜艇、特设扫海艇在内的吨位相对较小的舰艇，则被大量投用于日本沿海的扫雷作业中。

日本海军的特别输送舰从海外撤运人员的活动进行到1947年初大致结束，此后特别输送舰中原为驱逐舰及以下级别的舰艇（原为驱逐舰以上级别的航母、巡洋舰等特别输送舰后多被解体处理）被系留封存在日本本土的一些主要军港，和部分完成了扫雷作业任务的扫雷舰艇一起改称为特别保管舰（Laid-up Reserve Ships），默默等待最后的命运，其总数约为232艘。[1]而用于扫雷的小舰艇，则成为日本海上保安厅乃至后来的日本海上自卫队的早期舰船装备。

早在日本战败之时，当时的中国国民政府即希望能够接收所有残留的日本军舰，以作为日本对发动对华侵略战争的赔偿，1945年10月11日，国民政府军令部经外交部向美国等盟国就此协商。旋后，美国决定改由中、美、英、苏四国共同分配日本残留军舰，作为日本发动侵略战争给盟国军队所造成的损

---

〔1〕［日］福井静夫：《终战と帝国舰艇》，［日］出版协同社1961年版，第100页。

失的先期补偿。未久，美国又做出了拆毁日本战斗性军舰，以及将其他日本军舰改造为特别输送舰的决策，有关分配日本海军残留军舰一事即被搁置。等到1947年1月，鉴于日本从海外撤运军队和侨民的工作已告一段落，中国国民政府经驻美公使顾维钧向美国政府提起请求，最终推动了日本残留军舰的分配。[1]

1947年初，盟军总部向日本第二复员省（原日本海军省）下令，要求其就特别保管舰进行修理、整备，预备一批舰况较好的军舰（在接到盟军赔偿命令后20天内可以完成出航准备），停泊到横须贺、佐世保、舞鹤三个港口，等待赔偿指令。在当时各同盟国纷纷向日本提出索要战争赔偿的大背景下，盟军总部的这一安排可谓正好迎合各盟国的诉求。但是此事从酝酿之初到最后实施，都在以美军为主导的盟军总部的一手操持下运行，也不免让同盟国内部的一些国家产生盟总过于独断专行的怨言。

至1947年4月，驻日美国远东海军司令部正式向中、英、苏盟国通报日本赔偿舰的相关安排，即已经命令日本将舰况较好的特别保管舰赔偿给盟国，最后初步选定了92艘。为免各国产生疑虑，盟军总部还特别声明，这批赔偿舰不会计算到日本对各国的战争赔偿中，只是作为解除日本武装的一种特殊手段。另外，因为战后日本军队大量复员，难以募集足够的船员一次将如此之多的舰艇全部驾驶到各国港口赔偿，于是美军拟定了用一套日本船员分先后四次将92艘军舰驾驶到受偿国指定港口的模式。又由于92艘军舰存在着型号复杂，大小不一的特点，为显示公平起见，美军将每次的赔偿舰都先均分成四份，再由中、美、英、苏四国派出的海军人员到东京，以抽签的方式来随机抽取决定各自获得哪一份。

在当时，对于海军实力较强的美、英两国而言，型号杂乱、没有武装，且等级都是驱逐舰及以下级别的日本特别保管舰，只相当于是一堆鸡肋般的破铜烂铁，充其量不过是象征性的赔偿而已，并没有什么将其重新武装成军的使用价值和必要性。而海军力量在第二次世界大战中损失严重的苏联和中国，却将这次日本赔偿军舰一事看得十分重要，不仅仅将其视为战胜国的荣誉，同时还认为这些日本赔偿舰可以用来加强自身的海军，是极为难得的机会。

---

[1]《海军舰队发展史》（一），（台湾地区防卫部门）"史政编译局"2001年版，第282—283页。

在得到由美军远东海军司令部传来的通报后，中国国民政府海军总司令部派出海军技术专家马德建轮机上校作为参加分配日本赔偿舰的中方代表，海军上校姚玙为随员，共同赴日。又派中国驻日代表团的海军武官钟汉波海军少校以及刘光平海军上尉等在日本的海军军官协同处理此事。

中国海军代表马德建在第一批日本赔偿舰分配仪式上抽签

盟国分配第一批日本赔偿舰的会议于1947年6月28日上午10时30分（一说为上午9时开始）在日本东京第一生命大厦盟军总部的六楼礼堂举行。当天参加会议的除了各盟国代表外，还有一批外界观礼者，其中尤以在日本的中国各界人士居多，虽然仅仅是盟军总部的一个小型会议，但与会的中国人个个显得兴高采烈，将这次会议看作中国在国际上又一次扬眉吐气的快事，同时还默默祝祷着中国海军能够获得日本赔偿舰中最具实力的军舰。通过此事也足见当时日本赔偿军舰在近代以来饱受日本欺凌的中国社会所引起的巨大关注。

当天的会议首先由盟军代表美国海军中将葛里芬（Robert Griffin）致辞，随后的抽签活动分作两轮进行，首先由四国代表抽取正式抽签决定赔偿军舰时的抽签次序，中国代表马德建抽得了第二号，即第二个上台正式抽选赔偿军舰。第二轮正式抽取开始后，马德建又抽得的是第二号，即抽得了日本第一批赔偿舰中的第二组。[1]

恍若是天意注定要给近代以来承受了日本侵略巨大伤害的中国以厚偿，虽然第一批的各组赔偿舰都是3艘驱逐舰和5艘海防舰组成，但中国所抽到的第二组赔偿舰恰恰是当批日本赔偿舰中相对实力最为雄厚的一组，其中包括有驱逐舰"雪风""初梅""枫"和海防舰"四阪""14"号、"67"号、"194"号、"215"号，总排水量超过了一万吨，也是当批日本赔偿舰中总排水量最大的

---

[1]《海军舰队发展史》（一），（台湾地区防卫部门）"史政编译局"2001年版，第284—285页。

一组。尤显特别的是，在中国抽得的这8艘日本赔偿舰中的"雪风"号不仅单舰吨位大，而且还是日本海军中曾经著名的明星舰。[1]

舰队决战型驱逐舰

"雪风"号在日本海军中的知名度，既源自其如同不死鸟般的军旅生涯，同时还因为该舰是日本海军在太平洋战争爆发时最具战力的驱逐舰之一。

1936年末，《伦敦海军条约》到期自动失效，日本海军彻底甩去了套在其发展之路上的枷锁，从此得以能够完全根据自我的意愿设计、建造军舰，而不用顾忌以往的条约限制。为了执行野心勃勃的扩张侵略国策预作战力储备，日

建成后公试时的"阳炎"级驱逐舰"雪风"号。此时该舰尚未分配编制，因而只在舰体中部舷侧涂刷了舰名的拼写，尚未在舰首两舷涂刷所属驱逐队的编号

---

[1]《申报》1947年6月29日，第一张。关于抽签获取日本赔偿舰一事，当事人钟汉波在多年后的回忆中错误地称当次中国就抽签确定了所有应获赔偿舰，实际上赔偿舰是分次抽签决定。此外钟汉波还错将第一批日本赔偿舰的抽签活动日期写成1947年6月18日，实际应为6月28日。钟汉波的相关回忆见：《驻外武官的使命——一位海军军官的回忆》，（中国台湾）麦田出版1998年版，第78—80页。而关于中国抽得的第一批日本赔偿舰份额，当时包括《中国海军》在内的很多中国官方媒体均报道为当批4组日舰中的第3组，而事实上中国抽得的是当批的第2组赔偿舰。《中国海军》的相关报道见该刊1947年第4—5期合刊，第14页。日本赔偿舰的具体分组区划，见［日］福井静夫：《終戦と帝国艦艇》，［日］出版協同社1961年版，第183页。

本海军专门制定了从1937年开始的大规模造舰计划——"第三次补充计画"，"雪风"号所属的"阳炎"级驱逐舰就是在这一大的背景下诞生。由于《伦敦海军条约》中对签约各国所拥有的驱逐舰的总规模等限制不复存在，"阳炎"级也就成了大正时代以后日本海军发展的第一级不用考虑国际条约约束的一等驱逐舰（日本海军自大正时代后对驱逐舰分为三等，排水量超过1000吨的为一等，1000吨以下、600吨以上的为二等，600吨以下的为三等），属于第三次补充计画中发展驱逐舰的部分。

"阳炎"级的名字得名自首舰"阳炎"号，取自天气名词，其意为热雾或热霾，即空气局部遇热后，因为光线折射变化的缘故所出现的局部如同闪烁的雾一般的景象，夏季在烈日炙烤下的公路上，非常容易见到远方路面上这种蒸腾而起的热雾现象。

名字里带着滚滚热浪的"阳炎"级军舰，舰如其名，后来也被证明是日本海军史上一级炙手可热的成熟型驱逐舰。其总体设计是在此前的"朝潮"级驱逐舰的基础上展开。由于"阳炎"和"朝潮"有很多设计相似之处，且都属于日本海军所提出的所谓舰队决战型驱逐舰，二级在日本海军又并称甲型驱逐舰。和"朝潮"级在设计上吸取此前第四舰队事件和"友鹤"号事件的教训，着重加强军舰的稳性和结构强度的做法一样，"阳炎"级继续在此方面加以重视，同时根据军令部提出的航速36节，续航力5000海里/18节的指标要求，在"朝潮"的设计基础上力争做出改良。[1]

"阳炎"级的标准排水量为2000吨，全长118.5米，宽10.8米，吃水3.8米，舰体极为瘦长，主机选用2座舰本式透平蒸汽机（并列安装），配套装备3座"ロ"号舰本式重油专烧锅炉（炉膛最高温度350摄氏度，压力30千克/平方厘米）。由于"阳炎"级舰体的宽度较窄，3座锅炉采取了沿舰体方向纵向依次安装的布置，"阳炎"级为双轴双桨推进，功率52000马力，航速35节，续航力达到5000海里/18节，大大超过了"朝潮"级的3500海里/18节，能够满足当时军令部策划中的从日本本土直航菲律宾进行作战的需求。因为舰上的电器装备加多，电力载荷加大，"阳炎"级装备了3座发电机，位于主机舱后方的辅机舱，总容量为290千伏安。[2]

---

[1][日]福井静夫：《日本の军舰》，[日]出版协同社1956年版，第139—140页。
[2]《世界の舰船》增刊第34集，[日]海人社1992年版，第108页。

"阳炎"级的舰体设计沿袭了自"吹雪"级以来日本海军驱逐舰所用的长首楼船型,舰首形状采用十分优美,且具有良好破浪效果的"S"形。舰上的上层建筑主要分布在三处,一是设在首楼甲板顶部末尾的舰桥建筑,以及紧挨在舰桥之后设立的三脚桅结构的前桅杆。其次是在首楼之后的主甲板上一前一后分布着的两座烟囱,前部烟囱因为连接着下方舰体内两座锅炉的烟道,其体量明显大于后方只连接一座锅炉烟道的烟囱。第三处主要的上层建筑位于主甲板的中后部,设有一座小型甲板室,甲板室上建有一座三脚桅结构的小型后桅杆。比较特别的是,因为考虑到为甲板室前方的鱼雷发射管留出储存备用鱼雷的鱼雷收纳库的安装空间,甲板室偏在右舷,安装在其上的后桅杆也就并不处在军舰的纵向中轴线上,出现了前后桅杆不在一条纵线上的奇景。

依托在这三处上层建筑附近,布置了"阳炎"级的主要武备。

"阳炎"级军舰配备3座"3年"式C型127毫米口径双联装舰炮。该型火炮为50倍径,初速910米/秒,最大俯仰角度+55度至-7度,旋回速度4度/秒,俯仰速度6度/秒,最大射程18400米。3座火炮中的1号炮安装在首楼顶部甲板的中前部充当前主炮,2号炮设在主甲板中后部的甲板室顶部末尾,在甲板室后方

在船坞中抢修的"阳炎"级驱逐舰"不知火"号。照片所摄是该舰的中部甲板,可以看到在第二座烟囱后方的2号4联装鱼雷发射管,以及位于鱼雷管后方甲板室左侧的鱼雷收纳库

的主甲板上则装备3号炮。该型火炮的仰角相对较大，除了正常的对舰、对岸外，还具有程度有限的对空射击能力，是"阳炎"级军舰上防空火力的来源之一。不过，"3年"式双联舰炮的供弹为人力装填，速度较慢，就需要高速射击的对空作战而言，其瓶颈局限十分明显。

配合主炮，"阳炎"级装备有2座"96式"25毫米口径双联装高射炮，左、右并列安装在依托后烟囱修建的武器平台上，承担舰上中部的防空任务，也是舰上真正的高射防空武器。

作为舰队决战型驱逐舰，根据日本海军的理念，这种驱逐舰应当具备高航速和强大的鱼雷攻击能力，能够组成编队对敌主力舰，甚至主力舰群实施鱼雷齐射攻击。在这种思想影响下，"阳炎"级和"朝潮"级一样，都被赋予了极具威力的鱼雷兵器，舰上安装2座带有控制室、可以360度转向的"92"式4联装610毫米口径鱼雷发射管，可发射威力巨大的"93"式氧气鱼雷，其1号4联装鱼雷发射管位于前后烟囱之间的主甲板上，第2号则安装在后烟囱的后方。考虑到鱼雷攻击将是"阳炎"级的重要作战手段，和此前的日本一等驱逐舰一样，"阳炎"级也配备了鱼雷再装填设施，除2座4联装鱼雷管中自身装填存储的8枚鱼雷外，在1号鱼雷管前部、位于前烟囱两侧的主甲板上各设有1座可容纳2枚鱼雷的小型鱼雷库，作为1号鱼雷管的备雷，2号鱼雷管的备雷库则在其后方主甲板上甲板室的左侧，备有4枚鱼雷，总计"阳炎"级上同时可储备16枚鱼雷。

此外，"阳炎"级驱逐舰上还装备有反潜兵器，全部集中安装在军舰主甲板的后部。计有用于抛射深水炸弹的"94"式爆雷投射机1座，即"Y"炮，安装在军舰后部3号舰炮后方的主甲板中部，可以向两舷外抛投深水炸弹。紧邻着投射机安装有1座爆雷装填台，用于存储备用的深弹。在"阳炎"级的舰尾两舷，另外还分别布置了3座简易的爆雷投下台，总计舰上可搭载18至36枚深水炸弹，具有一定的反潜战力。在深弹装置的附近，"阳炎"级军舰上还搭载有2具外形如同小飞机般的破雷卫，用于破扫水雷。[1]

与各类武器相配套，"阳炎"级军舰上还装备有火控等指挥、控制装备。在"阳炎"级的舰桥上，舰桥顶端装备带有3米测距仪的"94"式方位盘，用于为127毫米舰炮进行火控。在外形如同小碉堡般的"94"式方位盘前方，

---

[1]《世界の舰船》增刊第34集，[日]海人社1992年版，第108页。

"不知火"舰的舰尾甲板，后主炮旁站立的人员右侧可以看到蒙着帆布的爆雷投射机，舰尾破雷卫的后方舷边还可以看到3个爆雷投下台

装备1部66毫米测距仪，在舰桥的内部不仅有火炮发射指挥盘，舰上的鱼雷发射指挥盘也设在其中。之后在军舰后烟囱的后方，设有1座上端为圆环形的"91"式方位盘测定机，附近另有1座90厘米口径的探照灯，可用于配合鱼雷兵器进行夜战时使用，另在军舰后部甲板室上安装有1座"14"式2米测距仪，用于配合鱼雷兵器的作战使用。除这些以外，"阳炎"级配合反潜兵器的使用，还装备有类似声呐设备的"93"式探信仪、听音机。[1]

综合"阳炎"级的各项设计指标来看，这级军舰有别于执行防空、反潜等辅助任务的护航驱逐舰，战斗力十分突出，属于秉持进攻至上理念的小军舰。仅就此点而言，其设计颇为成功，被日本海军史研究界评价为"真正摆脱了条约的限制，吸取了大正时代以来日本海军血汗经验的代表性驱逐舰"。自在舞鹤工厂开工的首舰"阳炎"之后，同级一共建造有18艘之多，是太平洋战争爆发初期，日本海军的主力型驱逐舰，也是日本海军中一个成员数量相当庞大的驱逐舰族群。

---

[1]《海军》第9卷，（日本）诚文图书1981年版，第162—169页。[日]森恒英：《日本の駆逐艦》，[日]グラソプリ1995年版。《日本の駆逐艦》，[日]潮书房光人社2012年版。

吴之雪风

和首舰"阳炎"令人顿感灼热的名字不同,作为"阳炎"级的8号舰,"雪风"所得到的是一个寒意袭人的名字。其命名根据日本海军的舰名规范,取自气象名词,意为夹着雪花的寒风,颇有些凄美之意,相当符合日本民族的审美情趣。在后来"雪风"舰下水的纪念明

"雪风"舰下水纪念明信片,画面上"雪风"航行在雪花飞舞的大海上,对其舰名所指的意境表达得十分直接

信片上,对这种意境就有十分直接的表达。那是在寒冷的大海上,银装素裹的"雪风"迎着扑面而来的漫天飞雪。

"雪风"号在日本挑起全面侵华战争后的1937年8月2日开工,由日本海军佐世保工厂建造,1939年1月24日定名,同年的3月24日顺利下水,而后经过舾装工程,在太平洋战争爆发前夕的1940年1月20日全部竣工。其舰籍没有就近落户在九州的军港重镇佐世保镇守府,而是远嫁到了位于濑户内海之滨的吴镇守府,因而后来在日本海军又有"吴の雪风"之雅号,其编制则隶属至第16驱逐队,和同级的姊妹舰"黑潮""初风"共为一队。此后"雪风"的舷外标识依照日本海军的规定,在其舰首舷侧涂饰标志16驱逐队的阿拉伯数字"16",舰体中部两舷侧面则涂饰着"雪风"舰名的日文片假名全拼文字"ゼカキユ"。

入役未久,第16驱逐队所编军舰进行了一番调整,改为"雪风"和同属"阳炎"级的"时津风""天津风""初风"组队,以"雪风"作为驱逐队的旗舰。其后按照日本海军将多个驱逐队编组成水雷战队,由1艘轻巡洋舰担任战队旗舰的编制模式,第16驱逐队被统编在日本海军第二舰队的第二水雷战队旗下。

航试时的"雪风"号。这幅照片的原照原本悬挂在"雪风"舰的军官会议室内,日本战败时照片被焚毁,图中所见是照片被毁前的翻拍照

1941年11月26日,"雪风"与第16驱逐队军舰迎着凛冽的寒风驶离吴港去执行一项秘密使命,而这也是其战斗生涯的开始。作为日本挑起太平洋战争的重要一环,"雪风"所在的第16驱逐队被派与第24驱逐队共同组成第四急袭队,向千里之外南太平洋上的帕劳群岛出发。降生之时就被赋予了远程奔袭能力的"雪风"和同队的其他"阳炎"级驱逐舰的首次远航竟然就是侵略战争。

同年的12月8日,日本海军成功偷袭美国海军基地珍珠港,挑起了太平洋战争。先期已于12月2日运动到帕劳群岛待命的第四急袭队立即出发,奔向其真正的目标菲律宾,掩护运输船队实施登陆作战,侵略菲律宾。"雪风"的身影就此在南太平洋地区急速活跃起来,随着日军侵略菲律宾的战役日渐成功,"雪风"和第16驱逐队军舰又投入到日军侵占荷属东印度群岛的作战中,至1942年4月被召返回本土。"雪风"在南太平洋地区虽然经历数次战斗,但是既未遭到重大损伤,也无明显战绩。不过,日本海军中一个有关"雪风"是幸运舰的传奇就在这一时期萌芽。1941年12月27日,"雪风"在棉兰老岛的达沃港停泊修理时,因为舰长临时起意的调整泊位命令,竟使"雪风"如奇迹般的躲过了稍后美军飞机的大规模空袭。

在母港吴稍事休整后,"雪风"与第16驱逐队参与到了日本海军在太平

洋战争中分水岭式的战役——中途岛海战中。海战时，"雪风"所在的第16驱逐队列在攻略部队，负责护卫运输船队，虽然没有直接参与战斗，但亲历见证了日本海军的惨败。在太平洋中部失去优势后，日本大本营转而下令实施以攻为守的第二段作战计划，来预防中途岛战役失败后太平洋战线出现退潮般的崩塌。即将战斗重点转移到南太平洋方向，控制包括所罗门群岛在内的一系列南太平洋岛群，切断美国对南太平洋地区的澳大利亚等反法西斯阵营国家的交通联络。此后，围绕所罗门群岛中直接威胁着美国至澳大利亚航路的瓜达卡纳尔岛，美、日海军展开了如同血肉磨坊式的争夺、绞杀。

"雪风"号与第16驱逐队在瓜岛战役爆发后的1942年9月被派南下，此后在瓜岛一带海域，"雪风"相继参加了圣克鲁斯海战、第三次所罗门海战等战况异常激烈、残酷的海战。虽然同队参战的军舰多有损失，但"雪风"居然奇迹般的一次次全身而退。日军在消耗巨大的瓜岛战役最终告败后，太平洋战场上的战力天平发生明显偏转，美军在太平洋战争中转入了全面的反攻。"雪风"舰此后又相继参加了日方损失惨重的俾斯麦海海战、战况激烈的科隆班加拉海战等战斗，均全身而退，在1943年9月返回了母港吴港。

此时面临太平洋战场上美军压倒性的空中优势，日本海军战前所期待的以大炮、鱼雷决胜负的舰队决战式作战模式已经越来越不切实际。以战斗至上主义建造的"雪风"也被迫放下身段，开始直面现实的防空问题，就在1943年9月回到母港时，"雪风"进行了一次大程度的改造。

"雪风"舰的这次改造，着重点在于加强防空武备。其最主要的一点是将原安装在主甲板后部甲板室上的2号主炮炮塔整体拆除，取而代之的是在原处改建了一前一后两座高射炮位，安装两门"96"式25毫米口径3联装高射炮。另外在舰首舰桥底部前方，也增设了一个高射炮位，安装1门25毫米口径3联装高射炮，而原先安装在后烟囱附近的两门双联装25毫米口径高射炮则都改换成了威力更大的3联装的型号。

就在当年年末，"雪风"又进行了其建成后的第三次大改造，重点仍然在于加强防空火力，除舰上原有的25毫米口径高射炮外，又添装了多达14门"96"式单管25毫米口径高射炮。其具体位置分别为：舰桥两侧的主甲板上各两门、后烟囱两侧主甲板上各1门、2号鱼雷发射管两侧主甲板上各1门、尾楼两侧主甲板上各两门、舰尾原破雷卫安装处各1门。

191

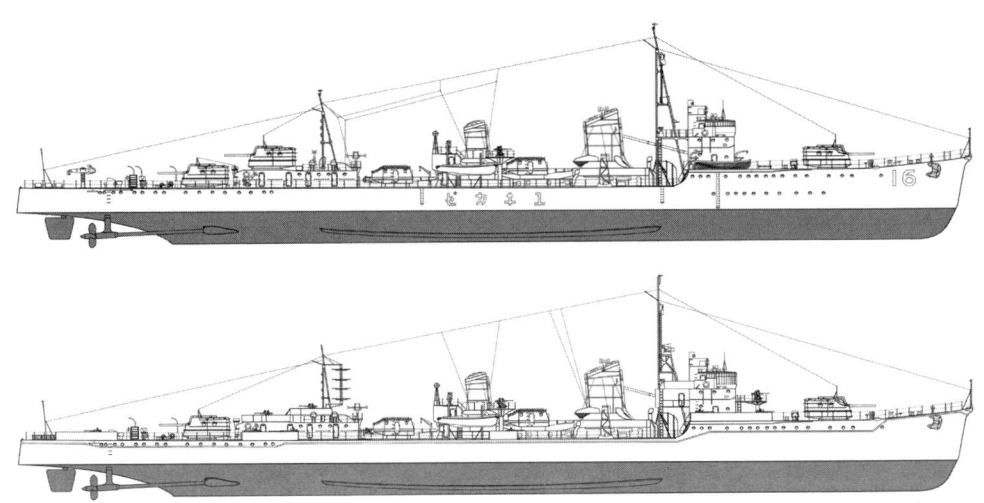

"雪风"舰线图。上为隶属第16驱逐队之初的状态,下图则是经历了1943年大改造后的状态

在这次改造中,"雪风"舰还做了另一项重点改造,那就是加装电探设备,即雷达。其中原三脚桅结构的前桅杆被改造成下部三脚桅式、上部棒式桅,经改造后下部三脚桅结构顶部形成了一个小型平台,在此安装了对海侦搜用的"22"号电波探信仪,后桅杆上则安装对空侦搜用的"13"号电波探信仪。

经过在1943年里的两度改造,"雪风"转身成为一艘格外强化防空能力的驱逐舰,从最初设计时的突击兵力,转变为了一艘担负构建舰队防空力量的防卫性军舰,此后又相继参加了马里亚纳海战、莱特湾海战。在舰载航空兵战斗成为海战主要样式的时代,面对美军强大的舰载航空兵力,"雪风"一类的防空驱逐舰仅仅只有勉强的招架之力,不过"雪风"一次次从残酷的战场全身而退的幸运继续延续,成为太平洋战争中后期损失日益加大的日本海军中,难得的可以聊以自我慰藉的谈资。

随着美军突破日本的所谓绝对国防圈,一步步逼近日本本土,大势已去的日本海军于1945年在冲绳海域发动了最后的疯狂出击,最终曾经是日本海军的象征的战舰"大和"被美军战机击沉。而伴随出击的"雪风"则又一次从恶战中全身而退,此后偃旗息鼓直至日本宣告无条件投降。这时点数起来,当初的"阳炎"级18姊妹中仅有"雪风"一艘仍然还存活着,这艘历经诸多战役,曾经的战友们或伤或沉的军舰,以其谜一样的幸运被视为生命力顽强的祥瑞舰。

而在后世的解读中也有另外一个角度的声音,认为"雪风"所具备的其实是一种"的卢伤主"式的黑色运气。

日本战败后,"雪风"和很多残存的日本军舰一样,被拆去了全部的武装,改成特别输送舰,舰上原1号、2号4联装鱼雷管的安装位置上,改建成了钢木结构

改为特别输送舰的"雪风"(右),照片上可以清楚地看到在首楼甲板上临时修建的用于人员住宿的"船室"

的临时"船室",用于搭乘从海外撤运回国的日本军队,此外主甲板上还增设了诸如厕所、厨房等设施。

变成特别保管舰的"雪风",舰上原特别输送舰时代临时设置的"船室"还都尚未拆除,舰体中部也还可以看到涂刷着英文舰名,但是舰首舷侧的日本国旗图案确已经不见了。照片拍摄时该舰已被决定作为赔偿舰,正在将舰上原本日本特别保管舰时期的标识抹除,"船室"也在稍后全部拆去。值得注意的是,这张照片上可以看到"雪风"后部烟囱上方涂刷了一道白色线,那是该舰作为第一批赔偿舰的标识

193

在解除武装时，"雪风"的主炮只是将炮管撤去，炮塔依然存在，至1945年末为了加大舰上的运载能力，又在舞鹤工厂施工，将炮塔拆除，原位置上也增建了"船室"。奉盟军总部的命令，"雪风"和其他改作特别输送舰的原日本舰艇还对舰身标识进行了重新涂刷，原涂刷日文片假名舰名的位置，改油漆舰名的英文拼写：YUKIKAZE，接近舰首的两舷则涂上了日本国旗图案，以便盟军辨识。至1946年12月，"雪风"共从南洋诸岛以及中国东北等地执行撤运任务15次，运回日本军队和侨民一万余人，随后即被改为特别保管舰，暂时停泊于横须贺长浦港。而就在此时，这艘曾经的日本海军幸运舰的未来命运即将被注定。

赔偿舰

1947年6月18日，中国海军代表马德建上校在日本东京抽得了包括"雪风"在内的第一批第二组赔偿舰，喜讯当即经由电报传回中国国内。中国海军上下一派欢欣鼓舞，海军总司令部于第二天下令专门在上海成立接舰处，负责勘察、验收和接管日偿舰事宜，委任海军总司令部第六署杨道钊海军上校为处长，原美援"太平"舰舰长麦士尧为副处长。接舰处下设舰务、组织、训练、技术等6科。海军总司令部旋后又于6月30日电令上海海军第一基地司令部，要

1947年6月末停泊在佐世保等待赔偿给中国的"雪风"。其停泊仍然是按照保管舰时代两艘舰系泊于一个水鼓的模式，在"雪风"身旁的小型军舰是同在第一批赔偿给中国的海防舰"四阪"号

求其开始预先准备日本赔偿舰到来后的通讯联络办法，以及日舰到来后的入港安排等事。[1]

与此同时，在大海那一边的中国海军处理日偿军舰人员也在快速办理相关交接事宜。

起初根据美军的要求，所有92艘日本赔偿舰必须整备达标，具备以下基本的技术条件：

1. 锚泊系统状态良好；

2. 吊艇装置状态良好；

3. 发电机的功率容量必须能够达到设计指标的2/3以上；

4. 主机功率必须要能保证达到巡航航速；

5. 无线电台必须确保有长短波发报、收报机各一台可以工作。

准备赔偿给盟国的日本保管舰原先多集中停泊在横须贺、佐世保、舞鹤三个港口，根据舰型或舰种编组为保管群，大致以6艘

赔偿舰"雪风"与"四阪"（侧后方）。照片上可以看到"雪风"赔偿舰时代的很多细节，舰桥和桅杆上的方位盘、电探都依然保留着，特别输送舰时代临时加盖的"船室"已拆除，在首楼甲板后部两侧能看到各有两块钢板，那是1943年在该处增设高射炮时增加的舷边防护

为一群，每个群内每2艘军舰系泊在一个水鼓上，称为一组。每一群中有1艘舰充当基准保管舰，每一组中又各挑选1艘充当组基准保管舰，由基准舰负责组内和群内的舰只保管。在确定了赔偿事宜后，根据盟军总部的命令，赔偿舰首先集中到了九州西南的重要军港佐世保补充燃料，而后准备出发。[2]

首批各国所获赔偿军舰经抽签确定后，1947年6月29日中国军事代表团海军武官钟汉波被派担任遣送日舰回国联络官，于当天搭乘美军的水上飞机赶到佐世保，办理押送首批日本赔偿舰回国的事宜。钟汉波抵达佐世保时，日本

---

[1]《海军舰队发展史》（一），（台湾地区防卫部门）"史政编译局"2001年版，第284页。
[2][日]福井静夫：《終戰と帝国艦艇》，[日]出版协同社1961年版，第181页。

赔偿舰"雪风"号的舰桥部分特写

赔偿舰早已一艘艘神情黯淡地系泊在港池中,等待其未知的命运。已经确定为赔偿给中国的"雪风"号也在其中,回到了出生地佐世保的"雪风"由于武备已经被卸载,舰上原本为运输人员而设的"船室"也拆除殆尽,舰容显得颇为破旧,让人很难想象这就是日本海军那艘著名的幸运驱逐舰。

盟军对日本赔偿舰的处理手续效率极高,仅仅几天过后,四大国所获的首批赔偿舰即整装待发。1947年7月1日天色破晓之后,佐世保港海面上顿时热闹起来,一艘艘在此系泊已久的日本军舰陆续结队出港。从19世纪后半叶开始的几乎半个世纪以来,这座军港中日本军舰出发时总是伴随着雄壮的军乐,乃至岸上日本民众的欢呼,而这一天笼罩在这里日本人心头的则是伴随着哀愁、懊恼等黯淡的情绪。

当天,四大盟国获得的首批各8艘赔偿舰陆续出港,其中分配给美国的赔偿舰开往中国青岛,英国获得的赔偿舰驶往新加坡,苏联的赔偿舰驶往海参崴附近的纳霍德卡,中国得到的赔偿舰则从佐世保直驶上海。

在具体操作方面,盟军勒令日方组成舰员队伍驾驶军舰,赔偿给中国的8艘军舰上共有250名原日本海军舰员操作驾驶,由名为冈田的军官领队。根据盟军的规定,在赔偿军舰送达目的地后,所有驾驶军舰的日方舰员必须在48小时内返回。为这批舰员回国方便起见,开往各国的赔偿舰队伍中还各编入了1艘负责沿途照料舰队以及运输日方送舰人员返回的军舰。和赔偿给中国的8艘同行的是原日本海军敷设舰"若鹰"号,中方联络官钟汉波和盟军总部派出的联络官哥沙海军上尉(Godsoe)均搭乘在"若鹰"舰上监视编队航行。

1947年7月1日正午12时,在"若鹰"领队下,"雪风"率领各艘日本赔偿舰缓缓驶离佐世保,与其祖国之邦诀别,作为阶下囚前往中国赔偿赎罪。

出港之后，编队以10节航速航行，各舰主桅杆上悬挂国际信号旗中的"E"字旗，下缀日本商船旗，是为盟军总部所规定的赔偿舰应悬挂的俘虏旗号。

得知赔偿舰已经自日本出发，中国海军第一基地司令部在7月1日当天召集各有关方面会议，商讨日本赔偿舰到来后的补给、停泊等事宜。同日，曾连续报道日本赔偿军舰一事的上海《申报》刊载新闻"接收日舰程序订定"，向公众介绍了海军方面关于日本赔偿舰来华后的大致交接安排。

7月2日下午，海军接舰处派出参谋庄怀远、"定海"舰舰长林秉来、"普安"舰舰长陈树以及海军

在黄浦江上锚泊的"雪风"号

士兵百余名乘坐"中业"号登陆舰以及两艘巡防艇至吴淞口迎候日本赔偿舰到来。为记录这一历史性的时刻，海军第一基地司令部还于7月3日上午7时，派新闻室教官陈惠均、干事王白虹陪同中国电影一厂等影视机构的摄影和新闻人员乘坐"海上"号小轮船前往吴淞口，准备拍摄曾经不可一世的日本海军低头来华的过程，以便制作成新闻影片公映。

因在海上航行途中遭遇了大雾，加上队伍中的"215"号海防舰又一度发生机械故障，"雪风"等日本赔偿舰的到达时间比中方的预计晚了不少。在经过一上午的空等后，7月3日下午1时30分，中国海军吴淞通讯电台的瞭望兵终于在望远镜中看到了9艘挂着俘虏旗的日本军舰，随即上报基地司令部。在吴淞口等候已久的"中业"等舰立即前驶，进行押解引导。下午2时15分，编队开始缓缓进入黄浦江，依照中国海军的要求，日本各舰仍然以一列纵队航行，次序为"若鹰""雪风"、海防舰"14"号、海防舰"194"号、"枫""初梅"、海防舰"67"号、"四阪"、海防舰"215"号，每舰之间保持600码间

黄浦江边争相观看日本赔偿舰的中国军民

距。中国海军的两艘巡防艇在日舰纵队左右巡视，而"中业"舰则在日舰纵队的最末尾看押，犹如是押着一列日本战俘。

当天下午4时30分许，浩浩荡荡的舰船编队经过上海外滩江面，上海各界数万人在江边观看，"浮泛胜利之微笑"。下午5时整，编队在中国海军指定的锚地——高昌庙江南造船所前停泊。似乎是不放过这一教训战败国日本的机会，中方经与盟军总部商洽，送舰来华的日本舰员将不能立即返回，盟军总部破例将其停留时间从48小时延长到72小时，这些日本人员需要等待参加完中方举行的盛大受降仪式后方可离去。[1]

从"接1"到"丹阳"

1947年7月4日，上海《申报》报道日本赔偿舰抵沪的消息同时，还另作预告，即中国海军将在6日正式举行接收日偿军舰仪式。

当时停泊到上海高昌庙前黄浦江上的日本赔偿舰，以"雪风"号的排水量最大，舰体规模也最壮观，也由此被中国海军选作日本首批赔偿舰的象征、

---

[1]《申报》，1947年7月4日，第二张。

越海来风——"丹阳"号驱逐舰

代表,先期被命令移动到江南造船所岸边,靠泊在江南造船所第一、第二号船坞间的岸边,其余日舰则仍然停在江中。之所以选定该处,一则因为两座船坞间有较大的空地,足够举行大规模的聚会活动,另外则因为该处岸上刚好有一座水泥碉堡,距离"雪风"新的泊位约50米,恰好可以将这座碉堡当作主席台。

7月6日星期日如期来临,从上午8时许开始,参加受降仪式的人员即陆续进场。中方受降代表为海军第一基地司令方莹海军少将,嘉宾则有国民党上海党部主委方治、上海市市长吴国桢代表张彼得、盟军送舰联络官哥沙等,与会的中国海军官兵还有千余人。所有

靠泊在江南造船所码头,处在中国军舰监视中的"雪风"号

1947年7月6日赔偿舰升旗仪式现场

199

在发表讲话的海军第一基地司令方莹

参加人员，以岸边的水泥碉堡主席台为起点向后按序排列。主席台附近还张挂了写有"接收赔偿军舰升旗典礼"的白布。方莹、方治、张彼得等站立于主席台之上，接舰官员眷属和社会各界代表、中国海军官佐、士兵、仪仗队、军乐队等都在主席台周围排列。至于送舰来华的日方人员，则被命令在主席台之前的右侧方列队，也处在所有中方与会人员的面前。

上午9时仪式正式开始，中国海军军乐队奏过中国国歌之后，家世里带有北洋海军历史背景的方莹面朝"雪风"舰，"以亢奋之声调，在麦克风前致辞"，所讲的内容则超出在场人士，尤其是在场"闭目垂首，似有无限感伤"的日本人员的想象。方莹讲话的主旨并不是一味的谴责日本人民，而是强调和平之重要和公理战胜强权之必然，谈及日本赔偿舰到来对于中国的意义，方莹感慨为"吾人今日获得赔偿军舰，并不以战利品而夸耀，但此一事实，足为正义必能伸张的确证"。[1]

方莹致辞完毕，9时15分海军司仪官高呼"下日本旗！"全场所有

中国国旗升上"雪风"舰桅杆的一瞬

---

[1]《申报》，1947年7月7日，第一张。

人员起立，面向"雪风"舰鸦雀无声。旋即，悬挂在"雪风"舰前桅杆之巅的日本国旗、俘虏旗被缓缓降下。9时20分，司仪官高呼"升国旗！"随着国歌奏响，一面青天白日满地红国旗徐徐升上了"雪风"的桅杆之巅。在全场中国海军官兵的敬礼中，这艘为日本的侵略国策而生，在太平洋转战多地，又最后亲历了日本军国主义失败可耻下场的日本海军幸运舰，犹如凤凰涅槃般重生成了一艘中国海军的军舰。

中国海军代表方莹在接收日本赔偿舰文书上签字

与此同时，黄浦江上的其他7艘日本赔偿舰也一一如例降下日本旗，换挂中国国旗，成为中国海军的军舰。由于中国海军此时尚未选择、准备好各日本赔偿舰的舰长、舰员人选，对于新接收的各舰临时根据其排水量，从大到小排序依次命名为"接字第一号"至"接字第八号"，"雪风"舰以其吨位最大，被命名为"接字第一号"，简称为"接1"舰。

6日上午的活动中，又相继举行了方莹代表中国海军总司令桂永清在接收文书上签字，以及国民党上海党部和上海市代表致辞等程序，至上午10时许告成，而后海军招待各界登上"接1"号参观。日方的送舰人员则退回"若鹰"号，于中午11时仍然在中国海军联络官钟汉波和美军联络官哥沙的在舰监视下驶返日本，准备下一批赔偿舰的驾驶来华事宜。

在"接1"号招待各界参观时，一位记者在舰上四处观察，发现该舰虽然吨位极大，但是没有武备，且舰况堪忧，舰上各处凌乱不堪，而包括舱面上的鱼雷运输轨道等部位已是锈迹斑斑，认为这艘军舰重新武装和整修必然需要花费很长时间。不过在当时大量现成的美国援助舰到来的情况下，中国海军一方面人员不敷调配，另一方面对整修日本赔偿舰既没有硬件条件，同时也并没有迫切的需求，与刚刚争取和得到日本赔偿舰时中国方面表现出的无限激情迥异的是，仪式过后远来的"接1"号"雪风"与其他日偿舰即被打入冷宫，成了闲置的保管舰。又担心这些日偿舰终日停泊在黄浦江上有碍通航，后将其拖航

美术作品：中国海军接收后的"雪风"舰。创作：王益恺

迁移到了吴淞口外的海上聚集停泊，处于闲置无维护的封存状态，与此前在日本充当特别保管舰时几乎没有差别，其隶属上则仍然在海军接舰处名下。原本包括"接1"在内的日本赔偿舰来华时都是经盟军总部挑拣，处于可航行状态，但在吴淞口外海风中的长年荒置，使得很多军舰的舰况变得极其恶劣，乃至于不堪航行使用。

"接1"号被闲置的命运到了1948年开始出现转机，当年5月1日该舰得到正式舰名，被命名为"丹阳"号，定舷号为"12"，舰级定为驱逐舰。[1] "雪风"的新名取自江苏省丹阳县的名字，而从此开始，也开启了民国海军以带有"阳"字的地名命名驱逐舰的传统，成为后来家族庞大的"阳"字舰的首舰。

同年的10月1日，"丹阳"的编制被暂时列在海防第二舰队名下，隶属其驱逐舰部队，即海防第二舰队的第四队，和同为日本赔偿舰出身的"衡阳""惠阳"编在9分队。[2] 尽管名义上成为了正式的驱逐舰，但"丹阳"实际上的境遇并没有任何改变，还是继续荒泊在吴淞口外，舰上的装备等仍然还是日本赔偿舰时的情况，没有做丝毫整修，该舰也没有任何的正式舰员编制，

---

[1]《老阳字号的故事》，（台湾地区防卫部门）"海军事务主管部门"2004年版，第12页。

[2]《海军舰队发展史》（一），（台湾地区防卫部门）"史政编译局"2000年版，第341—342页。

仅有寥寥可数的保管人员。直到国共内战国民党军队节节败退时，被认为尚有利用价值的"丹阳"才被匆匆拖离上海海域，一路辗转停泊地，在1949年被移泊到了台湾海峡中的澎湖马公岛海域，仍然处于几乎如同废舰的保管舰状态。

脱　险

1949年夏季，台风如期而至，8月间风暴横扫台湾海峡，澎湖岛也受到严重冲击。似乎"雪风"时代的幸运已经随着军舰身份的变换而不在，作为保管舰锚泊在澎湖马公港的"丹阳"舰在当年的台风中突发意外，当时受到风浪的冲击裹挟，"丹阳"的舰体在海中剧烈摇摆震动，竟然将锚链挣断，失去了维系，在海中以无动力状态随波逐流。万幸的是没有在风涛中漂移过远或倾覆，而是被海浪推涌到了马公附近的澎湖蒔里湾海滩边坐滩搁浅。

1953年访问菲律宾时的"丹阳"舰

今天已经是澎湖当地著名旅游景点的蒔里湾，其沙滩的底质是颇具经济价值的老钻石，而在钻石底的海滩边还有一段坚硬的黑色岩石带。被推涌到这片海滩上的"丹阳"舰以舰首朝向西侧的姿态坐沉，其第21号肋骨刚好撞击、搁坐在黑色岩石带上。由于"丹阳"舰是从海中被浪推向海岸，其舰体实质上是硬生生地滑过沙滩层后停滞了下来，以至于水线以下的很大一部分舰体深嵌入沙滩中。在海水退潮时，整个舰体看起来尚处于比较正常的坐滩状态，即"平搁"，而一旦涨潮之后，由于舰体中后部水线下实际上大半都埋在沙滩层中，在海面上看起来该舰就呈现出来舰首昂起，而中部以后的舰体下埋入水的前高后低姿态，"虽在满潮时，推进器半径仍深陷沙中"。[1]"丹阳"舰在澎湖遇险时，正值国民政府在国共内战战场上节节失利的时候，兵败如山倒之际，

---

〔1〕《中国海军》3卷9期，第29页。

203

国民党海军根本无暇顾及一艘海难搁浅的军舰，在保管舰时代就已经白白折损了不少生命活力的"丹阳"舰，又在澎湖马公深陷在搁浅的姿态中而无法自拔，成了一艘事实上的"死舰"。

时间进入1950年后，已经全部从大陆撤离的国民党海军对所辖舰艇部队进行整编，2月1日起开始实施新的舰队编组方案，除了作为主力舰队的第一、二、三舰队外，新设了特殊的训练舰队，该舰队本质上其实带着老旧和残废军舰收容所的性质，国民党海军此时所有无法航行的军舰全都编列至该舰队的名下，身在澎湖海边的"丹阳"也不例外，编制改到了训练舰队中。[1]

1950年1月5日，对国民党政权没有好感的美国杜鲁门政府调整对华政策，宣布不再介入台海事务，"美国不对台湾的中国军队提供军事援助或意见"，同时宣布将台湾从其太平洋防御圈中放弃，"美国太平洋防线是自阿留申群岛经日本、冲绳而至菲律宾"。台湾国民党军队顿时失去了赖为支柱的美国军援物资的支持，在可能很长一段时期都将无法获得美援军械的黯淡前景预判下，很多之前已经被视作弃物的老旧武器重新受到重视，被当作在美援断绝时期增强军力的重要途径。国民党海军部门在1950年初制定的年度计划中重提日本赔偿舰，拟定了分三期将包括"丹阳"在内的各艘日本赔偿驱逐舰全部修复以加强海军的计划。又由于台湾缺乏修理这类舰艇的设备，且难以获得这些日制舰的修换配件，尤其是缺乏对这些军舰加以武装的武器，计划中设想将这批当时全都无法航行的军舰全部拖至其出生地日本，委托日本的造船厂实施修理、武装。[2]

几乎被荒废遗弃的"丹阳"由此被重新唤醒，国民党海军部门责成海军第二军区负责设法将"丹阳"拖带出浅，以备之后前往日本修理。

打捞、拖曳"丹阳"出浅的工作从1950年当年的8月1日正式开始。工程方法相对简单，即首先从"丹阳"舰上重新下锚，固定该舰的舰位，以防再遇台风时发生二度危险，同时也是防范一旦舰体浮起后出现失去控制的风险。而后再对"丹阳"的舰体进行全面检查，封堵、修补破损，再将舰内的重物、燃油等全部卸载、抽出，尽量减轻舰体的载重，意图以此增加该舰的舰体自身浮力，使其能够依靠自身的浮力自行上浮脱困。

---

[1]《海军舰队发展史》（二），（中国台湾）"海军事务主管部门"2001年版，第791—792页。
[2]《海军舰队发展史》（一），（中国台湾）"海军事务主管部门"2001年版，第322页。

救援活动伊始，经检查发现，"丹阳"舰在被风浪推拥冲滩搁浅的过程中，舰首水线下撞出了破口，遂由海军第二造船厂派工程人员对破口进行堵漏，同时从舰上重新下锚固定舰位，卸载舰内所存油料、重物的工作也几乎是同步开展。但是由于抽油管吸力所限，耗费近半个月时间，才抽出了160余吨重油。虽然经历此番工作后，"丹阳"的舰首部分已有上浮的迹象，但是程度十分有限，初期设想的该舰能依靠自身浮力脱困的计划显然难以实现，遂决定派遣海军的拖船直接实施绞拖。

1950年8月16日，当时国民党海军中体量较大的救难、支援军舰——满载排水量835吨的"大青"号拖船（原美国陆军LT-355，二战后移交中国国营招商局，更名"民314"，1949年上海战役期间被国民党海军租用）奉派赶到，在距离"丹阳"200米时开始进行抛缆对接。而后"大青"开始以全力拖带"丹阳"号，使其舰体右转了90度，扭转了原先冲滩的姿态，使该舰有即将出浅之迹，但是因当天澎湖地区的海况恶劣，"大青"号开始拖带"丹阳"的作业时间较晚，随着海水退潮，"丹阳"舰周围的海水渐落，舰体变成了坐在海滩上的姿态，当天的作业被迫结束。

转夜之后，拖带活动在8月17日继续开始，待到海水涨潮，"大青"舰重新对"丹阳"进行设法拖带，"澎湖港务队5、6号艇也追踪而来，到达目的地；澎湖艇将6寸圆柱形的拖缆，送到'丹阳'舰，曳引舰尾后，（'大青'）舰长张殿吉少校一面摇着车钟发动主机，一面仔细检视舰位与方向是否有偏差"。不过由于"大青"舰在加速的过程中提速过猛，导致拖缆机损坏，当天的拖带活动又被迫中止。

8月18日，"大青"舰又作尝试，然而因为当天澎湖一带高潮位的水深不够，"丹阳"无法获得足够的浮力，难以配合拖带，加之拖曳时又发生了钢缆拽断的危险事故，拯救"丹阳"的作业再度告败。

延至8月25日，乘当天天文大潮的时机，修理完拖曳设备的"大青"舰重新出现到蒔里湾，对"丹阳"进行第四次拖带尝试。"大青"舰"用着左右拉转的方法，加速，再加速，直至全速，'丹阳'军舰慢慢地移动了，终于得救，脱困"。在澎湖马失前蹄近一年多的"丹阳"舰重新回到了大海，舰上随即升起了一面青天白日满地红旗，以示脱困。此后在"大青"舰的拖带下，

"丹阳"被首先拖往台湾基隆港,等待去往日本进行大修。[1]

再 生

根据国民党海军总司令部1950年度计划的预计,将"丹阳"以及同属日本赔偿舰的驱逐舰"汾阳"送往日本进行修理的各种费用相加近190万美元。传统认为,台湾当局后来是因为外汇储备紧张,无力承担此笔高额开支,所以最终没有通过海军将舰艇外送日本修理的预算。实则当年1月5日美国杜鲁门政府宣布不再介入台海事务,已经关闭了向台湾武器输出的大门,在这一背景下,国民党海军要将军舰送去美国占领下的日本去维修,似乎并不具备可能性,纵使经费充裕也只能徒叹奈何。

国民党海军部门在美援无望的时局中,为维持在台湾海峡针对大陆的海上优势,对修复体量较大的日偿军舰充满了急迫感,并未因日本修舰方案流产而放弃此举,而是退而求其次,开始尝试自行修理日本赔偿舰。作为当时国民党

1953年从台湾出发访菲时拍摄到的"丹阳"舰,照片中可以看到造型夸张的后主炮炮罩

---

[1]《中国海军》3卷9期,第40页。《老部队的故事》,(中国台湾)"海军舰队指挥部"2006年版,第156页。

海军拥有的日本赔偿舰中体型大，且相对舰况较佳的"丹阳"舰就此成为了自修军舰的试点。

从之后"丹阳"舰的修造过程看，其舰体本身尽管来华后长期缺乏保养维护，但仍保持了较高的水准，维修工作较简便和顺利。由此也可以推想，国民党海军总司令部当初计算出的送该舰往日本修理的费用之所以较高昂，极有可能是因为其中包含了为该舰购买、添置武备的预算。

具体操作中，"丹阳"舰的修理工程被分成了舰体和武备两部分先后进行。

"丹阳"的舰体修理工程，被台湾造船公司承包，由台船公司的基隆造船厂承担，台湾造船公司的前身是日本殖民时代的台湾船渠株式会社，抗战胜利后经中方接收改组，是当时台湾规模最大的造船企业。[1]然而缺乏舰船修造经验，加之技术工人匮乏，于是在"丹阳"舰成军入役时被派任舰长的褚廉芳海军中校受命带领一班新组建的舰员群体（副舰长欧阳建业海军中校，轮机长倪道卫海军少校）负责在基隆一起参加"丹阳"的舰体修理工程，同时完成驾舰的培训工作。

舰体维修在1950年的10月初开始准备，主要是准备工具、配件，并从海军总司令部搜罗到了日本赔偿"丹阳"舰时随舰移交的蓝图。1951年修理工作正式开始，维修人员首先依据蓝图，对舰内各舱逐一进行清理、调查，制定修理计划。当年的2月，海军军士长任可祥率领的工作小组试图恢复"丹阳"的电力供应，成功修竣了舰上的发电机。继而，3月间，舰上的第一号锅炉被修复，使得"丹阳"舰的发电机有了动力来源，全舰得以恢复电力供应。至4月，在海军轮机上尉刘建业的率领下，首先修复了"丹阳"舰的副机，从5月至6月又成功修竣了"丹阳"舰的主机，二号锅炉也在此期间修理至可用状态。从7月开始，"丹阳"舰轮机部门一方面尝试将锅炉和蒸汽机实施对联实验，同时开始培训舰员。到了1951年的8月，"丹阳"的轮机舱开始频繁传出久违了的机器轰鸣声，连月进行了试车工作。9月，"丹阳"终于以自己的动力成功开出基隆港进行航试，在9月下旬进行的第三次航试时，参谋总长周至柔空军上将亲临视察，足见当时国民党军队对修复"丹阳"的看重程度。

---

[1] 洪绍洋：《近代台湾造船业的技术转移与学习》，（中国台湾）远流出版公司2011年版。

1951年9月底,"丹阳"的舰体修理工作成功完成,随即进入加装武备的阶段。10月7日"丹阳"舰从基隆出海开赴左营,由位于左营的海军第一造船所负责为其加装武备的工程。

当时,美国虽然已在朝鲜战争爆发后宣布恢复对台湾的军援,但台湾地区旧存堪用的现成海军武器仍然是寥寥无几,加装到"丹阳"舰上的多为台湾地区旧有的日制枪炮。

"丹阳"舰的主炮布置参考了日本时期的样式,即1座前主炮、2座后主炮,其中前主炮选用了1座双联装"89"式127毫米口径高角炮,后主炮则各是1座双联装65倍口径的"98"式100毫米口径高角炮,其来源均为日殖时期日本军队安装在台湾的防空火炮,海军第一造船所又格外为这3座主炮设计制作了封闭式的炮罩。3座火炮的相对位置和日本时期"雪风"的主炮相似,前主炮位于军舰首楼甲板上,后主炮1座位于后部甲板室顶部,1座位于后部甲板室紧邻的后部主甲板上。为防甲板室上的主炮射击时产生的炮口焰、冲击波等对下方的那座火炮造成不利影响,在甲板室末尾额外增加了一段犹如上跃屋檐式的防护结构,不禁令人联想到抗战之前民国海军轻巡洋舰"逸仙"上的类似结构。

和主炮一样,"丹阳"在加装武备时,其辅助武器同样大量选用了日式兵器。除了2门安装在后桅杆附近的40毫米口径"博福斯"(Bofors)单管高射炮以外,剩余的8座25毫米口径双联高射炮全部使用的是日制"96"式。其安装位置明显也受日本时代"雪风"的影响,其中2座安装于和后部烟囱相连的炮台上,与"雪风"当年的模式完全一样,另外4座安装在舰桥前方拓展增建的甲板室顶部两侧。考虑到甲板室上的面积有限,为了给火炮增拓炮位面积,采取了在甲板室顶部甲板两侧增加耳台作为炮位的方法,这处甲板室的设计又容易让人想到"雪风"在充当特别输送舰时代在该位置上加盖的甲板室。最后的2座25毫米口径双联高射炮则安装在后主炮后方的主甲板上,也与"雪风"当年的布置相仿。

据当事人回忆,在为"丹阳"舰恢复武备的同时,左营海军第一造船所还在苦思如何为该舰装备上火控系统,然而由于系统过于复杂,只得放弃。加装武备后的"丹阳"舰,在舰桥顶端还保留着日本时代的方位盘塔及测距仪,然而已无实际作用,日方赔偿移交时残留在前桅杆上的"13"号电探则被拆除,

原位置上改装了1座探照灯，另在前桅杆的顶端装备了一座与当时美国援华的"太"字、"永"字舰所用相同的SL对海搜索雷达。这一美式现代化设备可谓是修复后的"丹阳"上的一大亮点，然而这部外界看来能够旋转侦测的雷达实际上只类似于模型，是用于唬人的伪装物，不具有任何侦测功能。

"丹阳"舰维修成功后，舰员群体获颁的奖状

　　除这些装备之外，"丹阳"舰原在日本时期曾经拥有的鱼雷兵器以及扫雷、反潜兵器全都未能恢复，修复后的"丹阳"实质上只相当于一艘古老的炮舰。至1951年底，"丹阳"修复工程宣告大功告成，当年即被国民党军方评为"国军克难运动"优秀单位，参与修复"丹阳"的人员多获奖励。

　　1952年10月16日，舰体修整一新，武备加装完毕的"丹阳"举行正式成军仪式，舰级定为驱逐舰，由俞柏生海军上校接任舰长。由于1952年10月16日被视作"丹阳"真正成军的日子，就这一意义而言，俞柏生也可算作首任舰长。这艘再生的老舰，在上世纪50年代的台湾地区海军中具有十分特殊的地位，相较当时台湾地区海军中堪称骨干的美援"太"字、"永"字号军舰，"丹阳"舰接近3000吨的满载排水量已经堪称是巨舰，100和127毫米口径的主炮也是称王称霸。在动力方面，再生后的"丹阳"舰在1953年航试时测得最高航速27.5节、能保持26节航速1小时，虽然较"雪风"时代已属缩水，但比之"太"字、"永"字军舰仍是相当了得的飞毛腿。

　　虽然不具有现代火控系统，也没有雷达设备，且舰体、设施老久，但对当时国民党海军而言，在海上潜在敌手的军舰现代化程度不高的情况下，"丹阳"舰已然堪当大用，且该舰属于国民党败退台湾后自行修整的第一条大型军舰，还具有特殊的象征意义，成军之后即被编入国民党海军主力舰队——海军第一舰队，并列在主力战队——第11战队，和美援军舰"太康""太平""太和"同队。这艘二战时代在日本海军中充当辅助角色的老舰，在经历了几乎就要被废弃的蹉跎命运后，竟戏剧化地成了国民党海军的一号主力舰。

逞威台海

1953年5月，菲律宾海军总司令弗朗西斯科海军代将率领舰队访问台湾，作为回应，国民党海军部门决定回访，同时宣慰在菲侨胞。为壮观起见，"丹阳"舰作为台湾地区海军的一号主力舰入选作为旗舰，与"太湖""太昭"舰共同编组成了台湾地区海军历史上首支敦睦舰队。继任满退职的桂永清后出任国民党海军部门负责人的马纪壮海军中将亲自坐镇"丹阳"指挥，编队于当年8月17日从台湾高雄出发，先后到访马尼拉、苏比克湾。由二战时代日本军舰改装成的"丹阳"在编队中格外引人注意，饶有趣旨的是，访问编队还曾拜访时任美国驻菲律宾大使的美国海军名将斯普鲁恩斯。当看到昔日的对手"雪风"时，不知斯氏有怎样的一番感慨。[1]

访菲编队于8月26日返抵台湾左营，稍事休整后，"丹阳"便与"太"字等军舰一起加入到了台海风云中。

当时，台湾地区国民党海军仍然在执行对新中国的海上封锁，截击、捕捉进出大陆的各类船只，意图切断新生的中华人民共和国的海上生命线。为了设法突破这一封锁，发展远洋航运，1951年中华人民共和国和社会主义阵营国家波兰成立了中波轮船公司，以主要悬挂波兰船旗的商船承担新中国的海外航运任务。

1953年10月，中波轮船公司悬挂波兰船旗的万吨级油轮"布拉卡"号（Praca）从罗马尼亚康斯坦萨港（Constanta）装运8000余吨新中国急需的航空煤油开往上海。该轮航行途经菲律宾海域时，台湾地区军方得到通报，遂命令和通报在台湾岛以南

"美台协防"时期，美国海军人员在"丹阳"舰的舰桥内指导海图作业

---

[1]《刘广凯将军报国忆往》，（中国台湾）中研院近代史研究所1994年版，第74—77页。

海域的侦察机以及盟军飞机协助侦察，并于10月4日清晨派出1架战斗机前往巴士海峡一带专门搜索，于当天下午4时20分发现意图绕由台湾岛东部海域航行的"布拉卡"号，台湾地区海军随即派主力舰"丹阳"号前往拦截。

领受命令后，"丹阳"舰在侦察机的引导下，以27节的极限航速疾驰追赶，于下午6时前确定目标是"布拉卡"号。"布拉卡"号在台湾东南125海里处（北纬21.27度，东经122.45度）时曾向设在天津的中波轮船总公司发出急电，报告遭到了国民党驱逐舰阻截。下午6时过后，"布拉卡"号进入"丹阳"舰的主炮射程，"丹阳"舰遂以开炮相威胁，迫使"布拉卡"号停轮。双方距离接近后，"丹阳"舰派出武装官兵乘小艇登上"布拉卡"，将船上的17名新中国船员全部捆绑关押，并威逼剩余的30名波兰籍船员将船开往台湾，于10月5日晚8时将该船押至高雄。后"布拉卡"号被台湾地区海军没收，改为"贺兰"号运输舰，抓捕无武装的"布拉卡"，成了"丹阳"舰服役生涯中的第一个重要战果。

在抓捕"布拉卡"号仅仅6个月后，中波公司悬挂波兰船旗的万吨级杂货轮"歌德瓦尔特"号（Prezedent Gottwald）运输新中国急需的物资7000余吨从欧洲出发，意图不经台湾海峡，从台湾东侧外海绕行琉球群岛海域驶往大陆。该轮通过新加坡后，航迹也被相关国家通报给台湾当局。1954年5月11日，台湾地区军方部署对"歌德瓦尔特"号的拦截。抓捕"布拉卡"出名的"丹阳"舰被派出马，与"太湖""太仓"共同前往伏击海域。此时"丹阳"的舰长是1954年2月1日新上任的邱仲明海军上校。与抓捕"布拉卡"时的做法不同的是，当次海军舰队指挥部黎玉玺指挥官采取了意在万无一失的布置，派"太仓"号直接搜索追击"歌德瓦尔特"，而"丹阳"和"太湖"预先赶到波兰油轮可能途经的海域上划区分防实施堵截，最终"歌德瓦尔特"被"太湖"舰抓捕（后编入台湾地区海军，更名"天竺"），"丹阳"只充当了这次行动的配角。[1]

接连两艘中波轮船公司船只被国民党海军抓扣后，波兰政府通过法国政府与台湾方面交涉，"布拉卡""歌德瓦尔特"上的波兰籍船员63名全被释放，而29名中方船员只有11人被放回，剩余18人多被台湾国民党当局判刑关押在绿

---

[1]《曾耀华回忆录》，自印本，第143—168页。

岛,其中"布拉卡"号的政委刘学勇、二副姚淼周,"歌德瓦尔特"的三副周士栋在关押期间被杀害。[1]

一个月后,1954年6月22日,台湾地区军方又得到了有一艘向大陆运输急缺物资的货轮驶近的情报通报,当天向大陆运输航空煤油的苏联万吨油轮"陶浦斯"(Touapse)号将经过巴士海峡。

得悉情报后,下午5时30分"丹阳"奉命率"太康"舰从台湾左营出港开往巴士海峡搜索拦截。由于"丹阳"舰的平面搜索雷达只是个唬人的模型,不具备任何侦搜能力,2舰遂又交换位置,改为"太康"在先利用平面雷达进行侦搜,队长舰"丹阳"跟随在后航行。到了23日的凌晨,"太康"舰的雷达在巴士海峡附近发现了"陶浦斯"号的踪迹,2舰遂迎头拦上。经鸣炮示警后,"陶浦斯"轮被迫停驶,并根据"丹阳"号的要求,由大副携带货单到"丹阳"号上接受检查。因货单上载明运输的是送往上海的航空燃油,"丹阳"舰舰长邱仲明即勒令苏联油轮跟随开往台湾。由于苏联船员拒绝配合,遂由"太康"舰派出武装官兵登上"陶浦斯"加以控制,再由"丹阳"舰拖带该轮航行。因为"陶浦斯"吨位过大,以及船员暗中破坏,"丹阳"的拖航极不顺利,先是"陶浦斯"的舵叶发生不受控制的险情,继而拖航铁链不堪负荷而断裂,于是改由在"陶浦斯"上警戒的海军官兵自行设法摸索、掌握该轮的轮机系统操作方法,独立发动主机驾驶该轮返回台湾,最终在24日的早晨7时顺利抵达高雄。[2]

"陶浦斯"号油轮后被台湾地区海军编入序列,更名为"会稽"号。拦截、抓捕"陶浦斯"后,因涉及当时世界上最强大的红色国家苏联,此事引起了轰动,苏联方面做出了强烈的外交反应,"陶浦斯"轮被扣押时船上共有47名船员和1名妇女、1名儿童,除部分坚决不愿返回苏联者外,其余则通过国际红十字会等渠道全部释放。作为扣押苏联轮船重要当事人的"丹阳"号,当时在台湾地区的媒体上被不断提及,知名度为之大涨。

---

[1]《中波轮船股份公司发展史》,上海古籍出版社2011年版,第58—59页。
[2]《池孟彬先生访问纪录》,(中国台湾)中研院近代史研究所1998年版,第99—101页。

换 装

台湾地区海军在海上封锁大陆海运的行动愈演愈烈的1954年,同时也是解放军还之以颜色的开始。从1953年8月开始,国民党海军为封锁浙江沿海,成立了以大陈岛为据点的特种任务舰队,在大陈周边海域实施定期巡防。1954年5月16日,华东军区海军出动4艘护卫舰围攻国民党海军"太和"舰,虽然因训练不扎实、对舰炮装备不熟悉等问题,导致未能击沉"太和",但已经在浙

参加欢迎"太平"幸存官兵活动时的"丹阳"舰。(靠泊在码头边的军舰)

海对国民党海军鸣响了警钟。为加强大陈地区的海军实力,"丹阳"舰在参加抓捕苏联油轮"陶浦斯"后,于当年10月10日被调往大陈,负责在北起牛鼻山,南至温州湾的海域巡防。

由于大陈附近解放军控制的高岛、头门山岛上布置有火炮,对大陈岛上的国民党军队构成很大威胁,1954年10月17日"丹阳"舰又被派前往这些岛屿,利用大口径舰炮对岸实施轰击。10月18日中午12时,"丹阳"在大陈完成了弹药和油水补给后,于19日凌晨3时出发,在当天下午5时抵达披山海域。20日"丹阳"舰在一江山岛部署了一组陆上弹着观测人员,该舰则为了防范解放军战机空袭,选择于21日凌晨1时开往高岛附近海域,在清晨5时30分由前甲板主炮首先向高岛的解放军阵地开始了炮击,留在一江山岛上的"丹阳"舰人员随时通过无线电向舰上报告用望远镜观测到的弹着情况,以便修正射击诸元。6时30分,高岛解放军炮兵阵地开始猛烈还击,7时许解放军战机出现,随后"丹阳"舰便撤出战斗,结束了该舰在大陆沿海仅有的这次战斗活动,而后不久便返回台湾。当年11月在大陈附近巡防的"太平"舰被解放军击沉后,为振

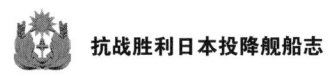

作士气，"丹阳"舰曾被安排在参与迎接"太平"舰幸存官兵返回的欢迎会，停泊在活动现场的码头旁，作战力展示。

似乎是别有用意，在参加"太平"舰幸存官兵欢迎会时，于"丹阳"停泊在一起充作门面进行展示的，还有另外两艘大型军舰。

1950年朝鲜战争爆发后，美国杜鲁门政府的对台政策发生转向，开始重新向台湾国民党当局提供军援支持，至1953年鉴于解放军有渡海攻台的迹象，美国政府根据国会批准的《第185号公共法案》，向台湾地区海军出租了2艘"本森"级驱逐舰（Benson，满载排水量2575吨），是为抗战胜利之后美国向国民党政权援助的最具战力的海军舰船。这两艘美国军舰被台湾地区海军重新命名，新名参考了驱逐舰"丹阳"的命名模式，选用舰名中都带有"阳"字的中国城市名称，称为"洛阳"（原美国海军"本森"号）、"汉阳"（原美国海军"琼斯"号Jones），由此对台湾地区海军意义深远的"阳"字舰家族开始渐成规模。2艘新到来的美制"阳"字军舰，排水量各在2000吨以上，虽然也都是第二次世界大战中的产物，但比起废舰重生的"丹阳"，各方面的性能指标都驾乎其上，已经成为台湾地区海军新一代的主力舰。将"洛阳""汉阳"与老"丹阳"并泊，预示着一种新老交替已然开始。

在紧接而来的1955年元旦，台湾地区海军舰队调整编制，原第一、二、三舰队分别更名驱逐舰队、巡防舰队、扫布雷舰队。驱逐舰"丹阳"一度被编入巡防舰队，作为第41战队旗舰，后在当年年末回归驱逐舰队，与"洛阳""汉阳""咸阳"等3艘美制"阳"字驱逐舰同编在第11战队。此后的1955到1957年里，"丹阳"老当益壮，与同战队的美制"阳"字舰作为台湾地区海军的实力象征，出现在各种带有宣传色彩的检阅、演习、访问、开放日等活动中。

也就在此期间，因为台湾地区海军舰艇装备的美式化已成主流，一身日式装备的"丹阳"舰越发成为另类，弹药、零件供给都成问题。而且"丹阳"舰缺乏火控系统和雷达系统，在作业、训练时，已经成为驱逐舰队中拖后腿的军舰。1956年，仍然由位于左营的海军第一造船所承担（在为"丹阳"加装武器期间，由美方协助扩编为海军第一造船厂），对"丹阳"进行了彻底的美式化改装。

此次改装的重点是武备系统，"丹阳"舰上原有的日式武器被扫地出门，代之以彻底美式化的配置。在具体的型号选择以及布置方法上，明显受到当时

越海来风——"丹阳"号驱逐舰

"丹阳"舰换装美式装备过程中的一张珍贵照片，可以看到此时"丹阳"的武备已然更换成美式型号，不过桅杆顶上的SG雷达尚未安装

美国援台海军顾问所提出的同型编队原则，即尽量让"丹阳"的武备形式与已经成为台湾地区海军主力驱逐舰舰型的美援军舰靠拢。

"丹阳"舰上原先充当主炮的3座日制双联装高角炮被拆卸，取而代之的是3座单管5英寸（127毫米）38倍径舰炮，与"洛阳""汉阳"等舰的主炮同型，为MK12型（初速792米/秒，最大射程16640米，最大射高11340米，射角＋85至－15度），惟有的区别是"丹阳"上安装的3门5英寸主炮全部没有配备炮罩。

副炮方面，舰上安装了两门3英寸口径50倍径MK21高射炮（初速807米/秒，最大射程13300米，最大射高9090米，射角＋85至－15度），其中1门安装在两座烟囱之间，即日本时期"雪风"舰上安装前部鱼雷管的位置。另外的1门则安装于后桅杆之前拓展出的甲板室上，也大体上属于日本时期"雪风"后部鱼雷管的安装位置附近。此外，原先舰上的25毫米口径日式高射炮全部替换成了"博福斯"40毫米口径高射炮，相应的布置位置和"丹阳"1953年状态中的25毫米口径高射炮战位大体相同，即舰桥前方平台上4门、后部烟囱前平台

215

上两门、舰尾主甲板上两门,另外在后桅杆前方拓展出的甲板室顶部甲板上还有两门,总计达10门之多。此外,"丹阳"舰上还加装了用于攻潜的武器,在后部主甲板上的40毫米高射炮战位附近,两舷各安装1具深弹抛射炮,舰尾部靠右舷一侧则安装一具深弹投放架。

　　与武备的换装同步,因为得到了美国的技术支援,"丹阳"舰继日本海军时代之后,终于二度装备上了火控系统。原先残留在舰桥上作为摆设的日式方位盘塔、测距仪等一概拆除,在原位置上安装了美式MK51火控系统,桅杆上用于唬人的SL型雷达模型被拆除,原位置上安装了SA对空搜索雷达,在SA雷达的前下方则安装了具有真正用途的对海搜索雷达SG雷达。

　　从1956年开始的这次改装并非一气呵成,而是陆陆续续地进行改造,至1957年全部结束。"丹阳"的面貌焕然一新,虽然主炮的数量比之前减少了一半,但凭借新装的火控系统,全舰的对岸/舰火力非但没有减弱,甚至有得到强化的感觉,而防空火力方面显然较之前强化了许多。改装后的"丹阳"自然仍然充列在台湾地区海军的主力舰阵容中,由于和同战队的美援"阳"字舰在炮械等方面型号统一,使得后勤保障的效率大为提高。在此期间,"丹阳"舰的

美式装备换装完成后的"丹阳"

舰长在1957年4月23日变换为王庭篪海军上校,旋后于同年9月30日替换为王椿庭海军上校。

最后的岁月

1958年金门炮战爆发,台湾海峡风云骤紧,台湾地区海军对所辖军舰进行了适应作战模式的重新编组,并开始强化在金门海域的舰艇实力,经历了美式武备改装的"丹阳"作为台湾地区海军的主力舰,重新披挂上阵。当时台湾地区海军将作战舰艇特编为执行作战任务的"第六二特遣部队","丹阳"与"洛阳""汉阳"等舰编在其中的攻击支队,目的在于遂行海上机动打击任务。

入坞维护中的"丹阳"舰,照片上可以看到舰桥前方安装的40毫米口径单管"博福斯"高射炮

就在"8·23"金门炮战后不久,1958年的9月1日深夜至9月2日凌晨在金门附近海域发生了人民解放军海军称为"击沉蒋军'沱江号'猎潜舰战斗",台湾地区海军称为"金门料罗湾战役"的海战。9月1日,台湾地区海军第六二特遣部队南区巡逻支队的"维源""沱江""柳江"3舰从马公运输重要人员、公文前往金门,并为前往金门的"美坚"号登陆舰护航。当天深夜解放军海军10余艘鱼雷艇、炮艇向在金门海域出现的这批台湾地区舰艇发起了多波攻击,

战斗中"沱江"舰被解放军海军多艘炮艇围攻,遭到了重创。

得到海战爆发的消息,"丹阳"与"信阳"舰立即被派前往战斗海域支援,9月2日早晨7时10分与重伤的"沱江"舰相遇,由"丹阳"协助其进行抽水自救,并帮助拖带。随后美国军舰ATF-48赶到协助救援,"沱江"最后由其编队旗舰"维源"号于9月3日上午9时30分平安拖航抵达马公。因短暂救援"沱江"而被记入当次海战历史的"丹阳",在同月的16日被调整编制到了巡逻舰队的第41战队,从此告别了驱逐舰舰队。

根据台湾地区军方报刊的报道,1959年"丹阳"列编第六二特遣部队北区巡逻支队时,曾在马祖附近海域与解放军海军舰艇发生过交火,惟此事在解放军海军的战史中并无对应记载。进入20世纪60年代后,随着台海局势趋缓,"丹阳"舰的生涯也开始变得悠闲起来,经常出现在一些迎来送往的交际场合里担任"花瓶舰",曾在艾森豪威尔访台时充当过迎接舰队的旗舰,直至1964年才惊鸿一瞥般的出现到了一次短暂的战云中。

1964年5月1日,解放军海军三都澳水警区的大帽山观通站发现了国民党"国防部情报局海上突击队"的一批武装冲锋艇"海狼"艇有偷袭意图,随即派出炮艇向其发动进攻。当解放军炮艇追击敌冲锋艇靠近东引岛时,"丹阳"

在武昌演习中充当校阅舰的"丹阳"

舰突然率领"北江"舰从东引岛驶出,在上午7时30分与解放军艇队发生炮击。双方在经过了短暂互射后,"丹阳"于上午7时40分率"北江"首先撤出战斗,解放军艇队随后也转向而去,这场短暂的海上炮战成为"丹阳"舰战斗生涯的最后谢幕。[1]

当年的12月15日,台湾地区海军举行规模宏大的武昌演习,已经年迈的"丹阳"舰居然被选为校阅座舰,这一安排似乎是特意给这艘为台湾地区海军充当了十余年顶梁柱的老舰以最后的谢幕荣典。果不其然,一年之后的1965年12月16日"丹阳"退出了现役,降下舰旗。至1966年11月16日,"丹阳"舰正式除籍,停泊于台湾左营军港西码头,作为海军学校的泊港训练舰,又回到了类似起初保管舰的状态,只不过这一次保管舰"丹阳"将不再可能重回海上。在从1958年参加援救"沱江"之后直至转为泊港训练舰,"丹阳"又共经历了三任舰长,分别是1959年3月1日上任的林植基海军上校,1961年12月16日就任的雷泰元海军上校,以及1963年2月16日就职的最后一任舰长彭运生海军上校。

令台湾地区海军当局始料未及的是,从"雪风"作为赔偿舰来华伊始,在她的出生地日本就有很多双眼睛一直在关注着这艘军舰的命运。曾是旧日本海军在二战时代不死鸟的"吴之雪风"

著者在日本江田岛海上自卫队术科学校拍摄到的"雪风"舰主锚

---

〔1〕《海军战史资料·战例选编》(二),中国人民解放军海军司令部1981年版,第157—159页。

在很多旧日本海军军人眼中俨然是日本海军历史的活化石、重要纪念物。随着战后日本经济复苏，国力上升，包括二战时代曾任日本海军大臣的野村直邦、以及1949年后"日本在台军事顾问团"的成员在内的一些日本人士开始向台湾当局呼吁，要求将"丹阳"舰归还给日本，希望将其停泊到日本作为纪念舰。1965年因得知"丹阳"即将退役，由野村直邦等发起，以日本旧海军军人为主成立了"驱逐舰'雪风'保存期成会"，发起了声势浩大的"'雪风'返还署名运动"，并通过游说台湾当局权力人物的方式，希望归还"丹阳"。台湾地区海军军方一些人士则认为，"雪风"是日本为抵赎二战中对中国海军造成的损失而赔偿来华，将这样的军舰"归还"给日方显然不妥。不过也有一些声音认为应当归还日本，例如在日殖时代成长起来的台湾本省籍的海军军官郭宗清，在其后来的回忆录中就称应该归还给日本。

就在日方以密集轰炸般的气势进行游说时，仿佛天意使然，1971年停泊在左营军港的"丹阳"在风暴中触底搁浅，台湾地区海军随即将该舰移送高雄拆船厂拆解，日本海军的一代名舰"雪风"随着一场风暴而香消玉殒。拆解过程中，因发现"丹阳"舰的甲板部分为不锈钢材质，台湾清华大学曾对其进行切割，充作制作科研设备的材料。

得知"丹阳"最终的命运，在日本的台湾海军武官郭宗清认为极为遗憾，遂行文申请将"丹阳"遗留的舵轮、舰锚等归还给日本，"以弥补双方因不可谅解而引起的误会"。最终，台湾当局同意郭宗清的方案，从高雄拆船厂将"丹阳"的主舵轮、主舰锚各一件取出，交由招商局轮船运抵日本横滨。因遭日本海关的拦阻，郭宗清又以台湾官员身份亲自与日本海关交涉，使舰锚与舵轮成功通关。

与江田岛一海之隔，在"雪风"诞生地吴港的旧海军墓地内的军舰慰灵碑

1971年6月30日，彭孟缉在驻日官邸举行仪式，"邀请台日双方有关人士参加"，由彭孟缉将归还"雪风"遗物的正式公文递交给日方代表、日本前首相岸信介（二战甲级战犯，日本现任首相安倍晋三的外祖父），再由岸信介代为转交给"驱逐舰'雪风'保存期成会"领袖野村直邦，就此将舰锚与舵轮交付日方。当年年末12月8日，日本海上自卫队在横须贺海军基地举行正式移交仪式，邀请台湾方面代表郭宗清等到场观礼，在媒体面前，"驱逐舰'雪风'保存期成会"代表将"雪风"遗物赠送给日本海上自卫队，由海上自卫队幕僚长内田一臣代表接受。此后，为用于日本海上自卫队的历史传统教育，"雪风"的锚与舵轮从横须贺移送到了她的出生地吴，交由江田岛海上自卫队第一术科学校（前身为旧日本海军兵学校）保存陈列，以供学员和游人参观。[1]

作为后话，由日殖时代成长背景的台湾海军军官郭宗清一手促成，为加强与日本的关系而将"雪风"遗物归还日本，然而此事似乎对于所谓巩固"日台"关系并不见效，事后仅仅数月，日本政府宣布与台湾当局"断交"。除"归还"给日本的物品外，"雪风"另有部分遗物被保留在台湾，用作纪念其生命中后半段的"丹阳"岁月，其中螺旋桨两件分存于台湾"三军大学""海军官校"，舰钟一件保存在左营的"海军官校军史馆"内。

---

[1]《大风将军：郭宗清先生访谈录》（下），（中国台湾）"台湾地区史政机关"2011年版，第402—408。

风消月隐

——"汾阳""沈阳"号驱逐舰

最后的日偿驱逐舰

位于胶东半岛东南的青岛是中国北方著名的深水良港,早在清末北洋大臣李鸿章筹建北洋海防时,就已相中了该地,着手在当时称为胶澳的胶州湾一带屯驻军队,营建栈桥、炮台等军港设施,意图将其营造为大型军港。甲午战争中国战败后,列强掀起瓜分中国的狂潮,青岛先是在1897年被德国强行占据,继而又在1914年落入日本手中。第一次世界大战结束后,作为战胜国的中国据理抗争,终于在1922年将青岛揽回了祖国怀抱,成为华北地区为数不多的在中国自己掌握中的军、商要港。"九·一八"事变后,青岛还一度成为东北海军的司令部所在,更凸显其重要地位。然而好景未久,当1937年日本发动全面侵华战争后,青岛旋即在1938年初再次沦陷,落入了日本侵略军之手。

1947年8月在青岛接收的部分第三批日本赔偿舰。照片中最大的一艘就是原日本海军的"宵月"号,此时舰首已经升起了国民政府海军的舰首旗

在青岛失守的前夕，东北海军为反抗侵略，曾在青岛大港等地进行了自沉军舰构筑阻塞线等最后的防御努力，别显一番弱小海军面对强敌时的无奈和悲壮。

屡次被列强侵占的青岛，其城市史上印满道道伤痕，犹如近代中国海权沦丧历史的一幕痛苦缩影。直至1945年抗日战争胜利，青岛才回归母国，中国国旗重新飘扬于岛城上空。随着美军在青岛向中国移交大批援赠舰艇，国民政府军事委员会在青岛建立中央海军训练团，中国海军在青岛设置海军第二基地，青岛重新成为了中国华北海防线上的重要实力支撑点。当1947年日本开始向盟国赔偿军舰时，青岛又扬眉吐气成为了日本偿华军舰的重要接收地之一，仿佛是以此彻底洗雪这座城市近代所遭遇过的屈辱。

1947年8月30日，青岛大港码头内外一派节日的气氛，当天上午8时，日本第三批赔偿军舰的接收仪式就在当年东北海军沉船抗敌的大港港区举行，抚今追昔，令在场的国人为之动容。当时参加仪式的记者对交接仪式情景有过一段十分动情的描述："这给予了全青岛的中国人民兴奋得实在可以，在这隆重的接收仪式下，全青岛人民有着一种神秘的心情和辛酸，他们希望着中国能永久这样地光荣下去。"[1]

从1947年6月中、美、英、苏四大对日战胜国分配日本赔偿舰开始，首批和第二批赔偿给中国的日本军舰都是从日本航行至上海进行交接活动，在胜利的喜悦之余，国府海军面对大批到来的日本赔偿舰艇实际大伤脑筋。经历抗战，本就弱小的中国海军更是元气大损，尤其是缺乏大量拥有舰上实务经验的人员，当时的人员配置重心为接收英美援舰，对大量来到的日本赔偿舰则难以筹建足够的舰员队伍，以至于日本赔偿舰抵华后经过大张旗鼓的交接仪式，便就都荒泊在外海听天由命。

在第一、二两批日本赔偿舰到来后，停泊在吴淞口外的日本赔偿舰已多，"上海港内舰船拥挤，锚地无多"。为方便保管和不影响航道通行起见，国府遂决定第三、四批日本赔偿舰不再在上海接收，而是与东京盟军总部协商改在北方军港青岛接管。[2] 此举除了考虑到舒缓吴淞口外的停泊场压力之外，或

---

[1] 林汉达："观日赔偿舰接收典礼记"。辑录于《海军采访》，（民国）海军总司令部新闻处1948年版。

[2] 《海军舰队发展史》（一），（台湾地区防卫部门）"史政编译局"2001年版，第286—287页。

许还有其他方面的盘算,因为当时美国第七舰队已经进驻青岛,在青岛又有美国海军派华的大量训练人员,如此或许可以在青岛就近借助美国力量帮助中国训练人员和修理、武装舰船,使这些日偿舰快速服役与恢复战斗力。此外,当时华北地区国共战火日趋炽烈,胶东大地更是双方重要的角力场,在青岛厚集海军力量对于国府军队在华北的战事而言,较上海更具现实意义。

日本第三批赔偿舰的分配工作于1947年的8月13日在东京盟军总部进行,中国代表第一个出手抽签,抽得了当次的第3组赔偿舰,总计8艘军舰。和日本赔偿给四大同盟国的各组军舰一样,中国所获的第3组军舰也是由驱逐舰、海防舰和杂类军舰构成,其中以驱逐舰最为瞩目,当次中国所获得的是原日本海军的"宵月"号驱逐舰。[1]

继第三批军舰之后,最后一批日本赔偿舰的分配抽签在1947年9月于东京顺利举行,中国代表抽得了第四批中的第四组军舰,共计10艘,至此列强分割日本赔偿舰的工作宣告完成。在中国所获得的第四批日本赔偿舰中,也包括有1艘驱逐舰,即"波风"号。

"宵月"与"波风"成为中国所获得的最后2艘日本赔偿驱逐舰,[2]因为到来最晚,二舰后来的命运显得格外的黯淡。

"宵月"往事

中国海军在第三批日本赔偿舰中获得的"宵月"号,属于原日本海军的航母战队防空舰——"防空直卫舰""秋月"级驱逐舰。

该级军舰的诞生源自20世纪二三十年代后航空兵力的战力越发强大,需要有专门的军舰承担海军航母编队的防空和对失事舰载机的救援工作。1937年,日本海军为增强其航母战队的伴随防空力量,军令部和海军省决定设计建造一种格外强化防空作战能力的军舰,其舰种名为直卫舰(直卫舰一词最后并未成为日本军舰的正式舰种,属于非正式的舰种名词)。根据军令部的要求,为跟上航母编队的步伐,这型防空军舰的航速必须达到35节、续航力达到10000海

---

[1]《海军舰队发展史》(一),(台湾地区防卫部门)"史政编译局"2001年版,第287页。
[2]《海军舰队发展史》(一),(台湾地区防卫部门)"史政编译局"2001年版,第289页。

风消月隐——"汾阳""沈阳"号驱逐舰

日本海军"秋月"级驱逐舰的首舰"秋月"号,其装备有4座背负式炮塔的外观显得格外威武,可以留意,此时舰上的电探等电子装备尚未安装

里/18节,[1]即达到当时日本海军的新锐航空母舰"苍龙"级的航速与续航力标准("苍龙"级航速34.5节,续航力8000海里/18节)。其防空火力则需装备4座双联100毫米65倍径高角炮,同时该舰必须具有良好的抗浪性能,舰上还要搭载有以备救援落水飞机的动力艇、反潜用的深水炸弹投射器等。[2]

经日本海军舰政本部第4部进行总体设计发现,如果要同时满足军令部所提出的上述要求,这种直卫舰的标准排水量将达到3700吨,公试排水量则达到5000吨,需要装备功率为75000马力的轮机系统,舰上还需要能搭载1200吨重油。经过对舰船性能、建造成本、编队使用规划等方面的综合考量,军令部最后决定降低部分指标要求,将直卫舰的规模缩减为驱逐舰级别。经修改,直卫舰的设计航速改作33节,续航力改为8000海里/18节,最后成为一种防空驱逐舰,按照日本海军的标准,归类为一等驱逐舰中的乙型驱逐舰。当时为对外保密起见,代称"W-115"型。[3]

---

〔1〕〔日〕堀元美:《驱逐艦その技術的回顧》,(日本)原書房1969年版,第237页。
〔2〕〔日〕福井静夫:《日本駆逐艦物語》,〔日〕光人社1993年版,第198页。
〔3〕〔日〕福井静夫:《日本駆逐艦物語》,〔日〕光人社1993年版,第201页。

1940年7月30日，"W-115"型的首舰在日本舞鹤海军造船厂开工，建造代号第104号，该舰在1941年5月15日正式定名为"秋月"，此后该级军舰都以与"月"有关的名词命名，也称为"月"型军舰。

"秋月"级驱逐舰的体量极大，接近轻巡洋舰"夕张"，是旧日本海军规模最大的驱逐舰。其标准排水量2701吨，公试排水量3470吨，舰体水线长132米，垂线间长126米，水线宽11.6米，型深7.05米，平均吃水为4.15米。

在舰体设计和动力、舾装方面，"秋月"级实际大量借鉴了"阳炎"级的先例。"秋月"的动力系统型号与配置和"阳炎"几乎完全相同，包括两座"舰本"式GT透平机，3座"口"号"舰本"式重油专烧水管锅炉，功率52000马力，双轴推进，因为"秋月"的吨位较"阳炎"大出了1000吨，在同样的主机功率推进下航速则只有33节，"秋月"多出的吨位主要是布置重油舱，其续航力达到8000海里/18节。

"秋月"级军舰轮机舱的布局和"阳炎"一样传统，不过有所改进。"秋月"级轮机舱从前至后分别是第1、第2锅炉舱（第1锅炉舱内安装2座锅炉）和前部主机室（驱动左侧主轴，主机室内装有1座透平发电机）、后部主机室，各舱室间有水密隔壁分隔。"秋月"级的3座锅炉各有单独的排烟管道。与"阳炎"级采用两座烟囱来为3座锅炉排烟的模式有所不同的是，"秋月"级3座锅炉的排烟管伸出主甲板后并在一个巨大的烟囱罩内，其外观造型与日本海军巡洋舰"夕张"等的烟囱十分相似。（在"W-115"型军舰的总体布置设计中，有一种落选方案是和"阳炎"一样采取2座烟囱的形式。）

"秋月"的主舰体采用首楼船型，舰首采用了具有抗浪性的"S"形，舰尾则为椭圆形，总体上和"阳炎"级非常相似，犹如是被加长了的"阳炎"级军舰。在主甲板上有几处明显的建筑物，首楼末端是高高的舰桥，舰体中部

美军飞机从空中拍摄到的"秋月"舰照片，可以十分直观地辨识"秋月"的舱面布局

则耸立着大型的烟囱,烟囱前后不远处各有1座桅杆,均为三脚桅式。此外,"秋月"的8门主炮采用了4座双联炮塔式,以背负式的方式分别在军舰首尾各安装2座,使得该舰外观上看起来威风堂堂,犹如巡洋舰一般。

为尽量增强对空作战能力,"秋月"级的主炮选用的是新颖的"98"式100毫米口径65倍径高角炮,配套A型炮塔。这种长倍径的火炮初速为1000米/秒,射击速度19发/分钟,威力较大,火炮的旋转速度为12度/秒,俯仰速度16度/秒,最大射程19500米,最大俯仰角+90至-10度。[1]考虑到"秋月"级具有8门100毫米高角炮的凶猛防空火力,同时该舰在随同编队出动时,编队中还会有其他防空军舰相互配合,"秋月"级上充当近距离防空用的副炮数量较少,仅有2座25毫米口径双联装高射炮,布置在烟囱后方专门设置的炮台上。

"秋月"级军舰在设计时,单纯作为防空用的直卫舰考虑,并没有设计鱼雷兵器。后来,根据军令部的要求,对其按照驱逐舰的标准武备配置,加上了鱼雷兵器,此举中不难看出日本海军对鱼雷偷袭战术的恋恋不舍,也使得"秋月"从单纯的防空舰变成了多功能舰。"秋月"级的舰体中部25毫米口径高射炮台后被安装上了1座61厘米口径"92"式4联装鱼雷发射管及配套的鱼雷库,共可携带8枚鱼雷,因鱼雷偷袭作战多以夜间乘暗发起,在鱼雷库一侧(右舷方向)还建有专门配合夜战使用的探照灯台。

此外,依据军令部对该型军舰提出的应具备反潜能力的要求,"秋月"级在舰尾甲板上还安装了"94"式爆雷投射器2座以及2条深弹投放轨道,舰上共可携带54枚"95"式深水炸弹。

配合武备的使用,"秋月"级在初期装备了一系列火控设备,包括有对军舰首尾100毫米口径主炮进行火控的2座带有"94"式4.5米高角测距仪的高射指挥塔,为军舰中部25毫米口径高射炮进行火控的1座"97"式2米高角测距仪。其中"94"式测距仪及连带的火控指挥塔一座安装在前部舰桥的顶部,另一座则安装在后主炮附近,"97"式测距仪则安装于前部舰桥上的露天罗经甲板上。因为舰桥的构造相对较为复杂,舞鹤海军工厂在开工"秋月"舰之前专门在岸上搭建了1:1的原大舰桥模型,由驱逐舰舰长、舰船设计工程师等组成审议小组对舰桥结构进行过亲身检验和评议。[2]

---

〔1〕[日]森恒英:《日本の駆逐艦》,[日]グラソプリ1995年版,第204页。
〔2〕[日]堀元美:《駆逐艦その技術的回顧》,[日]原書房1969年版,第239—240页。

"秋月"级的电子战设备最初是1套类似声呐的"93"式水中探信仪,在后期又陆续安装了"22"号电探和"13"号电探各1部,其中"22"号电探天线安装在前桅杆上,"13"号电探的天线则在前后桅杆上各安装有1具。

根据日本军令部的昭和十四年度军备充实计划,将建造6艘"秋月"级防空驱逐舰,此后随着日军在太平洋战场上节节失利,又在昭和十六年度战时建造计划中追加建造10艘,再于昭和十七年度战时建造计划中追加建造23艘。实际上至日本战败时为止,该级军舰共建成了12艘,因为其防空性能突出,在日本驱逐舰中属于颇受好评的一型。由于日本海军在太平洋战争中的损失日益沉重,急需补充舰船力量,"秋月"级从第8艘军舰"冬月"开始,为图缩短单舰的建造工期而对设计和建造工艺进行简单化处理,诸如将舰首水下的线条改直等,形成了"秋月"级中的战时急造军舰,而战后赔偿给中国的"宵月"号

"秋月"级10号舰"宵月"航试时的照片

就是这类军舰。

"宵月"是"秋月"级中的第10号舰,原计划在九州的三菱长崎造船所建造,后改由位于东京湾之畔的浦贺船坞建造,1943年8月25日开工,建造时的代号为第363号。该舰1944年9月25日下水,定名"宵月",舰名意为夜晚的月亮。[1] "宵月"于1945年1月31日竣工,舰籍隶属吴镇守府,首先编入第11水雷战队,承担训练教学和防空任务,首任舰长为中尾小太郎海军中佐。

"宵月"服役时,美日在太平洋战场上的交锋已进入尾声,太阳帝国日本

---

[1] [日]片桐大自:《聯合艦隊軍艦銘銘伝》,[日]光人社1988年版,第362页。

在太平洋地区的势力范围日渐缩小，"宵月"舰的战斗经历主要是在日本本土周边参加防空作战。1945年5月20日，"宵月"被改编入第31战队，参加对马海峡一带的海上护航行动，任务开始后不久，该舰于6月5日在周防滩姬岛灯塔325度方向外5.8千米处的海面触水雷受损，一侧螺旋桨无法正常工作，勉强使用单侧动力回到吴港修理。此时的吴港正在遭到美军的大规模空袭，"宵月"系泊吴海军工厂码头，一面进行修理，一面利用舰上的防空火炮参加吴港的防空作战，期间于7月24日美军发动的猛烈空袭中小有损伤。当天同在吴港的日本海军"日向"号战舰被美军战机轰炸至重创坐沉，由此可见当时空袭的烈度之强，而"宵月"在这种高烈度空袭中能够幸免，也足见"秋月"级军舰的防空能力。

在吴港匆匆修复后，作为日本本土为数不多的尚有战力、舰况较好的残存舰，"宵月"被预定作为参加本土决战的力量而隐蔽于濑户内海。为防再遭空袭，该舰的舰体外覆盖上伪装网，遍插树枝、树叶，停泊到江田岛附近的东能美岛港汊里待机。8月6日，"宵月"在隐蔽待机地目睹了不远处广岛市上空腾起蘑菇云的末日景象，几天之后日本宣布无条件投降。

和日本战败时尚能航行的其他原日本海军军舰一样，"宵月"此后拆卸了全部舰上武备，在军舰主甲板上加盖临时住舱，被改用于将海外的日本军民

1945年9月已经处于盟军看管中的"宵月"舰。此时舰上的2、3号主炮塔已经拆除，1、4号炮塔则根据盟军对所有残存"秋月"级军舰的要求，炮管调整成了10度仰角的姿态

1946年夏季完成海外撤运任务后在原吴海军工厂第2号船坞中进行拆卸临时舱房作业的"宵月"号

撤运回国。值得留意的是，根据现存的一些"宵月"舰以及其他"秋月"级军舰在改为特别输送舰之前的照片看，盟军可能是对该级军舰另有其他用途设想，除了将2、3号炮塔拆除外，仍然保留了该舰的武备。其之所以会拆除2、3号炮塔，可能是因为这些"秋月"级军舰当时油舱大多不满（"秋月"级3000余吨的排水量中，燃油占据了1000吨），担心军舰重心过高而在停泊时期发生危险，所做的预防措施。

"宵月"舰于1945年10月5日注销海军舰籍，12月1日定为特别输送舰，主要前往澳大利亚的悉尼等地，也因此，在该舰拆卸武器时，主要由澳大利亚和英国军官进行监督。

未能料到的是，"宵月"充当特别输送舰撤运人员的过程中，突然发生了一桩轰动一时的国际事件。

1946年3月5日，"宵月"抵达澳大利亚的悉尼撤运盟军在太平洋地区俘获的日本战俘和日侨回国，当次总计计划搭运1000余人。有鉴于驱逐舰内涌入上千人后居住条件必定恶劣，长程航行更肯定是艰苦不堪，日军战俘中的台湾籍官兵及眷属300余人以自己属于中国人为由进行抗议，认为不应与日本战俘同等对待，不愿挤在"宵月"舰中，乃至与押解战俘的澳大利亚官兵发生冲突，引起了轩然大波。事发后，澳大利亚在野党借机发难，称"宵月"号是居住条件恶劣的地狱船，抨击工党政府安排将敌俘和敌侨装入地狱船缺乏人道关怀，最终经澳大利亚当局与东京盟军总部进行协商，从悉尼出发的"宵月"在新几内亚的腊包尔暂停，300余名台籍日军及家眷离舰上岸，后改乘居住条件较好

的日本医院船"冰川丸"返回台湾。[1]

海外撤运行动结束后,"宵月"和其他日本特别输送舰一样被封存保管,改为特别保管舰,与驱逐舰"雪风"等集中在横须贺港停泊,等待最后的命运安排。

"波风"忆旧

列在日本向中国赔偿的第四批偿舰中的"波风",是中国获得的最后1艘日偿驱逐舰,也是舰龄最老的1艘日偿驱逐舰。

"波风"舰属于日本海军一等驱逐舰"峯风"级中的火力配置改进型。这型驱逐舰诞生于第一次世界大战之后,设计上沿袭了此前日本驱逐舰"枞"级、"若竹"级的德式驱逐舰风格,在其基础上增大了体量,加强适航性。

"峯风"级标准排水量1215吨,全长102.6米,水线宽8.9米,平均吃水2.9

"峯风"级的武备布置改动型"野风"号

---

[1] 应绍舜:《阳泰永安》(上卷),2011年台北自印本,第57—58页。

米。以第二次世界大战结束时的眼光看，这级军舰的外形可谓古意盎然，其舰体设计采用的是首楼船型，用意为依靠高大的首楼来提高抗浪能力，为了当海水涌上首楼后能够快速消散，首楼顶部甲板是中间高、两舷坡的龟背式。在首楼的后方，"峯风"的舰体是平甲板样式，其上的主要建筑从前往后依次是舰桥、前桅杆、2座烟囱、后桅杆、甲板室等，作为驱逐舰重要武器的鱼雷发射管分别安装在后桅前后，以及舰桥与首楼之间的主甲板上。[1]

在诞生的当时，"峯风"级的动力配置在日本驱逐舰中十分耀眼，主机选用的是2台三菱帕森斯透平机，配套4座"ロ"号"舰本"式重油专烧水管锅炉，双轴推进，功率高达38500马力，航速达到39节，较"秋月"级快了许多，舰上的重油载量395吨，续航力为3600海里/14节。

"峯风"的武备主要由火炮和鱼雷构成，舰上共装备120毫米45倍口径"3年"式舰炮4门，沿舰体中轴线布置，可以同时对向军舰的舷侧射击。其中1号炮安装在首楼甲板的后端，为防海浪冲击，在这处炮位前方设有一道挡浪板。2号炮布置在两座烟囱之间的甲板室顶部，3号炮位于后烟囱之后的甲板室顶部，在接近舰尾处的甲板室上安装有4号炮。这种火炮初速825米/秒，射速7发/分钟，最大射程15200米，最大俯仰角+33度至-5度，没有对空射击能力。配合火炮使用，"峯风"级的舰桥顶部装备有1部1.5米测距仪。除此，舰上还安装2门6.5毫米口径"3年"式机枪，1门安装在2号炮后方，另1门安装在4号炮身后的高台上，聊可充当近程防空武器。

该级军舰的鱼雷兵器是3座"6年"式53厘米口径双联装鱼雷发射管，分前后两部分安装，舰桥和首楼之间安装有1座，后桅杆的前后则各安装1座。配合鱼雷的使用，在两处鱼雷战位的附近都安装有供夜间作战时使用的探照灯。除鱼雷兵器外，"峯风"级在舰尾主甲板上还安设了2条水雷布设轨道，舰上共可以携带16枚水雷。

"峯风"级的首舰在1920年问世，在短短两年时间里陆续建造有12艘之多，均以带有"风"字的气象名词命名，从第13艘"野风"号开始，舰上的武器布局进行了合理化调整，形成了独特的改型"野风"级。其变化主要是对舰体后半部主甲板上的鱼雷发射管、火炮进行了位置调整，第3、4号120毫米口径炮不再天各

---

[1]《日本の駆逐艦》，[日]海人社1992年版，第66页。

一方，而是集中安装到了后桅杆附近，两门火炮的炮台直接相连。原分隔在后桅杆前后的2座双联鱼雷发射管则改到了烟囱至后桅杆的主甲板上，集中在一处，原布置在2座鱼雷管之间的探照灯则改到了烟囱后方。这种改进的好处十分明显，将同类武器集中配置，对操纵、指挥乃至弹药供应等活动都更便利。

抗战胜利后日本赔偿给中国的最后1艘驱逐舰"波风"号就属于这种改型，"波风"舰于1921年11月7日在舞鹤海军工厂开工，第二年6月24日下水，其舰名意为掀起波浪的狂风。1922年11月11日"波风"舰竣工入役，舰籍隶属横须贺镇守府，首任舰长田尻敏郎海军中佐。该舰服役后，在12月28日与姊妹舰"野风""沼风"以及"峯风"的改进型军舰"神风"一起被编入第一驱逐队，作为北方警备队驻扎在大凑，担负日本北部海域的护渔行动。[1]

太平洋战争爆发后，"波风"和同队的"神风"等军舰承担了千岛群岛、北海道以及本州南岸地区的运输船队的护航。在当时的战事形势下，"波风"这类既没有防空能力，也不具有反潜手段的老式军舰，参加护航只不过是聊胜于无。在太平洋战争初期，日本北部海域相对较为安全，"波风"等老式军舰的护航行动尚平安无事，但随着时间推移，美军的锋芒也开始迫近这一区域。1944年9月8日，"波风"在护卫小樽至北千岛群岛的船队时，被美军潜水艇

竣工时拍摄的"波风"舰照片

---

[1]［日］片桐大自：《聯合艦隊軍艦銘銘伝》，［日］光人社1988年版，第320页。

已经隶属第一驱逐队的"波风"号，舰首舷侧可以看到阿拉伯数字1，是第一驱逐队的标识

"海豹"（Seal）发射的鱼雷击中，遭受重创，舰体后部断裂，经"神风"拖带侥幸返回小樽，应急修理后驶往舞鹤母厂进行大修。

"波风"在舞鹤大修期间，日本在太平洋战场上已陷入颓局。由于以常规战方式难以和美军较量，日本海军开始越来越多地使用残忍的自杀式特攻作战。正在船厂修理、自身原有的武器系统样式过老的"波风"就势被要求进行改装，以准备充当搭载新式自杀兵器"回天"鱼雷的母舰。这次改造，"波风"舰原装备的120毫米口径火炮仅仅保留了首楼顶部甲板上的1号炮，其余拆除一空，舰上原有的鱼雷发射管也全部拆去，在清空了的舰体中后部主甲板上，可以搭载2枚"回天"鱼雷。根据当时美军掌握着制空优势的战场特点，"波风"上加装了6座25毫米口径双联装高射炮和8门高射机枪，着重强化防空火力。为便于将"回天"鱼雷推放入水，"波风"的舰尾做了加长，改成了类似日本海军一等输送舰舰尾那样的入水斜坡。

修理改造中，"波风"舰原有的4座锅炉中被拆除了前部的1座（推测在此前已损坏），主机功率下降至25000马力，航速降至29.5节。由于少了1座锅炉的排烟道，改造完毕后的"波风"舰前烟囱直径明显小了一半。

"波风"的大修和改造工作在1945年2月1日完成，随后在濑户内海西部参加"回天"鱼雷的操作训练。当年3月27日晚，美军使用B-29型轰炸机对日本的下关海峡、吴港、佐世保港、广岛湾实施大规模的空投水雷、封锁航道行动，对日方的水上运输和舰船活动造成了极大的威胁，"波风"从28日起遂在

风消月隐——"汾阳""沈阳"号驱逐舰

被改为"回天"鱼雷母舰后的"波风"

吴港附近参加寻找、监视美军投放的水雷的活动,日本战败时和"宵月"舰一样也在吴港,且是比较少有的在战败时毫发无损的军舰。随后,"波风"舰在当年10月被注销舰籍,舰上开始加盖临时板棚,改造为特别输送舰,之后则被列为特别保管舰,集中于横须贺港停泊,等待赔偿给战胜国。

梦止台湾

"宵月"号的命运在1947年的夏天揭晓,经过抽签决定,被东京盟军总部指定作为第三批交付给中国的赔偿舰,以示对日本发动侵略战争给中国海军造成的损失进行赔偿。

1947年8月25日,日本九州东南的重要军港佐世保笼罩在酷暑中,前桅杆上挂着E字信号旗和日本商船旗"宵月"神情黯淡地出港离去,在其身后是同为第三批赔偿军舰的"隐岐""屋代"等7艘军舰,以及最后负责监视航行的"若鹰"号军舰,整个编队以10节航速航向中国青岛。中国海军代表钟汉波和美国海军代表皮尔斯(Lt.Pierce)海军上尉乘坐"若鹰"沿途监督、照料。

得悉日本赔偿舰即将到来,中国海军从驻防华北的海防第一舰队中抽调"永泰"号护航巡逻舰担任看押使命。"永泰"舰于8月26日夜间预先航抵

235

停泊在吴港的"宵月"号，后来成为中国海军的"汾阳"舰

青岛港口的大公岛海面驻泊等候，27日早晨，"永泰"舰的平面搜索雷达首先发现了正在接近的日本赔偿舰。至中午11时，以"宵月"领头的日本赔偿舰编队抵达大公岛，随后由"永泰"舰领航进入青岛港，在17、18号泊位下锚停泊。

青岛的接收仪式选定在8月30日进行，没有采取上海接收第一、二批日本赔偿舰时在岸上举办仪式的做法，青岛的仪式选定在第三批赔偿军舰中体量最大的"宵月"号作为会场，在"宵月"舰的主甲板上举行仪式，拆除了主炮的"宵月"主甲板分外空阔，正适合承担这一活动。

8月30日早晨，第三批日本赔偿舰接收仪式正式举行，"宵月"的前主甲板被用作仪式举行地。中方预先在原2号炮炮座的附近略作布置，交叉竖立了两面中国的国旗。当天参加仪式的包括青岛党政军首脑人物、新闻记者，以及海军仪仗队和军乐队，三组人"站成三条直线围绕主席台"。

8时整，海军士兵在"宵月"舰上升起了青天白日满地红国旗，邻近而泊的其他第三批赔偿舰也都一一升起中国国旗，宣告成为了中国的军舰。报纸记者后来动情地描述这一刻为"它们从此被解放了，新生了，青天白日旗重新赋予他们以辉煌的生命"。随后，海军第二基地司令董沐曾、青岛警备司令丁治磐、青岛市市长李先良相继发表演说，尤以丁治磐将军的讲话内容最为动人："我们的海军舰艇，曾列过世界第三位，但在甲午之役，全被日本俘虏了，日本就以我们这些舰艘作为基础建设强大起来。这点——必须记起，他们是为了侵略，所以才得着今日的后果，因此，希望我们海军的同志以保卫世界和平，保障民族生存为建军目的，才不辜负我们俘虏来的这些日舰。"[1]

---

[1] 林汉达："观日赔偿舰接收典礼记"。辑录于《海军采访》，（民国）海军总司令部新闻处1948年版。

风消月隐——"汾阳""沈阳"号驱逐舰

接舰仪式以第二基地司令董沐曾海军代将签署完接收文件而告顺利结束,驾驶军舰来华的日本送舰官兵500余人在领队前田一郎和中美海军代表钟汉波、皮尔斯率领下于当天下午就乘坐"若鹰"号离去。望着这些昔日本国的军舰从此天涯相别,日本官兵此时的心情想必极为惨然。被中国海军将士视作洗雪甲午耻辱象征的日偿舰就此编入中国海军,一一分别临时命名,"宵月"获得了"接字第十七号"的临时舰名,简称"接17",由海军少校李秉惕率35名官兵登舰接管。根据此前上海接收日本赔偿舰的先例,如果李秉惕能够设法快速募齐"接17"所需的舰员,该舰就有可能优先被武装成军,然而后来的情况是"接17"长期荒泊在青岛大港,久久未被激活。

"宵月"更名"接17"后不到一个月,包括驱逐舰"波风"在内的最后一批日本赔偿舰在1947年的9月末到达青岛,中国海军上校姚屿、东京盟军总部的代表海军上尉柯卡第(Lt.Crockett)随行监视。第四批日本赔偿舰在9月30日由中国海军"美益"舰引导进入青岛大港港区。中、美海军代表因故需要立即返回日本,该批日本赔偿舰遂先行于10月3日在青岛金口一路48号海军招待所内举行简单的接收签字仪式,由董沐曾将军代表签字,将接收书交由中美交

接收后的"波风"/"接25"舰,推测拍摄于台湾。从照片看舰况变得十分恶劣,不过有一处令人注意的细节,该舰的涂色明显已经改成了美式的蓝灰二色组合式

舰代表带回日本。而后在10月4日正式举行接收仪式,选择在"波风"舰的主

甲板上举行。虽然当天的天气不佳,但是在雨中仍坚持完成了升挂中国国旗等程序,"波风"被更名为"接字第二十五号",简称"接25"舰,也如同"宵月"一样,没能配齐舰员和进行武装,被荒泊在青岛港,视为保管舰。

随着四批共34艘日本赔偿舰全部接收完毕,出乎海军意料的是,1947年10月国民政府主席蒋中正向海军发出命令,要求将一半日偿舰缴给行政院,"由行政院分派其他机关使用"。日本赔偿舰虽然没有武装,对海军来说要配齐武备、恢复其战斗力具有很大难度,但是如将这批舰船充作商用等目的则就十分简单,国民政府要求海军吐出一半日偿舰的背后,显然是有很多势力对这批不用花费分文就有可能获得的舰船垂涎不已。

针对蒋中正的命令,海军总司令桂永清竭力辩争,最后申请将舰龄较新、具有战斗潜力的23艘留用在海军,其余11艘上缴行政院。对此国防部认为"留用舰艇仍嫌过多",要求海军再上缴4至5艘。此后,桂永清非但没有按令上交,反而从已经列为上缴行政院的日偿舰名单中划去3艘,而改将海军的老掉牙军舰"建康""湖鹰"上缴凑数。在这轮争夺风波中,第三、四批来华的"宵月"/"接17"和"波风"/"接25"被分属了两处,"接17"因为是日本赔偿舰中规模最大的军舰,且舰龄新、舰况好,被海军留作自用,而"接25"因为舰龄老旧而由海军上缴行政院,再由行政院应交通部的申请,拨给交通部使用。

1948年5月1日,海军总司令部对隶属海军的接字舰重新命名,其中驱逐舰

美术作品:表现"接25"改为电缆船的推想图。创作:王益恺

都采用带有阳字的中国地名命名,"接17"/"宵月"获得了新舰名"汾阳",编制隶属于海军海防第二舰队的第四队,与日偿丁型驱逐舰"信阳""华阳"编列为第八分队。

"接25"则因为已被拨给交通部,并没有在当次变更名称。交通部从行政院申请认领"接25"时,表示意图将该舰配属给在青岛的电信总局,用于布设和维护海底通信电缆。以曾经属于"回天"鱼雷装载舰的"接25"/"波风"的舰型看,其为施放"回天"鱼雷而设计的斜坡状的舰尾正适合海底电缆的收放,而高高的首楼前端只要稍加改造、装上卷车,就能适用于电缆布放。如此"接25"将成为中国继清末台湾省从英国订造的"飞捷"之后,又一艘专用的电缆船。出人意料的是,交通部获得该舰后长期没有派员接管,到了1948年8月18日才在青岛接收,由海军第二军区司令高如峰办理移交。不过接收的单位并不是交通部,而变成了招商局青岛分局,据称是交通部拒收,而由行政院裁定给招商局,其中的奥妙颇值得玩味。[1]

可能是经过将近一年时间的海上荒泊,"波风"/"接25"的舰况发生了急剧恶化,招商局接收该舰后并没有能立刻恢复其使用,在当年年末仍由海军管理。时间延至1949年1月淮海战役结束后,国民政府在北方的战局溃烂不可收拾,孤处在山东解放区围绕中的青岛岌岌可危,从2月开始驻青岛的国民党军政单位开始大批南撤。也就在此时,海军决定将停泊在青岛的原日本赔偿舰拖离,"汾阳"和"接25"号就此别离大陆,被海军拖曳往台湾。

"汾阳"和"接25"于1949年的2月(一说为6月)全部来到了台湾岛,其中"汾阳"停泊于基隆,以便于就近在基隆船厂维修,"接25"则被安排在淡水待命,仍都属于保管舰的性质。海军自1948年对自属的日本赔偿舰艇等完成更名后,为加速训练、配置舰员的工作,曾在1948年末成立了名为"舰艇巡回训练组"的机构,对各接收舰进行轮训,旋因内战吃紧,在1949年9月而撤销。国民党海军主力撤离大陆后,在1949年10月1日以登陆舰司令部为基础,改编为训练舰司令部,继续专门负责各保管舰的人员训练和武装成军工作,"汾阳""接25"和其他尚未成军的日本赔偿舰旋都纳入这一舰队。在此期间"接25"被海军正式更名,依照驱逐舰命名的成例,舰名改为"沈阳",意味

---

[1]《海军舰队发展史》(一),(台湾地区防卫部门)"史政编译局"2001年版,第305页。

美术作品：台湾时期的"汾阳"舰。创作：王益恺

着该舰重新回到了海军编制之中。

在"汾阳""沈阳"二舰中，体量大、舰龄新的"汾阳"是国民党海军急迫想要恢复其战斗力的军舰，与其他各保管舰都只派出低阶军官担任保管组长不同，"汾阳"抵台后由原任"灵甫"舰舰长的郑天杰海军上校出任舰长，显现了海军对该舰的重视程度。

由于赔偿来华后荒废搁置太久，原本动力性能一切完好的"汾阳"在抵台时已经处于动弹不得的状况，以台湾本省的工程技术能力难以修复如此大舰（同为日本赔偿舰的"雪风"之所以能够修复就役，主要是因为依靠台湾本身技术力量即可完成），不得已而向日本方面求援，由原"宵月"的建造厂派出技师抵台研判。最终因为修理代价太高，加之朝鲜战争爆发，美国恢复了对台湾的海军军援，再耗费大量金钱修复一艘舰况不佳的日本赔偿舰已无多少必要性，"汾阳"号便被彻底放弃，于1953年9月经台湾地区军事部门下令除役，改为左营海军官校的泊港训练舰，一年后的1954年7月31日报废出售，所得款项充作海军舰艇的修理费，1955年3月16日注销舰籍、撤销原保管舰编制。[1]

而抗战胜利后的最后一艘日偿驱逐舰"沈阳"号的情况则不如"汾阳"

---

[1] 钟坚：《惊涛骇浪中战备航行——海军舰艇志》，（中国台湾）麦田出版2003年版，第574页。

风消月隐——"汾阳""沈阳"号驱逐舰

第二代"沈阳"舰，是台湾地区海军中最后一艘退役的阳字驱逐舰

这般复杂。当勘明"沈阳"号动力系统修理难度巨大之后，国民党海军当局并未切实地制定修理该舰的计划，早早就将"沈阳"处之于自生自灭的境地，早在1950年10月1日就确定不再做修理，改为无动力的泊港训练教学平台，后在1953年8月16日报废除籍，撤销编制。[1]

2艘原有重新服役希望的日本赔偿驱逐舰如风中之烛逝去后，台湾地区海军又相继出现了再度用"汾阳""沈阳"命名的军舰。第二代"沈阳"号是1977年10月1日在美国纽约接收的美制"基林"（Gearing）级驱逐舰，于2005年11月26日除役。第二代的"汾阳"是1993年8月6日在美国长堤接收的美制"诺克斯"级（Knox）导弹巡防舰。在海峡的此岸，人民解放军海军则在2002年将新诞生的051C型驱逐舰的首舰取名为"沈阳"号。

---

[1] 钟坚：《惊涛骇浪中战备航行——海军舰艇志》，（中国台湾）麦田出版2003年版，第578页。

杂木成林

——日偿"丁"型驱逐舰

战时急造型驱逐舰

1941年日本挑起太平洋战争，向英、美开战，凭借着突然袭击而带来的先发优势，日本海陆军在广阔的太平洋战场上一度占取了上风，犹如突起的恶浪肆无忌惮地四处奔涌吞噬。然而从1942年开始，美军在珊瑚海海战、中途岛海战中连挫日本海军联合舰队的锐气，进而把日军拖入了瓜达卡纳尔岛血肉磨坊般的残酷消耗战中。拥有强大工业生产力为支撑的美军占尽制空优势，而日本海军在海上护航、防空作战中损失惨重，舰船兵力日益捉襟见肘，尤其是在护航、防空乃至著名的"东京急行"强行补给输送中充当主要战力的驱逐舰的损失更为严重，亟待补充。1942年末，日本海军决定从速设计建造一大批驱逐舰进行补充。针对瓜岛战役中显现出的战斗特点，要求新的驱逐舰必须着重防空和反潜能力，同时应尽量简化设计，以便于大量、快速建造，与"甲"型、"乙"型驱逐舰高低搭配使用。

按照军令部的指令，日本海军舰政本部从1942年11月开始设计研发简易型的量产驱逐舰，先后共提出了标准排水量1000至1800吨，采用不同武备配置的9种设计方案（方案代号依次是F55-A至F55-I），最后在1943年的2月选定了其中的F55-H方案，开始着手准备投入建造，正式定级名称为"丁"型驱逐舰，又以首制舰的舰名称为"松"型。这是日本在第二次世界大战中研发和建造的

公试中的"丁"型驱逐舰"槙"

最后一型驱逐舰。[1]

此前，在日本海军固守舰队决战思想的背景下，日本海军驱逐舰多重视适应鱼雷作战的设计，与此迥然不同的是，"丁"型驱逐舰改而以防空、反潜和执行护航任务为设计目标，类似当时美国海军大规模建造的DE护航驱逐舰。"丁"型驱逐舰的公试排水量1530吨，标准排水量1260吨，根据日本海军舰艇分类标准，算作是一等驱逐舰，该型军舰的水线长为98米，水线宽9.35米，吃水3.3米，舰体设计采用首楼船型。因为考虑到要能够在短时间内大量建造，为了尽量降低建造的工艺难度，提高建造速度，舰体外观上较少有弧线形的设计构造，而大量采用直来直去的直线、平面构造，施工工艺上也采取了焊接和铆接结合的方式。

该型舰的武备配置格外注重防空和反潜能力，前主炮选用1座127毫米口径40倍径"89"式单管高角炮，安装在首楼顶部甲板上。该型炮初速720米/秒，最大射程14000米，最大仰俯角＋90度～－8度，射速14发/分钟。军舰的后主炮选用1门与前主炮同型的双联装版本，安装在主甲板的后部。此外，舰上的枪炮武备还包括4座25毫米口径"96"式三联装高射炮、8座单管25毫米口径"96"式高射炮，其中三联装的25毫米口径炮在驾驶室前方和军舰后桅附近

---

[1][日]福井静夫:《日本の军舰》,[日]出版协同社1956年版,第141－142页。[日]堀元美:《驱逐舰，その技术的回顾》,[日]原书房1969年版,第252页。

甲板室顶部各布置1座,另两座则布置在军舰后烟囱前方的高射炮台上。单管的25毫米口径高射炮则分布在舰桥两侧的首楼顶部甲板和主甲板上(每舷各2门),以及舰体中部高射炮台下的主甲板两舷、舰尾甲板室两舷。[1]

配合枪炮的使用和作战的需要,"丁"型驱逐舰装备有火控等光学和电子设备,其安装位置主要集中在舰桥最顶层的罗经甲板上,包括与高射火炮配套的"97"式2米高角测距仪1座,以及简易型的火控设备"4"式射击装置1座,还包括有12厘米高角双筒望远镜、6厘米高角双筒望远镜等光学设备。此外,"丁"型驱逐舰的罗经甲板上还安装有对海侦搜用的"22"号电探天线,在后桅杆上安装有对空侦搜的"13"号电探天线,属于无线电测向设备(部分"丁"型驱逐舰没有安装"13"号电探)。

不过值得注意的是,作为以防空、护航、强行运输为主要使命的"丁"型驱逐舰,并没有像美国海军的DE护航驱逐舰那样彻底放弃鱼雷兵器。在瓜达卡纳尔岛附近发生的萨沃岛海战中,日本军舰获得了用鱼雷击沉美国巡洋舰的

公试中的"丁"型驱逐舰"竹",在前桅杆的前方可以看到安装在支架上的"22"号电探

---

〔1〕[日]森恒英:《日本の駆逐艦》,[日]グラソプリ出版1995年版,第207页。

战绩,使得日本海军对鱼雷作战仍然是恋恋不舍,设计师在"丁"型军舰小小的舰体上,也尽最大的努力加上了较具威力的鱼雷兵器。"丁"型驱逐舰的鱼雷兵器布置在军舰舰体中部两座烟囱之间的主甲板上,设计安装1座多联装鱼雷发射管。在最初的设计中,原计划装备新研发的533毫米口径6联装鱼雷发射管,后来考虑到6联装鱼雷管的生产耗时,无法和火急火燎的护航驱逐舰建造工程相匹配,而且认为533毫米口径的鱼雷威力不足,难以对敌方舰船造成致命的破坏效果,遂仍然改用"秋月""阳炎"等级驱逐舰都曾装备过的"92"式610毫米口径四联装鱼雷发射管,配套装备鱼雷作战指挥用的"97式2型"射角方位盘和"1式3型"发射指挥盘各1部。

考虑到护航反潜作战的需要,"丁"型军舰集中在主甲板尾部布置了攻潜兵器,主要包括两条深水炸弹投放轨道,以及两具抛射深弹用的"Y"炮——"94"式爆雷投射机。配合反潜所需,舰上配置有"93"式探信仪和"93"式水中听音器等用于侦搜水下目标的电子设备。

"丁"型驱逐舰的动力系统采用两座"舰本"式齿轮传动透平主机,配套2座"ロ"号舰本式重油专烧水管锅炉,轮机总重363吨,占舰体排水量的23.8%。"丁"型驱逐舰的主机最大功率19000马力,设计航速27.8节,舰上重油载量370吨,续航力3500海里/18节。

在舱室的布局方面,"丁"型驱逐舰的轮机舱布置模式较具新意,也被后世的日本海军史学者津津乐道。该型军舰在日本军舰设计中革命性地率先采用了抗损害能力高的主机舱和锅炉舱分离布置的模式,按照"主机舱——锅炉舱——主机舱——锅炉舱"的次序排布,每间主机舱长度为10.7米,每间锅炉舱长度7.8米,各舱分别独立相隔。因为两座锅炉舱之间隔着轮机舱,所以在舰体外观就可以看到这型军舰两座烟囱之间的间距很大。"丁"型靠近舰尾方向的后部主机舱和其后的2号锅炉舱向右侧螺旋桨输出动力,其余的前部主机舱和1号锅炉舱则是驱动左侧螺旋桨。倘若军舰的一座轮机舱中弹,只要损管得当,起码还能维持着另外一套主机继续工作,不至于造成动力全损。根据设计,在只有一部主机工作的情况下,"丁"型的航速可以达到18节。

除了主机和锅炉之外,"丁"型驱逐舰在驱动右侧螺旋桨的主机舱内还安装有2座柴油发电机,在主机不工作时,由这两座发电机为舰上提供电力,而在驱动左侧螺旋桨的主机舱里则另安装着1座透平发电机,当锅炉蒸汽压力充足时,这座发电机就可以开始工作,此时舰上的电力供应则可切换由透平发电机提供。[1]后来国民党海军人员曾对这种发电机的工作情况有过生动的记述:"内部灯光昏暗,舱间低矮……等到锅炉蒸汽达到可供气标准,各类辅机开始暖机运转,大烟囱的黑烟没了,改用透平发电机供电,一瞬间大放光明。"[2]

以小型的护航军舰为标准来观察,"丁"型的设计可谓优秀,其防空和反潜能力相对较强。该型舰列在日本海军1942年度战时补充计划的第二次追加计划中建造,计划共建造42艘。[3]1943年8月8日,"丁"型的首舰在舞鹤海军工厂开工。有趣的是,其舰名设定并没有按照日本海军命名规则中一等驱逐舰用天象、地象名词命名的规范,而是采用了二等驱逐舰以植物名命名的标准,称为"松"号,由此可以看到日本海军对这型所谓一等驱逐舰的真实看法。由"松"号开始,至1944年陆续开工和建成了18艘"丁"型驱逐舰,其单舰的工期从建造"松"时的9个月逐渐缩短至6、7个月。尽管如此,受太平洋战场日益恶化的局势影响,日本海军提出了进一步缩短驱逐舰建造用时的要求。为此

公试中的"改丁"型驱逐舰"荻"号,可以注意其安装在前桅杆上的"22"号电探,安装位置和"丁"型驱逐舰有很大的区别

---

[1][日]堀元美:《駆逐艦,その技術的回顧》,[日]原书房1969年版,第252—253页。[日]福井静夫:《日本駆逐艦物語》,[日]光人社1993年版,第239页。

[2]《黄金岁月五十年,黄宏基将军忆往》,(中国台湾)"台湾地区防卫部门负责人办公室"2007年版,第377页。

[3]《日本の駆逐艦》,[日]海人社1992年版,第128页。

在"丁"型驱逐舰的基础上又进一步修改设计出了简化改型。1944年7月3日改型军舰的设计完成,称为"驱丁改"型、"改丁"型,后又根据其首舰的舰名"橘"号而称为"橘"型驱逐舰。由于其和"丁"型的设计区别不大,也经常被直接视作是"丁"型驱逐舰。

"改丁"型驱逐舰总体上和"丁"型没有太大的变化,其标准排水量增加至1289吨、公试排水量增加至1580吨,吃水增加至3.37米。外观上最容易辨别的区别特征是舰尾的形状,"丁"型为圆形舰尾,"改丁"则是更适合深水炸弹投放的方形舰尾。另外,"改丁"型的前桅杆造型和"丁"型的三脚桅有着明显的区别,将"丁"型安装于露天罗经甲板上的"22"号电探天线改安装在了桅杆上。[1]"改丁"的武备与"丁"型大致相同,区别主要是将"丁"型原装备8门的25毫米口径单管高射炮增加至12门,防空火力由此有所加强。"改丁"舰上用于对潜侦搜的水中听音机也比"丁"型新颖,用新式的"4"式水中听音机代替了"丁"型装备的"93"式,其位于舰底的捕音器布设点多达80个,是"93"式的两倍之多。[2]

"改丁"相对于"丁"型更大的变化是在外观上难以看到的地方。首先是军舰的舰体材质,"丁"型在建造时综合考虑了材料获取难易度,以及焊接施工的难度,没有采用装甲钢(DS钢),而是采取了高张力钢(HT钢)和普通钢(MS钢)相结合的模式,其中高张力钢用在上甲板以及舰体要害部位的外板。"改丁"型则彻底省去了高张力钢,完全使用普通钢(软钢)建造,工艺上也完全采取施工效率更高的焊接法,其总体的防护力较"丁"型更弱。[3]

其次,"丁"型所装备的透平主机每套包括高压透平、中压透平、低压透平和巡航透平四个部分,"改丁"型为了快速建造,对主机的配置进行简化,改成了只有高压透平和低压透平两个部分。[4]最后,作为只追求建造速度而不顾军舰自身防护力的表现,"改丁"型甚至将"丁"型设计中的双层底取消,成为只有单层底的军舰。这样的设计即使在同时代的民船上也被认为是不可靠、缺乏安全性的。

---

〔1〕〔日〕福井静夫:《日本駆逐艦物語》,〔日〕光人社1993年版,第240页。

〔2〕〔日〕堀元美:《駆逐艦,その技術的回顧》,〔日〕原書房1969年版,第258页。《海军》第9卷,〔日〕诚文图书1981年版,第188页。

〔3〕〔日〕堀元美:《駆逐艦,その技術的回顧》,〔日〕原書房1969年版,第258页。

〔4〕《日本の駆逐艦》,(日本)潮书房光人社2012年版,第129页。

1944年7月8日，"改丁"型的首舰在横须贺海军工厂开工。其命名延续了"丁"型的习惯，仍然以树木的名字为名，称为"橘"，其单舰的建造速度比"丁"型更快，为5至6个月（开工至下水需时3至4个月，下水至竣工需时2个月）。[1] 至第二次世界大战日本战败时为止，"改丁"型军舰共建成14艘，总计"丁"型与改型共完成32艘，是日本海军驱逐舰家族中人丁最为兴旺的一支，因为"丁"型与"改丁"各舰都以树木为名，这级军舰又有"杂木林"的别号。[2]

"信阳"/"初梅"

建成总数共计32艘的"丁"和"改丁"型驱逐舰中，至1945年日本战败时尚存23艘，其中部分因战败时就处在重伤无法航行的状态，后被拆解，剩余尚能航行使用的大多经历了先被改为特别输送船，继而改作特别保管舰，最后作为赔偿舰移交给中、美、英、苏战胜国，为日本发动侵略战争赎罪。在作为赔偿舰赔付的18艘"丁"和"改丁"型军舰中，共有4艘赔偿给了中国海军。

四大战胜国获得的日本"丁""改丁"赔偿舰[3]

中国	美国	英国	苏联
"初梅"	"桦"	"竹"	"初樱"
"枫"	"柿"	"堇"	"榧"
"杉"	"樫"	"萩"	"桐"
"茑"	"欅"	"楠"	"椎"
	"雄竹"	"槙"	

中国所获得的第一艘日本战时急造驱逐舰是"改丁"型中的最后一艘，即"初梅"号。该舰1944年12月8日在日本舞鹤海军工厂开工，舰名意为年初最早开花的梅树，于1945年4月25日下水，当年的6月18日竣工。该舰尚未来得

---

[1]［日］福井静夫：《日本駆逐艦物語》，[日]光人社1993年版，第239页。
[2]［日］福井静夫：《日本駆逐艦物語》，[日]光人社1993年版，第238页。
[3]［日］福井静夫：《終戰と帝国艦艇》，[日]出版協同社1961年版，第184页。

杂木成林——日偿"丁"型驱逐舰

及配属部队,旋于航试后的第8天(6月28日)在舞鹤海军工厂附近不到10海里处被美军飞机炸伤。紧急修复后,"初梅"舰在1945年7月30日被派前往小浜附近援救搁浅的同门姊妹舰"槙",期间又遭到空袭受伤,等到返回舞鹤军港后,很快就迎来了日本的战败投降。[1]

1946年在日本鹿儿岛拍摄到的改为特别输送船的"改丁"驱逐舰"榉",可以看到加装在军舰首尾和中部的临时舱房

和日本战败时残存的尚能航行使用的其他原海军军舰一起,"初梅"被盟军勒令解除武装,1945年10月5日销除了军舰舰籍,于12月1日定为特别输送船,负责将在海外的原日本军队和侨民运回日本本土。[2]当时为了将"改丁"型驱逐舰改作特别输送船,尽量多搭载人员,其改造的办法主要是在军舰首尾的原前后主炮位置上,以及军舰中部的原4联装鱼雷管位置上改造出称为船室、兵员室的临时舱房,用于增加舰上的居住容量。"初梅"虽然没有特别输送船状态的照片存世,但其改造情况应该与同型其他舰相似。根据一些现存的改为特别输送船后的"改丁"照片看,可能是出于航行时的使用需要,在拆卸武备和电子装备时,位于军舰前桅上的"22"号电探大多作了保留。

---

〔1〕〔日〕片桐大自:《聯合艦隊軍艦銘銘伝》,〔日〕光人社1988年版,第458页。
〔2〕〔日〕福井静夫:《日本海軍全艦艇史》(資料篇),〔日〕ベストセラーズ1994年版,第16页。

改造为特别输送船的"丁"型驱逐舰"桦"

1946年中,从海外运回旧日本军队和侨民的行动基本完成,驻日盟军总部将残存的日本军舰性质改为特别保管舰,拆除了特别输送船时期临时加盖的舱房,将所有残存军舰分别集中至横须贺、佐世保、舞鹤三地集中封存保管。"初梅"与姊妹舰"桦""槿""槙""椎"等被看管在舞鹤,组成了舞鹤地区的驱逐舰保管群,等待命运裁决。[1]

1947年4月,美国远东海军司令部向日本方面下达命令,要求做好将特别保管舰赔偿给战胜国的各项准备工作,所有预备用于赔偿的日本军舰被按照舰种均衡分布的原则,重新编列为若干个组,由四大盟国代表抽签选取,"初梅"与"雪风"等被列在第一批的第二组序列中,集中至佐世保军港待命。当年的6月28日,中国海军代表马德建在东京盟军总部举行的抽签仪式上抽中了该组军舰。[2] 7月1日"初梅"等首批日本赔偿舰从佐世保出发,于3日抵达中国上海,并在6日举行的受降仪式上正式由中国海军接收,就此成为了中国军舰。根据中国海军的安排,日本赔偿舰统一先以"接"字头的临时舰名命名,"初梅"舰作为当批日偿舰中吨位仅次于"雪风"的大舰,获得了"接字第二号舰"的新名,简称为"接2"舰。

---

[1] [日]福井静夫:《終戰と帝国艦艇》,[日]出版协同社1961年版,第100页。
[2] 《海军舰队发展史》(一),(台湾地区防卫部门)"史政编译局"2001年版,第285页。

杂木成林——日偿"丁"型驱逐舰

1947年7月集结在佐世保等待出发的日本赔偿舰,右侧的舰群多为"丁"和"改丁"型驱逐舰

当时的中国海军,经历了抗战时代的巨大牺牲,正踌躇满志地准备迈向久违的大海。不过显得有些尴尬的是,抗战胜利后面对大批到来的英、美援助舰和日本投降舰、赔偿舰,一时间中国海军出现了接管乏人的严重人员不足问题。因为英、美援舰大都状况较好,且装备齐整,补给物资充裕,英、美两国又负责帮助中国海军培训舰员,所以成为战后中国海军重点接收成军的军舰。与之相比,日本投降舰和赔偿舰则容易让人产生鸡肋之感。这些军舰大多舰况不佳,没有任何武器装备,且舰体的设计布局、舾装设备、内部的轮机等配置又都属于中国海军比较陌生的日本海军制式。在不可能得到日方培训和协助的情况下,要将这些军舰恢复到战备状态,需要付出比接收英美军舰更为繁重的工作和努力。在海军用人紧缺的时代,恢复日偿舰的工作就被作为费力不讨好而被搁置。也由此日本赔偿舰来华后,中国海军大多只是派出寥寥无几的临时看管人员驻舰值班、守卫,随后便将这些军舰移出黄浦江,抛锚于吴淞口外的海面,仍然置于封存状态。在海风侵蚀下,很多长期没有启封的日本赔偿舰最后落得报废拆解的下场。

比较幸运的是,可能因为"初梅"舰来华时的状况较好,其作为"接2"舰在东海之上被打入冷宫封存的命运仅仅只持续了半年多,在其他日偿军舰羡慕的眼神中被中国海军挑出,由海军江南造船所进行了武备安装和舰体维修保养,恢复到了可以作战使用的战备状态。1948年3月1日,"接2"舰入役,首任舰长是抗战时代曾被派英国留学参战、亲历过盟军诺曼底登陆作战的海军中校白树绵。4月16日"接2"舰的编制被明确,列编在海军海防第二舰队第四队

251

的第八分队。[1]当年的5月1日，中国海军对日本赔偿舰全部重新命名，按照驱逐舰以带有"阳"字的中国城市名称命名的新规则，"接2"舰使用了当时河南省信阳县的县名命名，更名为"信阳"舰，定舷号"15"。[2]

关于"接2"舰为何能够如此之快就被恢复使用，除了该舰舰况较好的解释之外，另有一个诠释值得留意。曾担任过日降"长治"舰副长的海军军官安国祥对日偿舰的启用有过一段特殊的回忆："海军当局只要你能设法联系上流失在民间之官兵，人数凑齐了，可以驾驶任何一艘'日赔舰'，你就可以被任命为舰长。"[3]安国祥所说的流失在民间的海军官兵，实际上是指原汪伪政府的海军人员。因为汪伪海军受日本海军的影响较大，其教育、操典都和日本海军有千丝万缕的关系，相比之下对日本海军的舰艇操作更为熟悉，抗战胜利后便将汪伪海军人员视作操作日本投降、赔偿舰的绝佳人选，推测"信阳"舰入役时，舰上也列入了大量的原汪伪海军人员。

由于"初梅"在成为"信阳"后的初期缺乏清晰的历史照片可资研究，现代已经很难揣度江南造船所对该舰的具体维护和改装情况，只有上世纪50年代曾经担任过"信阳"舰航海官的台湾地区海军将领黄宏基在回忆录中曾提及刚

20世纪40年代末期拍摄到的"信阳"舰照片，此时舰上已经完成了武备安装

---

[1]《海军舰队发展史》（一），（台湾地区防卫部门）"史政编译局"2001年版，第343页。
[2]《海军舰队发展史》（一），（台湾地区防卫部门）"史政编译局"2001年版，第308—309、312页。
[3]《黄金岁月五十年，黄宏基将军忆往》，（台湾地区防卫部门）"负责人办公室"2007年版，第370页。

刚入役时的"信阳"舰武备配置情况。

根据黄宏基所述,"信阳"舰的首尾各换装了1门单装的4.7英寸口径炮充当前后主炮,在舰桥上及后烟囱前方的炮台上各安装1门2.5英寸口径炮,后烟囱后方的甲板室顶部安装2门40毫米口径高射炮,此外在舰桥前方两舷以及舰桥上,共安装20毫米口径高射炮4门。[1] 这些武器多是原日本海军遗留在中国的装备,从型号上推测,其4.7寸口径主炮很可能是日本的"10年"式120毫米口径高角炮,而2.5英寸口径炮和20毫米口径炮可能是25毫米口径高射炮之误,其型号可能是"信阳"在"初梅"时代装备过的"96"式,而20毫米炮同时还可能是当时美式军舰上常见的"厄利孔"式,40毫米口径高射炮则可能是"博福斯"式。从武备的分布和数量上看,基本上都是在"初梅"舰旧有的各处炮位上安装,属于填空式的恢复武备,对舰体建筑应当没有太多的改造变动。因为当时中国海军并没有来自水下的威胁,且反潜装备本身难以获得,"初梅"原有的反潜武器,在"信阳"舰时代并没有得到恢复。除了武备之外,没有迹象显示江南造船所恢复该舰战力时安装了火控设备,整体看"信阳"与其说是驱逐舰,不若说是一艘炮舰更为贴切。

"信阳"舰武装入役时,正值国共内战愈演愈烈,当年的5月"信阳"即被派赴浙江,率同"海鹰"号炮艇前往舟山群岛的定海岱山、衢山等地搜索、进攻共产党游击队。当年的6月4日,在浙江海域巡弋的"信阳"还曾对侵入附近渔场的日本渔船实施过驱赶。当看到这艘青天白日旗飘扬,却带有日本海军驱逐舰外观的军舰时,不知渔船上的日本船员作何感想。

1948年年底,随着国军在内战战场上节节败北,国民政府开始加强长江防御,除了在沿江陆上布防外,包括"信阳"舰在内的海防第二舰队舰只也被调入长江协防。根据江防区的划分,"信阳"被分配在第一江防区,与"逸仙""威海""联荣""美乐"以及第一机动艇队部分炮艇以江阴为基地,负责长江白茆沙至口岸一带的江上巡防,即长江江阴下游地区的巡防。"信阳"舰白树绵舰长的校友、青岛海军学校出身的"逸仙"舰舰长宋长志为江防区指挥官。[2]

---

[1]《黄金岁月五十年,黄宏基将军忆往》,(台湾地区防卫部门)"负责人办公室"2007年版,第370页。

[2]《海军舰队发展史》(一),(台湾地区防卫部门)"史政编译局"2001年版,第647页。

长江突围

1949年4月20日晚至21日，人民解放军在西起江西湖口东至江苏靖江的广阔战线上发动渡江战役，全面突破了国民党军的长江防线，进军江南地区。战役发起当时，"信阳"舰在江阴附近的长江江面阻击从江北而来的解放军渡江船只。夜间混战中，"信阳"舰左舷的一处25毫米口径高射炮炮位被解放军炮火击中，阵亡7名士兵，负伤9人。天明之后，"信阳"舰惊魂甫定地向正在附近水域的"逸仙"汇报战损情况，随后舰上电话突然传来消息，装备有重炮、控扼着长江咽喉的江阴要塞在当天清晨起义，参加了解放军，并要求在江阴附近江面上的"逸仙""信阳"投降。

"信阳"舰舰长白树绵立即被召到指挥舰"逸仙"，与"逸仙"舰舰长宋长志会商对策。因为当时二舰并没有得到撤离江阴江面的命令，理论上仍应继续驻守原防区，宋长志和白树绵遂决定一面向海军总司令部电报请示机宜，一面与要塞虚作应付，同时做好等到夜幕降临后设法突围的准备。当时"信阳"等舰的火力完全不是江阴要塞的对手，二舰所计划的方案是设法抵近南岸，在进入江阴要塞大口径火炮的射击死角后乘机突围。

21日下午1时30分，"逸仙""信阳"得到了来自海军总司令部的电令，要求二舰设法突围，遂坚定了突围作战的决心，试图按照计划向南岸抵近航行。2时30分，江阴要塞可能是发觉了二舰的动向有异，以要塞的大口径火炮对"逸仙""信阳"的近旁实施威胁射击，电话命令二舰立刻投降。在此情形下，"逸仙"舰于2时40分停航，挂起白旗，身在"逸仙"舰上的白树绵也遥控指挥自己的"信阳"舰同时挂出白旗。此后，"信阳""逸仙"与江阴要塞进入了一段互相提防的斗智斗勇。

升起白旗之后，"逸仙""信阳"预判解放军可能会派人登舰看管，遂计划等解放军人员登舰时发动突然袭击，扣押登舰人员作为人质，立刻突围，"召集全体官兵阐述突围决心，及待机之举"。江阴要塞方面，虽然看到"信阳"等舰升起了白旗，然而并不放心，对之将信将疑，并不敢贸然派人登舰，而是一直观察到傍晚5时过后，决定命令二舰靠近江阴下锚，同时要求二舰派人上岸接洽，作为人质置留，以确保二舰不会是假投降。

得到江阴要塞要求二舰靠岸的命令后，原本就想偷偷抵近南岸进入要塞火炮射击死角的"逸仙""信阳"大喜过望，表面上"缓缓移至山下"，装作抛锚，实则锚"入水数尺即止"，做好了随时开足马力逃脱的准备。对江阴要塞提出的二舰派代表登岸接洽的要求，"逸仙"回复伪称需要进行联络准备，乘机派出机动艇将白树绵舰长送回到了"信阳"舰上。当时在江阴江面，还有一艘国军海军的日制中型炮艇"炮-50"号。考虑到炮艇的航速慢，突围时可能跟不上大舰，遂决定由吨位和主机功率都较大的"信阳"舰拖带"炮-50"突围，利用江阴要塞解放军要求派出代表登岸的时机，"信阳"舰派出交通艇，将"炮-50"的武器、通信设备以及全部艇员都转移到了"信阳"舰上，同时在"信阳"和"炮-50"之间完成了系缆连接的工作。

夜幕降临后，"信阳""逸仙"以及"炮-50"的突围准备完全就绪。为了分散江阴要塞的注意力，"逸仙"还以电话通知要塞，"伪称已派妥代表前往，请派人在黄田港口引领"，同时"信阳""逸仙"为防万一，将舰上的档案文卷焚毁，并要求非战斗人员全部进入底舱以策安全。

晚上7时50分，江防区指挥官宋长志在"逸仙"舰上向海军总部发出致总统的电报："职等舰约于养戌外冲，誓与舰共存亡，成败利钝，在所不计，倘

美术作品："信阳"舰长江突围。创作：王益恺

255

全体牺牲，两舰官兵眷属乞赐垂怜"，随后便以"逸仙"在前，"信阳"拖带"炮-50"在后的编队，从江阴开足马力冲向长江下游方向。几分钟之后，江阴要塞和北岸的解放军炮兵阵地开始向二舰猛烈开火，不过因为"逸仙""信阳"选择靠近南岸的航路航行，江阴要塞重炮难以对其构成威胁，而北岸解放军的火炮属于陆军配属的野战火炮，口径较小，火力密度和射程均不足，也无法对"信阳"等形成阻截，加之当时时间已是入夜，江面上一片漆黑，更给了"信阳""逸仙"天然的伪装网。经历了在炮火隆隆声中40余分钟的航行后，"逸仙""信阳"于23日凌晨1时抵达南通附近江面，全身而退，二舰均未受损，不过因为突围途中"信阳"的航速过快，由其拖带的"炮-50"在航行途中进水沉没。[1]

"逸仙""信阳"突围时，原停泊在北岸靖江新港江面的国军"联荣"舰也与解放军发生激烈炮火对战。当发现"逸仙""信阳"的动向，"联荣"遂与二舰靠拢，三舰又从南通继续下驶，至23日天色放明后抵达黄浦江口，进入上海水域归队。

经历了长江突围的"信阳"舰，与"逸仙"等一起被视作国军中敢战的英勇舰，其编制在1949年5月1日调整到了海军主力舰队海防第一舰队，编在海防第一舰队的第一分队中。数月之后，1949年11月1日，"信阳"舰编制重新调整回海防第二舰队，原舰长白树绵升迁，继任舰长为雍成学海军中校。在编制的变迁中，"信阳"随着海军舰队一起，开始别离大陆，撤防到了东南沿海的岛丛之间。

"衡阳""惠阳""华阳"

在日本赔偿给中国的第一批军舰中，除了"改丁"型的"初梅"舰之外，还有一艘"丁"型驱逐舰，即"枫"号。该舰1944年3月4日在日本横须贺海军工厂开工，同年的7月25日下水，10月30日竣工，取枫树为名，是日本海军历史上第二艘使用这一舰名的军舰。

"枫"建成后，从1945年1月开始执行为从门司港到台湾的运输船团伴随

---

[1]《薪传》第一集，（中国台湾）"海军总司令部"2001年版，第26—29页。

杂木成林——日偿"丁"型驱逐舰

日本投降时在吴港拍摄到的"丁"型驱逐舰

护航的任务,1月30日在台湾左营外海遭美军自菲律宾起飞的第五航空军战机空袭轰炸受伤,就近前往台湾基隆实施简单修理,此后护卫从香港前往日本本土的运输船团顺道归国,在吴港入坞大修后留防在濑户内海,充当训练舰。日本战败投降后,经历了和"初梅"一样的历程,在1945年10月5日注销军舰舰籍,12月1日改为特别输送舰,1946年完成输送任务之后作为特别保管舰封存在佐世保。[1]

盟军决定将日本残存舰分批用作赔偿后,"枫"和"初梅"同被列在第一批第二组赔偿舰,于1947年7月6日在上海由中国海军正式接收,定临时舰名为"接字第三号",即"接3"舰,此后便长期荒泊在吴淞口外。

1948年中国海军为所有"接"字军舰重新命名时,"接3"作为驱逐舰也被赋予了阳字舰名,采用湖南省的县名,定名为"衡阳",其名义上的编制列在海防第二舰队第四队的第九分队,与"丹阳"舰同在一队。[2]不过其实际上仍然处于没有人员、没有武备的封存状态,完全没有"信阳"那般的幸运。

---

[1] [日]片桐大自:《聯合艦隊軍艦銘銘伝》,[日]光人社1988年版,第424页。钟汉波:《驻外武官的使命》,(中国台湾)麦田出版1998年版,第186页。

[2] 《海军舰队发展史》(一),(台湾地区防卫部门)"史政编译局"2001年版,第343页。

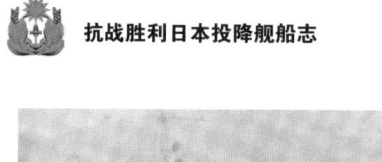

1947年初拍摄到的"杉"号，此时舰上还可以看到曾作为特别输送船的痕迹，舰桥前方的临时舱室尚未拆除

至1949年解放军发动渡江战役后，为防尚有价值的封存日偿舰落入解放军之手，国军于5月间将"衡阳"舰拖离吴淞口，送至台湾淡水。

继第一批赔偿舰中的"丁"型驱逐舰"枫"和"改丁"型驱逐舰"初梅"之后，中国海军在继之到来的第二批日本赔偿舰中又各获得了1艘"丁"和"改丁"，即原日本海军的驱逐舰"杉"和"莺"。

"杉"号是1944年2月25日开工的"丁"型驱逐舰，由藤永田造船所建造，同年7月3日下水，8月25日竣工，舰名取自杉树，是日本海军历史上第二艘"杉"号军舰。该舰是"丁"型驱逐舰中为数不多的经历过大海战的军舰，竣工后原编在日本海军第43驱逐队，2个月后即参加了著名的雷伊泰湾海战，当时编在小泽治三郎海军中将率领的第三舰队中，属于第三十一战队的军舰，海战中主要担负了防空和落水飞行员的救助任务。此后，"杉"还参加了奥尔莫克（Ormoc）输送战等战斗行动。1945年1月21日"杉"在台湾高雄港补给时遇美军舰载机空袭，防空作战时击落美机一架，自身也身受重伤，3月13日在完成了台湾高雄的运输船团的护卫后返回吴港大修，在吴迎来了日本战败投降。[1]

"莺"号则是1944年7月31日在日本横须贺海军工厂开工，同年11月2日下水，1945年2月8日竣工，属于"改丁"型驱逐舰，是日本海军历史上第二艘使用这一舰名的军舰。"莺"号建成后编在第11驱逐队，留用在横须贺，负责充当训练舰，以及兼顾港口的防空作战。1945年4月30日之后，其泊地转移到佐

---

〔1〕［日］片桐大自：《聯合艦隊軍艦銘銘伝》，［日］光人社1988年版，第445页。钟汉波：《驻外武官的使命》，（中国台湾）麦田出版1998年版，第202页。

杂木成林——日偿"丁"型驱逐舰

1947年7月26日从佐世保开往中国时拍摄到的"䳕"号

世保，日本战败投降时，该舰在佐世保处于完好无损的状态。[1]

"杉""䳕"共同经历了被改为特别输送船，以及特别保管舰的历史，在作为特别保管舰时，"杉"被封存在佐世保，"䳕"则停泊在横须贺。[2] 盟军在确定日本赔偿舰时，二舰被编列在第二批的第四组军舰中，是当组唯有的2艘驱逐舰。[3] 1947年7月17日，中、美、英、苏四国代表在日本东京盟军总部进行第二次赔偿舰分配的抽签，中国海军代表抽中了第四组军舰。

"杉""䳕"等日本第二批赔偿军舰在1947年7月26日从日本佐世保开航中国，盟军总部派美国海军上尉麦赛尔护送，中国海军则派海军上校姚屿随行照料。第二批赔偿舰于28日抵达吴淞口外，由中国海军军舰"楚观""联荣"押送进黄浦江，30日在龙华江面举行正式接收仪式，会场则设在"䳕"号的甲板上。当天，按照第一批赔偿舰时的传统，"杉""䳕"更换"接"字头临时舰名，"䳕"更名为"接9"号，"杉"更名为"接10"号。[4]

尽管"接9""接10"交付中国海军时的舰况较好，尤其是"接9"/"䳕"几乎是以无损状态移交给中国，但都随即落入了荒泊吴淞口外，任凭风

---

[1] [日]片桐大自：《聯合艦隊軍艦銘銘伝》，[日]光人社1988年版，第451页。钟汉波：《驻外武官的使命》，（中国台湾）麦田出版1998年版，第200页。

[2] [日]福井静夫：《終戰と帝國艦艇》，[日]出版協同社1961年版，第100页。

[3] [日]福井静夫：《終戰と帝國艦艇》，[日]出版協同社1961年版，第183页。

[4] 《海军舰队发展史》（一），（台湾地区防卫部门）"史政编译局"2001年版，第286—287页。

吹雨打的境地。由于无法配齐足够的舰员，大量日本赔偿舰就这般白白地被自行荒废。

1948年5月1日，中国海军对日本赔偿舰总体更换正式舰名，"接9"/"莺"采用广西省的县名，命名为"华阳"，"接10"/"杉"则采用广东省的县名，命名"惠阳"。在编制关系上，二舰均编列在海防第二舰队的第四队，其中"改丁"型驱逐舰"华阳"编在第八分队，和同型舰"信阳"同分队，"丁"型驱逐舰"惠阳"则编在第九分队，和同是"丁"型舰的"衡阳"舰同队。[1]

1949年5月，受解放军席卷江南的凌厉攻势打击，国民党海军开始撤向东南沿海岛屿，封存停泊在吴淞口外的"华阳""惠阳"与"衡阳"一起，都在当月拖航往台湾，其中"华阳"舰被拖曳至澎湖马公锚泊，"惠阳"则被拖曳向基隆，途中突遇事故，在淡水附近海岸搁浅。

就此，日本赔偿给中国海军的"丁"型、"改丁"型军舰全部别离中国大陆。

最后的岁月

作为日偿"丁""改丁"中第一艘也是唯一一艘恢复到战备状态的军舰，"信阳"在20世纪40年代末至50年代初，活跃在大陆东南沿海，是当时国民党海军的主力舰之一，也是美援"阳"字驱逐舰到来之前，国民党海军唯有的两艘可用的驱逐舰之一（另一艘为"丹阳"舰）。

别离大陆后，"信阳"舰于1950年2月1日编入海防第一舰队，当年的5月25日，解放军广东军区江防司令部组织舰艇，在广东万山群岛的垃圾尾与国民党军舰发生海战（国民党方面称为南山卫保卫战）。为增援当地防务，国民党海军部门紧急调整部署，调派驻泊金门的海防第一舰队军舰前往换防。海防一舰队司令刘广凯随即以"信阳"号为旗舰，于26日赶赴万山群岛部署，掩护南山卫守军撤至外伶仃岛。[2] 随后，6月1日按照国民党海军的新舰队编

---

[1]《海军舰队发展史》（一），（台湾地区防卫部门）"史政编译局"2001年版，第343页。
[2]《海军舰队发展史》（一），（台湾地区防卫部门）"史政编译局"2001年版，第696—697页。

制,"信阳"所属的海防第一舰队更名海军第一舰队,"信阳"列在第四分队。6月26日解放军发起对三门列岛的登陆作战,"信阳"号与掩护登陆船队的解放军军舰"国楚""福林""509"艇在外伶仃岛附近发生过短暂的炮战。[1]

万山群岛作战之后,"信阳"舰改泊台湾左营,在1952年7月1日调整至海军第二舰队,后编入22战队,是第二舰队中少有的驱逐舰,当年由海军中校周非出任该舰第三任舰长。也就在这一年,美国恢复对国民党当局的军援,基于这一背景,"信阳"舰获得了进行美式化全面改造的机会,在1954年的8月进入左营海军造船厂,开始了一次改头换面式的换装工程。

"信阳"舰原有的武备大多被拆除,替换为美式装备,其中首尾主炮更换成MK12型5英寸口径单管炮,副炮改为7门40毫米口径"博福斯"和6门20毫米口径"厄利孔"高射炮,火力较之前强化了许多。在具体安装位置上,5英寸主炮分别位于首楼顶部甲板和舰尾主甲板,40毫米口径单管炮布置在:舰桥驾驶室前并列2门、军舰中部高射炮台上并列2门,后桅杆前方并列2门,后桅杆

更换了美式装备,采用82舷号的"信阳"舰

---

[1]《海军战史资料·战例选编》(二),中国人民解放军海军司令部1981年版,第7—8页。

后1门。20毫米口径炮的位置在：舰桥上驾驶室两侧各1门，后桅杆附近主甲板两舷各1门，后主炮附近主甲板两舷各1门。

配合武备的更换，"信阳"进行了电子装备的现代化改装，前桅杆改成了和美援"太"字舰类似的棒式桅，顶部安装SA对空搜索雷达的天线，稍下方安装SL平面搜索雷达。此外舰上还新装备了无线电台、火控计算机、声呐等装备。因为追加了大量电子设备，"信阳"舰的上层建筑也出现明显变化，首先是舰桥增大，其次是首楼向后延长，其增加出的舱室空间用于布置雷达室、火控指挥室等。

由于改造的内容多，幅度大，"信阳"舰的改装工作一直进行到1955年4月才告基本完成，随后在1956年又开往菲律宾苏比克美军基地进行未完工程的装备，至1956年3月才完全告成。战力得到倍增的"信阳"从1955年起被连续长期地派赴马祖驻防，执行封锁闽江口一带大陆福建沿海海上交通的任务，由此开始了"信阳"舰长期驻防外岛的历史，上世纪50年代中后期流行于台湾地区海军中的一段顺口溜里就编入过"信阳"舰的这一特点："穷'洛阳'，富'汉阳'，吊儿郎当是'咸阳'，又碰又撞是'南阳'，要驻防上'信阳'，靠码头是'丹阳'。"〔1〕

比起靠码头的"丹阳"，常年驻防的"信阳"可谓艰苦得多，当事人曾经回忆过当时军舰驻防的情形："淡水是管制的，每人每天仅配淡水半加仑，漱口、洗脸、擦身子都在其中，然后集中倒在清洁桶内，作为清洁甲板之用。舱间闷热，空气中弥漫着人体的汗臭味。春夏之交，海面上起大雾，浓密得伸手不见五指，我们编队侦巡，又不能拉'雾笛'示警，只有在舰首加派瞭望，减速慢行……10月以后风季来临，台湾海峡的风浪，考验着每一位官兵，一个浪头打过来，从船头盖到船尾，偌大的舰身像浪里白条……如侧风航行，舰体摇摆在20度左右，下更后回到舱间休息，躺在床上，两手必须紧握床沿，根本无法入睡。"〔2〕

同在1955年，因为美援驱逐舰开始到来，战力等而下之的"信阳"被改定

---

〔1〕《黄金岁月五十年，黄宏基将军忆往》，"台湾地区防卫部门负责人办公室"2007年版，第375页。

〔2〕《黄金岁月五十年，黄宏基将军忆往》，"台湾地区防卫部门负责人办公室"2007年版，第381—382页。

杂木成林——日偿"丁"型驱逐舰

为护卫舰舰种，舷号相应改为"82"，隶属改在巡逻舰队。当时台湾地区海军将海峡的巡防工作分为南北两个部分承担，即台湾海峡北部的浙海支队（又称北区巡逻支队，简称北巡支队），以及台湾海峡南部的闽海支队（又称南区巡逻支队，简称南巡支队），"信阳"列在北区支队，常担任北巡支队的旗舰。

此后，1956年至1958年，"信阳"报告多次在大陆沿海和解放军舰艇发生交火，但在解放军海军的战史中却很难查到完全对应的记录。进入1960年，"信阳"舰的轮机老化情况日益明显。经检查，该舰竟然从1948年接收后，从未进行过锅炉用水的化验，炉水的长期不达标致使锅炉水管结垢严重，"机舱漏气严重，（轮机）舱内有如三温暖，如果不是有强劲的通风系统，必定使人窒息。"海军遂安排该舰进入马公第二造船厂大修，未料因为公文衔接上的错乱，该舰大修完毕驶抵基隆次日，就接到海军部门下发的除役命令，虽经舰上军官争取暂时不报废，仍然任北巡支队旗舰，然而一年后的1961年海军再次下令该舰报废，当年12月1日自日本赔偿后又服役13年的"信阳"舰寿终正寝。[1]

"信阳"舰历任舰长[2]

任职时间	姓名
1948.3.1—1949.10.31	白树绵
1949.11.1—1952.9.30	雍成学
1952.10.1—1954.6.30	周 非
1954.7.1—1956.3.31	陆亚杰
1956.4.1—1958.5.1	黄锡麟
1958.5.1—1960.5.30	齐 民
1960.6.1—1961.12.1	冯迪佳

赔偿给中国的另外3艘"丁""改丁"型驱逐舰离开大陆后的历史，较"信阳"简单许多。"衡阳""惠阳""华阳"3舰从1949年10月1日起，编制都改在训练舰队名下。经历了在吴淞口外的封存停泊，3舰的舰况极差，而以台湾当时的海军修造能力，也无可能将其修复，"衡阳"舰从上海拖曳至淡水后，迟迟未做修复，于1950年报废拆解。"华阳"舰长期停泊澎湖马公，一度充当随

---

[1]《海军舰队发展史》（一），（台湾地区防卫部门）"史政编译局"2001年版，第312页。
[2]《老阳字号的故事》，（中国台湾）"海军总司令部"2004年版，第16页。

搁浅在淡水海岸的"惠阳"舰

国府南逃的东北流亡学生的临时宿舍，随后也在1950年报废拆解。其拆解下的很多设备、零件被保留作为"信阳"舰的维修备件。"惠阳"舰早在1949年5月拖航台湾时就在淡水海岸搁浅，此后国民党海军无力施救，于1951年放弃救援设想，直接报废拆解。[1]

4艘"阳"字舰相继消逝以后，"衡阳""惠阳""华阳"的舰名先后被台湾地区海军再度使用，冠之以美援驱逐舰，唯有"信阳"舰名未再使用。在海峡的对岸，人民解放军海军曾两度使用"衡阳"命名护卫舰，而到了2015年年初，一艘崭新的056型护卫舰在人民解放军海军北海舰队某部入役，定名"信阳"舰，成为中国海军历史上第二艘使用"信阳"这一舰名的军舰。

---

[1]《海军舰队发展史》（一），（台湾地区防卫部门）"史政编译局"2001年版，第322页。

偏安四舰

——日偿"甲"型海防舰

"择捉"和"御藏"

第二次世界大战结束之后,战败国日本赔偿给中国以及英、美、苏的军舰之中,数量最多的就是小型舰种——海防舰。中国海军当时所获得的日本赔偿海防舰,几乎涵盖了"甲""丙""丁"等全部三个主要型级。

1947年7月集结在横须贺等待赔偿给战胜国的日本军舰,照片中左起第3艘军舰是后来被中国抽签选中的"甲"型海防舰"隐岐"号

海防舰，按照字面意思就是Coast Defence Ship，是主要用于近岸防卫、港口防御的军舰，中国船政在清末建造的"平远"舰就属于这一舰种，当时中国称为近海防御军舰。而"海防舰"这一汉字名词则首创于日本，1898年3月21日日本海军省颁布《舰艇类别标准》，对日本海军的舰艇种类划分进行细化规定，其中第一次出现了海防舰类别。按照排水量的大小不同，海防舰进一步被细分为一、二、三等（7000吨以上、7000吨至3500吨、3500吨以下），当时列作海防舰的军舰多为老旧、不再适合远海航行的军舰。[1]诸如甲午战争中被日军俘虏的中国军舰"镇远""济远"，以及日本海军参加过甲午战争的"松岛""严岛""桥立""扶桑""金刚""比睿"等都被一股脑归为海防舰，后来日俄战争中日军俘获的俄罗斯铁甲舰也大都被列在海防舰的名下。此时根本不存在专门设计建造的新海防舰，海防舰一词等同于老旧舰，是日本海军收容尚具有一定战力的老旧军舰的养老院。为和日后新造的专用海防舰加以区分，这些由原先的战舰、巡洋舰等舰种转到海防舰名下的老旧军舰，被统称为"在来"型海防舰。其"在来"一词相对较为书面和文雅，实质上直白的含义相当于是说这型军舰属于旧物再生。

日本海军的海防舰舰种得以焕发出新意，源自第一次世界大战后日本海军的战略调整，还直接受到当时苏联和日本在北部海域的渔业纷争刺激。根据第一次世界大战中美国等国建造、使用护航军舰的经验和启示，日本海军开始研讨如何设计建造专用于护卫海上交通线以及护渔的军舰，直接的目的是投用到北部地区针对苏联进行护渔保商。很快又值1930年华盛顿条约签署，包括日本在内的缔约各国的主要舰种保有数量、规模都受到条约的严格限制，而海防舰作为防卫性小军舰则不在这一限制之中。日本海军于是假借海防舰的名义，向议会申请建造一种具有反潜能力，类似西方护卫舰（Escort Ship）或护航驱逐舰的军舰，最终在1937年通过预算，获准设计建造4艘新式海防舰，用于执行北部海域的巡航。由于这种新造海防舰和此前日本海军的海防舰在设计目的和使用用途上有本质的区别，又被称作护卫舰型海防舰。

日本海军的首型护卫舰型海防舰原本应该由舰政本部进行设计，因舰政本部当时的设计任务繁忙，转将这种重要性不高、方案不甚复杂的军舰委托给三

---

[1]日本海人社著、王鹤译：《日本军舰史》，青岛出版社2016年版，第87页。

日本海军第一型护卫舰型海防舰"占守"型的首制舰"占守"号

菱重工进行深化设计，设计计划的编号定为E15。原设计任务规定，这一护卫舰型海防舰的排水量为1200吨级，航速需要达到20节左右，续航力达到8000海里/16节，装备3门120毫米舰炮。其舰型必须能够适应日本北部海域的恶劣海况，考虑到冬季北部海域会出现浮冰，舰体必须采取抗损性好的双重底设计，并强化水线附近的船壳强度，同时要考虑舰内的防寒措施，需要保证在甲板结冰的情况下舰上也能首尾自如通行。根据这些要求，三菱重工最后定型的设计方案为公试排水量1020吨，全长78米，水线长76.2米，宽9.1米，型深5.3米，吃水3.05米，采用抗浪型能好的长首楼船型，装备3门"3年"式120毫米口径G型舰炮、两座"96"式25毫米口径双联高射炮，可以搭载18枚深水炸弹。军舰的主机选用的是两座舰本式22号10型柴油发动机，功率4500马力，双轴驱动，航速19.7节。除此外舰上增加了大量防寒设施，并增加安装两座供暖锅炉。三菱重工设计的这种新型海防舰，总体犹如袖珍化和去鱼雷武备化的日本驱逐舰一般，其首舰在1938年开工，命名为"占守"号，同级便称为"占守"型，后又被归入"甲"型海防舰的范畴。[1]

---

〔1〕［日］福井静夫：《日本の军舰》，（日本）出版协同社1956年版，第146—147页。《世界の舰船》1983年4期，第74—77页。

航试中的"择捉"型海防舰"福江"号,照片中可以清楚地看到"3年"G型舰首炮

日本海军"甲"型海防舰除了创始型号"占守"型外,后续还纳入几种发展改型,即"择捉"型、"御藏"型、"鹈来"型等,第二次世界大战结束后日本赔偿给中国的海防舰中,属于"甲"型的主要是"择捉"和"御藏"型。

"择捉"型海防舰开工于第二次世界大战太平洋战争爆发后,当时日军在太平洋战场和英、美作战,海上交通线的护航问题日显其重要性。为了尽快充实护航兵力,日本海军提出建造14艘"择捉"型海防舰的计划,在1941年通过预算审查,当年的10月10日设计定型,设计计划编号为E19,首舰"择捉"在1943年的3月开工。因为是处在战时十万火急的特殊背景下,"择捉"型海防舰事实上是"占守"型的简化和量产型。为了提高施工的效率,"择捉"型海防舰很大程度上沿用了"占守"型的基本设计,并取消了很多复杂和非必要的设计,不仅"占守"型原有的防寒设计被取消,甚至连双层底的设计也被取消,舰型轮廓上更是做了大量利于施工的简单化处理,诸如"占守"型设计中的S形舰首被干脆改成了斜伸入水的直线条舰首,"占守"型相对轮廓较为复杂的舰桥也被该做侧壁直立的简单样式。

"择捉"型标准排水量870吨,公试状态排水量1020吨,全长77.7米,水线长76.2米,宽9.1米,吃水3.05米,外观上除了舰首和舰桥轮廓有所变化外,其余和"占守"型十分相似。"择捉"型的动力系统和"占守"一样,都是装备两座舰本式22号10型柴油发动机,双轴推进,不过柴油机的制造工艺和"占守"型有所区别,功率只有4200马力,航速19.7节,续航力8000海里/16节,舰上燃油储量207吨。

"择捉"型的武备包括120毫米口径45倍径"3年"式G型舰炮3门(分别安

装在首楼顶部甲板、尾部甲板以及甲板室顶部,每门备弹150发),"96"式25毫米口径双联高射炮两座,"94"式深水炸弹投放炮("Y"炮)1座,深水炸弹投放台6座,可搭载"95"式深水炸弹36个。配合作战的需要,该型军舰后装备了声呐(水中听信机)和电波探信装置。总体上,"择捉"型的设计和

日本海军的防空、反潜强化型海防舰"御藏"型,照片中是"御藏"型的"能美"号,仔细观察可以看出该舰舰尾安装的是双联装主炮

"御藏"型海防舰投入建造后,为了加速建造速度、减少施工所需工时,又出现了一种工艺简化的改型,通常被归入"御藏"型一体看待,也有将这种军舰单独分列,称为"日振"型。照片中是"日振"型的"生名"号

英美在二战中大量投入建造使用的护航驱逐舰有类似之处，但是电子装备、防空火力、反潜能力以及建造效率等方面都较为逊色。[1]

接续在"择捉"型之后，鉴于当时太平洋战场上美军的战机和潜艇对日本运输船已经造成日益严重的威胁，原先"占守""择捉"型海防舰的防空兵器——25毫米口径双联高射炮根本无力应对，日本海军提出了设计建造强化防空和反潜能力的新型海防舰的要求，由此诞生了设计代号E20的"御藏"型海防舰。该型海防舰在设计时曾被称为乙型海防舰，但最终仍被归入甲型海防舰的范畴。

"御藏"型海防舰标准排水量940吨，公试排水量1020吨，全长78.77米，水线长77.5米，垂直线间长72.5米，宽9.1米，型深5.1米，吃水3.05米，总体设计和"择捉"相同，也是长首楼船型。其外观上最主要的变化是替换了原先"择捉"型设计中配备的3门只能平射的G型主炮，代之以具有对空射击能力的3门120毫米口径45倍径"10年"式高角炮（每门备弹250发），其中安装于首楼甲板上充当前主炮的是带有防盾的单管B型，位于舰尾主甲板上的两门是没有防盾的双联装A型。增加了这3门大口径防空火炮后，使得本型的防空火力得到大幅提升。除主炮外，本舰在舰桥两侧仍然各保留1座25毫米口径高射炮，为3联装的型号。

在反潜武器方面，"御藏"舰携带的深水炸弹增加至惊人的120枚，深水炸弹库设置于舰尾两根主轴之间的位置。"御藏"舰上除了安装"94"式"Y"炮两座外，在舰尾增加了两条深水炸弹投放架。由于增加搭载了大量的深水炸弹，舰上的燃料载量减至120吨，续航力较"择捉"降低，减至5000海里/16节。"御藏"型其他的动力性能等方面都和"择捉"级相似，舰上配备的也是两座舰本式22号10型柴油机，功率4200马力，航速19.7节。[2]

自日本战败为止，日本海军先后建造了"择捉"型海防舰14艘、"御藏"型海防舰17艘，战争结束时分别残存5艘和7艘，其中各有两艘赔偿给了中国海军。

---

[1]《世界の舰船》1983年4期，第78—81页。
[2]《世界の艦船》1983年4期，第82—85页。

日本"甲"型海防舰公试排水量分配比较(单位:吨)[1]

设计号 舰型	E15 "占守"	E19 "择捉"	E20 "御藏"
船壳	388.1	383	386
舾装件	59.5	61	61
固定压载	0	0	25
固定补给	27.2	30	30
炮械	58.41	55.1	76.5
水雷	14.06	15.9	43.6
航海设备	航、光总重1.9	2.7	2.7
光学设备		1.2	1.3
电气设备	35	37.9	38.7
无线电	6.76	8.6	9.4
主机	177.7	197.7	169
普通补给	65.53	65.6	77.7
重油	147	138	80
轻质油	0.33	0.6	0.6
润滑油	13.3	13.3	8
预备水	4.53	2.7	0
水中听音机用真水	0	5	6.4
应急材料	0	0.3	0.3
富余重量	20.68	1.4	3.7
合计	1020	1020	1020

"四阪"/"接4"/"惠安"

按照接收的先后时间次序,中国海军获得的首艘日偿"甲"型海防舰是"御藏"型的"四阪"号。

"四阪"号在"御藏"型家族中建造顺序排行在第14名,属于"御藏"型中自第9艘军舰"日振"开始的简化结构量产型,也被视作是"日振"型,普遍认为是"御藏"型中质料、施工工艺、性能相对较低劣的改型(从外观上

---

[1]《世界の艦船》1983年4期,第83页。

区分"日振"型最简单的特征就是烟囱和首楼侧壁形状,为了简省施工工时,"日振"型的烟囱截面不是椭圆形,而是用多块平板拼接的六边形。"日振"型的首楼也没有"御藏"型那样的外飘,首楼侧壁直接改成了简单的直立线型)。〔1〕"四阪"舰由日立樱岛造船所建造,太平洋战争末期的1944年12月15日竣工,成军后主要部署在东京湾一带执行巡航、反潜任务,因为竣工较晚,加之配置在本土附近,得以侥幸存活到战争结束。1945年日本战败后,根据盟军总部命令,"四阪"舰和其他很多残存日舰一起被拆除武备,并在主甲板上增设临时住舱,改造为特别输送舰,负责将战败时处在国外的日本军队、侨民撤运回日本。"四阪"在1946年奔忙于各地,先后在5月前往腊包尔、7月前往西贡、8月前往葫芦岛执行撤运任务,此后又负责将在日本本土的琉球人运回冲绳。繁忙的特别输送工作完成后,"四阪"号便被改为特别保管舰,集中到横须贺停泊,等待盟军处置。〔2〕

1947年6月28日,中、美、英、苏四国代表在东京盟军总部举行分配日本赔偿舰的首次抽签仪式,中国代表马德建抽得当次的第二组日本赔偿舰,"四阪"舰即名列其中,当年7月1日跟随同批赔偿舰"雪风"等一起由日本佐世保出发,在中国海军代表和盟军代表的监视下,于7月3日顺利抵达上海,6日正

航试中的"四阪"舰

〔1〕《世界の舰船》1983年4期,第85页。
〔2〕《中国兵器战史大辞典·兵器之部》(下),(中国台湾)台湾防卫部门"史政编译局"1996年版,916—917页。

偏安四舰——日偿"甲"型海防舰

式由中国海军接收，升挂中国国旗，并立即销除"四阪"原名，改用临时舰名"接4"号。比较特别的是，在国府海军的档案中，"四阪"等首批赔偿舰编入中国海军的日期竟被记录为1947年7月1日。[1]

因为交付中国海军时舰上已经没有任何的武器，无法立刻作为军舰来使用，加之当时英美向中国赠送、租借大批舰艇，中国海军的驾舰官兵也不敷调

1947年系泊在佐世保等待前往上海的首批赔偿舰"雪风"和"四阪"（左）。照片里不难看出，日式海防舰的外形设计和驱逐舰有神似之处，但是大小区别悬殊

中国海军接收后尚未安装武备的"接4"/"惠安"舰

---

[1]《海军舰队发展史》（一），（中国台湾）"海军事务主管部门"2001年版，第2850—286、308页。

派，日本赔偿舰抵华后并没有很快正式成军，而是处于闲置状态。考虑到这些军舰如果长期停泊在黄浦江上必定会阻滞、影响正常的江上航运，包括"接4"在内的首批赔偿舰旋后被重新安排回到长江口停泊，系留在水鼓上，由中国海军接舰处派员值守看管，重新变成了保管舰。

此后，民国海军总司令部下令按照舰体性能状况的优劣，优先修理、武装情况较好的日本赔偿舰，"接4"号因为在日本海军服役后几乎未经战斗损伤，遂成为优先武装成军的军舰，在1948年3月1日完成了武器安装，编入中国海军海防第二舰队，视作护航驱逐舰。同年5月1日，海军总司令部下令对接收的日偿军舰正式命名，根据《海军舰艇命名规则》中有关护航驱逐舰用各省的县名命名的条文，同时结合海军命名的传统习惯，日偿海防舰全部采用带有"安"字的县名正式命名，"接4"号被以广东省惠安县的名字命名为"惠安"舰，[1] 舰长为海军中校吴建安。

受限于当时国民政府的舰船改造技术能力和海军技术装备的获取条件，同时考虑到海军在国共内战中几乎不需要防空和反潜等作战功能，原属强化了防空和反潜能力的"御藏"型驱逐舰"接4"/"惠安"在国府海军进行重装武备时，实际上被改成了一艘普通的炮舰。民国海军给"接4"/"惠安"舰安装的武备主要为火炮，相应的安装位置基本选择在原舰相关的近似炮位上。舰上的主炮选用两门120毫米口径日式舰炮，推测为日制"3年"式G型火炮，分装在原首尾主炮位上，辅助火力选用2门40毫米口径高射炮以及4座双联25毫米口径高射炮，其中的40毫米口径炮推测是美制MK1型，安装在舰桥左右两侧的原高射炮位，25毫米炮是日制的"96"式，配置于舰尾等处。除此之外，"惠安"舰没有被安装任何的反潜武备和电子装备，总体上的作战性能大打折扣。尽管如此，在当时充盈着老舰、小舰的国府海军海防第二舰队中，"惠安"还属于是体型大、舰况好、火力强的主力舰，被选作海防第二舰队司令林遵的旗舰。

几乎就在"惠安"安装武备、成军入役的同时，国民党军队在内战战场上节节败退，已经到了需要考虑长江防御的境地。包括"惠安"在内的海防第二舰队奉命开入长江，负责江苏江阴至江西湖口的漫长江段防务。当时海防第二舰队对这段江流实施划区防守，共分成5个江防区，由各舰分区负责巡防，

---

[1]《海军舰队发展史》（一），（中国台湾）"海军事务主管部门"2001年版，第308—309页。

作为旗舰的"惠安"主要在江苏的镇江、南京一带江面活动。当时中国共产党通过多种渠道、关系，分头联络林遵以及海防第二舰队各舰舰长，进行劝说动员，希望策动起义。林遵曾在"惠安"舰上秘密会见中共地下党人员，而"惠安"舰长吴建安也是较早被中共策反的海防第二舰队高级军官。

1949年4月20日晚至21日，解放军在湖口至江阴的长江江段成功发起渡江战役，包括江阴要塞在内的大量原国民党军江防设施被解放军占领，海防第二舰队军舰开始大量集中至南京附近的芭斗山江面待命，国民党海军总司令桂永清命令林遵设法率海防第二舰队军舰突围至上海，林遵则心存犹豫。4月23日，林遵在芭斗山江面的"永嘉"舰上召集舰长会议，宣布以投票的方式决定突围还是起义投靠解放军，包括"惠安"舰长吴建安在内的部分舰长支持林遵起义参加解放军，而"永嘉"舰舰长陈庆堃等则表示反对，会上决定由"惠安"舰长吴建安等商量拟写与解放军的联络函。

会议结束后林遵返回"惠安"舰，当天下午陈庆堃即率"永嘉""永修""永定"等军舰离开芭斗山锚地，自行向上海突围。事发之后林遵曾在"惠安"舰上试图用电台劝说召回这些舰艇，最终无果。就在"惠安"舰舰长吴建安部署舰内起义准备工作时，"惠安"舰上突然发生骚乱，大批士兵和部分军官不愿参加起义，要求开航向上海突围，吴建安经反复劝说、恩威并施，先以自杀相威胁，后表态将海防第二舰队存在"惠安"舰的5000银元应变费散发众人，最终得以平息骚乱。"我喝了一口茶，说：我不累，既然大家都愿意听我的话，我马上派人去江北联系。现在发给每个人2块银元作零用，等到南京再造册上报，每人升一级，第一个月发双饷。"——吴建安回忆。[1]

此后经与解放军联络接洽，林遵鉴于各舰大量士兵对起义抱有怀疑甚至不满情绪，军舰长期停泊在江中容易发生变数，遂在4月27日率领包括"惠安"在内的各舰开往南京下关，清晨7时靠泊海军码头，8时由解放军第三野战军8兵团司令员陈士榘对各舰进行了检阅和接收，"惠安"就此正式加入解放军。根据陈士榘和林遵的商议，为确保起义成功和防备国民党军飞机轰炸，"惠安"以及起义各舰仅留部分可靠人员和航海等基干人员值守，其余约2/3的官兵全部集中上岸整训，各舰的轻武器拆卸、转移上岸保管。此后各舰在上午9

---

[1] 吴建安："'惠安'舰起义后发生骚乱与平息经过"，《国民党军起义投诚·海军》，解放军出版社1995年版，第523页。

时之前从下关驶离,在附近江面疏散隐蔽。4月28日上午9时45分,国民党空军轰炸机编队飞临南京江面,对各舰实施轰炸,"惠安"舰因主炮无法高射,且炮手人员大部被调离上岸,未能阻止有效防空,在燕子矶附近被炸沉,命殒大江,轰炸之中舰上共牺牲6人、负伤16人。此后,"惠安"残存的舰体在20世纪50年代被组织打捞出水,其后历史记录不详,坊间曾有传闻称该舰被修复改造为"瑞金"号。[1]

"对马"/"接11"/"临安"

"择捉"型海防舰"对马"号是中国海军接收的第2艘日本赔偿"甲"型海防舰。1947年7月17日,中、美、英、苏四国代表在日本东京盟军总部用抽签的方式,抽选分配了第二批日本赔偿舰,中国抽中其中的第四组,本舰即包含在内。

"对马"舰在14艘"择捉"型海防舰中排行第7,由日本钢管鹤见造船所建造,1943年7月28日竣工,舰籍隶属吴镇守府,同年8月15日编入海上第一护卫队,执行门司至台湾基隆乃至新加坡、马尼拉的运输船护卫任务。1944年11月15日,"对马"被改调编入101战队,负责门司—高雄—海南航线的护航。

停泊在佐世保等待被赔偿给中国的"对马"舰

---

[1]《国民党军起义投诚·海军》,解放军出版社1995年版,第134—135页。

1945年4月后在朝鲜沿海活动，日本战败时正在佐世保军港修理维护，遂被盟军勒令解除武装，此后改成特别输送舰。[1]

1947年7月26日，"对马"舰和其他第二批赔偿中国的日本军舰一起离开佐世保，于27日到达上海，31日举行升旗仪式编入中国海军，"对马"舰被改用临时舰名"接11"。此后和第一批日偿军舰来华时的情况一样，"接11"等第二批日偿舰也被安排至吴淞口外锚泊荒置，作为保管舰。由于"接11"舰龄相对较老，长期在吴淞口外风吹日晒，未能得到被武装成军的机会，不过1948年5月1日海军总司令部下令将日偿舰全部更换正式舰名时，"接11"被以浙江临安县的县名命名"临安"舰，编制名义上暂行列在海防第二舰队第五队10分队。国共内战中上海防御吃紧时，鉴于"临安"舰体较大，尚有利用价值，由国民党海军预先拖离上海，在1949年5月1日抵达台湾基隆，编制暂行列在海防第一舰队5分队中，当年10月1日编制又改到训练舰队。

抵达台湾的"临安"仍然长时间处在无武装的废置状态，1950年1月美国总统杜鲁门宣布停止对台湾当局的军事援助。失去了获取美国军舰的途径后，国民党海军为充实海峡防御军力才不得不自行想方设法改造一些旧舰入役，"临安"舰由此终于得到被武装成军的机会。

当时"临安"舰被送入海军造船厂维修改造以及加装武备，其模式总体上和此前国府海军恢复使用日偿驱逐舰、海防舰的情况相似。"临安"舰的首楼主甲板上加装1门日本"3年"式120毫米口径舰炮充作前主炮，舰尾安装1门76毫米口径日式火炮作为后主炮，另外安装4门双联25毫米口径高射炮。武备加装和维护完成后，"临安"舰在1951年7月1日正式成军，编入海军第三舰队，作为炮舰，舷号定作"77"。此后该舰被派至福建、浙江沿海，曾多次和解放军舰艇发生过交火，诸如1953年10月5日在浙江南田港外与解放军舰艇交火，1954年3月11日在福建乌丘海域截击解放军军舰，1954年7月1日在大陈附近截击解放军军舰等。这些战斗规模均较小，据台湾地区海军军史记载，"临安"舰曾在战斗中获得击沉舰艇的战果，但在人民解放军的军史中则没有对应匹配的记载。[2]

---

[1]《世界の舰船》增刊第45集，[日]海人社1996年版，第24页。
[2]《海军舰队发展史》（二），（中国台湾）"海军事务主管部门"2001年版，第1042、1045、1051页。

更换美式武备后的"临安"舰

1954年前后,"临安"舰对舰上武备进行了一次美式化改装,拆除了原有的日制炮械,更换为美制,共安装76毫米口径炮两门(推测为MK22型)、40毫米口径炮4门(推测为MK1型)、20毫米口径炮(推测为厄利孔式)4门,军舰的火力和防空能力得到提升。在更换美式炮械的同时,舰上还加装了用于导航以及侦搜和火控的雷达设备,另外和该舰阔别已久的深水炸弹装备也重新出现到舰上。

换装后的"临安"舰仍然在浙江、福建沿海活动,经常性发生和解放军舰艇乃至岸上炮兵阵地交火的战斗。1955年1月1日,"临安"被改调至巡逻舰队41战队,当年4月7日参加了对福建湄洲湾鹭鸶岛解放军阵地的炮轰。此后"临安"从海峡交争的舞台上淡出,改到左营停泊、训练。1957年11月1日,因舰龄过老而被除役。[1]时至1994年12月1日,台湾地区海军"锦江"级飞弹巡逻舰"603"号入役,被命名为"临安"号,成为老"临安"的衣钵继承者。

"隐岐"/"接18"/"固安","屋代"/"接19"/"正安"

中国海军获得的最后2艘日本赔偿"甲"型海防舰是"隐岐"和"屋代"。二舰分属"择捉""御藏"型,但是在同批赔偿给中国海军,此后中国海军对2舰的使用也具有一定的相似性,可谓殊途同归。

"隐岐"号是"择捉"型的第4号舰,由日本浦贺船渠建造,1942年2月27日开工,1943年3月28日建成,舰籍隶属于佐世保镇守府,编在日本海军第四

---

[1]《海军舰队发展史》(一),(中国台湾)"海军事务主管部门"2001年版,第316页。

舰队第二海上护卫队，当年4月开始至1944年3月的一年间频繁执行由横须贺向太平洋特鲁克岛（Truk）的运输船团护航任务，航程中曾多次侦测到疑似美军潜艇的目标，进行过深水炸弹攻击，但并无战果。1944年3月后，被派执行关岛至塞班岛的护航任务，7月后又执行父岛至硫磺岛的护航，11月21日在八丈岛附近被美军潜艇发射的鱼雷击中，舰桥之前的舰首被炸断，后侥幸被拖航回横须贺修理。"隐岐"舰的修理工程在1945年3月完成后，立即被编入103战队，在朝鲜以及中国山东海域进行护航，直至日本战败。

建造完成后进行航试时的"隐岐"号

航试时的"屋代"舰

"屋代"号属于"御藏"型军舰，是该级的第6艘，1944年5月10日在日立樱岛造船所竣工，建成后也是主要执行护航任务。1945年初被调至朝鲜海域护航，在日本战败前夕的8月9日于朝鲜半岛东北部的雄基港遭苏联飞机攻击受伤，但侥幸存活到了日本战败后。

　　第二次世界大战日本战败之后，"隐岐"和"屋代"都先是经历了解除武装、改造为特别输送舰的命运，随后被作为特别保管舰封存，列进了赔偿舰名单。1947年8月13日，中、美、英、苏四国代表在日本东京举行分配第三批赔偿舰的抽签活动，中国代表抽中第三组，"隐岐"和"屋代"当时同列在这一组，遂一起成为偿华军舰。此时，因为上海先期已经接纳了两批日本赔偿舰，锚泊地十分拥挤，国民政府遂决定第三批日本赔偿舰改在山东青岛交接。"隐岐""屋代"连同其他第三批赔偿舰于8月25日离开日本佐世保，在27日抵达青岛，30日正式接收。按照此前接收第一、二批的例子，各舰冠以"接"字头临时舰名，"隐岐""屋代"因为规模、吨位相近，舰名编号相连，分别改名"接18"和"接19"。[1]

1947年8月25日在佐世保即将出发前往青岛的"隐岐"

---

〔1〕《海军舰队发展史》（一），（中国台湾）"海军事务主管部门"2001年版，第287—288页。

偏安四舰——日偿"甲"型海防舰

和之前在上海接收的"甲"型海防舰"四阪""对马"一度被荒置的命运迥异，"接18"和"接19"在被接收之后几乎立刻就得到启用安排。

日本赔偿舰原本是专门作为对中国海军的补偿，然而当总数多达34艘的赔偿舰到来后，国民政府的很多其他部门乃至私人都对这批军舰垂涎不已，认为有利可图，意图从中分一杯羹，申请分拨赔偿舰。受这些势力影响，国民政府主席蒋中正指令海军总司令桂永清，要求海军必须向行政院交出17艘赔偿舰。海军方面对这一命令虽然十分抵触，但是不得不奉命编制上缴清单，在为数11艘的上缴名单中，"接18"和"接19"被列入在内。对此数量国民政府并不满意，要求海军必须再上缴四五艘军舰。此后海军总司令部非但没有继续增添上缴军舰，反而对之前所列的上缴名单有反悔之意，以北方沿海破冰需要船只为由，将其中体型较大的"接18""接19"二舰从上缴名单中抽出，以破冰船的名义留用在海军。根据《海军舰艇命名原则》中辅助舰用中国山岳名称命名的条例，"接18"此后被命名为"长白"，"接19"则改名"雪峰"，二舰获得正式舰名的时间几乎领先于所有日本赔偿舰。

"长白""雪峰"的前身是"甲"型海防舰中的"择捉""御藏"型，这两型军舰没有双重底设计，首柱以及舰体质料也不特别坚固，以二舰的性质根本不可能执行压碾冰层的破冰任务，当时海军总司令部之所以提出充作破冰船的说法，不过是为了搪塞国民政府、为海军多保留几艘日偿军舰的说辞而已，实际上海军根本没有将二舰当作破冰船的计划。1948年5月1日，海军总司令部对各艘仍然使用"接"字临时舰名的日本赔偿舰重新命名，借此机会，"长白"和"雪峰"中舰况较好、能够立即航行使用的"长白"舰首先在9月1日被撤销原破冰船编制，改为护航驱逐舰，经加装武备后（具体情况可能是加装两门日制"3年"式120毫米口径主炮，另配若干门25毫米口径高射炮），按照当时日偿海防舰用"安"字县名命名的规律，于10月1日以河北固安县的县名更名为"固安"号，编入海防第一舰队第3分队，正式成军入役。"雪峰"号则因无法自航，被系泊在青岛当作保管舰，名义上还列为破冰船，编制归在海防第一舰队第5分队。

1949年5月，解放军迫近上海，"固安"舰随海防第一舰队军舰抵达淞沪地区，参加了配合国民党陆军保卫上海的作战，此后随海防第一舰队退往浙江舟山一带，当年7月在浙江嵊泗列岛海域遭遇台风侵袭，搁浅在泗礁岛东北

281

美式武备改造后的"正安"舰

角,因损坏严重而弃舰,于1949年9月16日除役。[1]后被人民解放军获得,经在江南造船厂修理和重新配置武器后服役,一度更名"长白"号,此后可能改名为"瑞金",定舷号"218"。

当"长白"舰改名"固安"编入海防第一舰队时,因国民党军在华北战场节节败退,为防停泊青岛的日本赔偿舰被解放军获得,这类军舰被纷纷疏散,荒泊青岛的"雪峰"在1948年10月31日被拖航至台湾左营,仍然处于闲置保管状态,编制则名义上列在海防第二舰队第五队10分队,1949年10月1日改隶属训练舰队。1950年美国停止对台湾的军事援助后,国民党海军为自力更生充实战力,开始设法修复一些闲置的老旧军舰,"雪峰"和同样处在荒泊状态的原"甲"型海防舰"临安"几乎同时被送入海军造船厂,双双实施维修改造和加装武备,其武备安装模式推测和"临安"相似,即加装日式120毫米和76毫米口径炮作为主炮,另安装数量不等的日式25毫米口径高射炮辅助。"雪峰"武装完成后在1951年3月正式成军,编制列在第一舰队,舰名改为"正安"号,列作炮舰,舷号"76",该舰随后即出现在当时国民党军队对大陆沿海的封锁作战中。1951年6月11日,"正安"舰和"永春"舰、"海利"艇一起在浙江沿海炮击作业中的大陆机帆船、帆船。[2] 7月25日"正安"在福建三都澳支援

---

[1]《海军舰队发展史》(一),(中国台湾)"海军事务主管部门"2001年版,第314页。
[2]《海军舰队发展史》(二),(中国台湾)"海军事务主管部门"2001年版,第1040页。

大西洋屿的国民党守军进行反登陆作战。[1]

其后"正安"舰的编制在1952年7月1日改列在第四舰队42战队名下，并在1954年进行了和"临安"舰相似的美械化改装，舰上武备更换成两门127毫米口径炮，5门40毫米口径炮，以及4门20毫米口径炮。在20世纪50年代的海峡对抗中，"正安"舰的身影经常出没其间，不断有战果报告公诸报端，是当时台湾地区海军中的著名军舰，但是和当时不断创造战果的"临安"舰一样，"正安"舰的战绩在解放军的军史中也基本得不到印证。

进入20世纪50年代末，在美式军舰充盈的台湾地区海军中，"正安"等日式军舰日显另类，且维修保养困难，最终陆续退出历史舞台。"正安"舰于1958年8月1日停役，10月1日除役，从此"甲"型海防舰的身影在台湾地区彻底消散。而在海峡的对岸，人民解放军中的日偿"甲"型海防舰"瑞金"/"南宁"则还将服役数十年之久。

---

[1] 钟坚：《惊涛骇浪中战备航行——海军舰艇志》，（中国台湾）麦田出版2003年版，第233页。

江海绥安

——日偿"丙""丁"型海防舰

"丙""丁"型海防舰的历史

1945年盟国战胜日本后,为了对日本发动侵略战争的罪行实施惩罚,盟军总部在1947年勒令日本将部分残余的海军舰艇作为赔偿物,移交给曾遭受日本侵略之苦的中、美、英、苏四大盟国,随后在当年的7至10月间,盟国代表在日本东京以抽签的方式分配相关的日本赔偿舰,先后分作四批勒令日本船员驾驶到四大盟国指定的港口进行移交。其中赔偿给中国海军的日本军舰中前两批在上海进行移交,后两批则根据中国国民政府的要求改在青岛移交。由于当时华北国共内战已起,且国民政府海军在美国海军帮助下,已经于青岛组建中央海训团,日本赔偿舰改在青岛移交便于快速配置舰船人员,也便于就近加入华北内战。

日本赔偿给中国的军舰四批共计34艘,在舰型上以海防舰居多,达到17艘,涵盖了日本海军在二战时使用过的"甲""丙""丁"全部三种型级,其中日本在二战末期大量建造的"丙""丁"型海防舰的数量尤多。相较质量本就已经逐渐退化的"甲"型海防舰,"丙""丁"属于性能上更等而下之的舰型。

1941年日本挑起针对英、美的太平洋战争后,随着美军在太平洋上发起强大的海空反击攻势,日本在太平洋地区的制空、制海能力日益被削弱,对太平洋岛屿的海上运输补给行动不断告急。进入1943年,日本运输船队在海上遭遇的空袭、潜艇袭击等损失越发严重,面对繁重的护航任务,原有的"甲"型海

江海绥安——日偿"丙""丁"型海防舰

日本海军"丙"型海防舰的首舰"第1号"

防舰已经不敷使用，焦头烂额的日本军令部提出了哪怕牺牲舰船性能，也要保证在短时间内能建造大批数量的新海防舰制造方案，要求考虑尽量节省造舰资源投入，紧急设计一种可以快速大批建造的新海防舰，即"丙"型。

因为当时日本的战争资源已近枯竭，军方对"丙"型海防舰提出的要求是，在能够满足执行护航任务的前提下，尽可能简化设计、节省体量规模，以节约宝贵的舰材，同时要考虑这种军舰就算没有大型军舰建造经验的民营小船厂也能够进行建造。日本海军舰政本部于1943年3月开始着手进行这种简化版护航军舰的设计，数个月之后，在当年的6月即告设计完成。[1]

新创生的"丙"型海防舰在总体布置上，基本仿照了"甲"型海防舰，外观非常相似。在设计过程中，鉴于当时日本海军750吨级的"测天"级敷设艇尚能在恶劣海况下于台湾海峡航行，力求节约舰材的"丙"型的公试排水量指标便被压缩在类似的吨位级别，预定为800吨级，经过综合考虑稳性、适航以及主机型号、武备种类等因素，最终则调整确定为810吨级，较"甲"型1000吨以上级别的公试排水量有大幅的减省。

---

[1] [日] 福井静夫：《日本の军舰》，[日] 出版协同社1956年版，第150页。

与此相适应，"丙"型海防舰的舰体全长只有67.5米，比"甲"型海防舰短了10米，舰体全宽8.4米，比"甲"型缩减了将近1米，舰体空间十分局促，该型军舰的吃水则为2.9米。为了实现便于大规模建造的目标，舰政本部对"丙"型的构造设计采取了彻底的简易化，舰体外观尽量减少曲线变化，甚至在主甲板采取了水平的直线条，建造工艺也改为焊接建造。在"丙"型的舰体内部，设计师不再过多考虑军舰建造标准中应布置密集的水密隔舱，以求获得较好的生存性能，而是参考日本战时标准船的做法，减少小的水密隔舱，各舱室多采用大空间布局，以减少施工工程量和材料消耗，由此使得这种军舰的战场生存力令人堪忧。[1]

在动力方面，因当时日本国内舰船主机紧缺，为便于满足"丙"型舰大量建造的配套需要，决定采用尚有一定库存保有量的驱潜艇所用的23号乙8型柴油机，每艘军舰装备2座。该型柴油机的额定功率原为1700马力（2台的功率），在400吨级的驱潜艇上能保证16节航速。为了能在排水量大了一倍的"丙"型海防舰上获得相近的航速，日方采取了类似现代电脑DIY玩家所喜用的"超频"办法，对柴油机的超速保险装置进行解锁调整，将转速增大到360转，实测功率提升到了1900马力，航速达到16节。此外，"丙"型海防舰上的燃料载量设计为106吨，军舰续航力6500海里/14节，可执行较远距离的护航任务。

武器装备方面，"丙"型海防舰较"甲"型薄弱，其主炮是两门"10年"式120毫米口径45倍径高角炮，分装在军舰首尾，充当舰上主要的对海和对空火力（实际建造中又增加了1门8厘迫击炮作为火力加强），另配备"96"式25毫米口径三联装高射炮两座作为近程防空火力（实际建造中又增加了双联装、单装各2座）。为了保证"丙"型海防舰有足够的反潜能力，用以应对盟军潜艇的威胁，舰上装备了"3"式深水炸弹投射机12座，并设有深弹投射轨道，最多可以搭载120枚深水炸弹。该型舰同时还装备有日本海军典型的电侦设备，其中前桅杆安装对海侦搜的"22"型电探，后桅杆安装对空侦搜用的"13"型电探，另安装反潜用的"3式2型"探信仪。[2]

"丙"型海防舰在1943年6月设计完成后，当年9月就开工首艘，命名为

---

[1]《海军》第9卷，[日]诚文图书1981年版，第235—237页。《世界の舰船》增刊第45集，[日]海人社1996年版，第30—32页。

[2]《世界の舰船》增刊第45集，[日]海人社1996年版，第32页。

江海绥安——日偿"丙""丁"型海防舰

"丙"型海防舰的姊妹"丁"型海防舰的首舰"第2号",照片摄于该舰在东京湾公试航行时。照片中可以注意"丁"型海防舰的烟囱造型与安装位置和"丙"型存在很明显的区别

"第1号",也由此"丙"型海防舰在日本又称作"第1号"型。至日本战败时为止,"丙"型海防舰共建造53艘,均以数字代号命名。为了从舰名中和同时建造的孪生姊妹"丁"型海防舰有所区别,"丙"型海防舰的舰名数字都取奇数,"丁"型则取偶数。

"丁"型海防舰可以认为是日本海军舰政本部在研发"丙"型海防舰时的副产品,这型海防舰的设计初衷和"丙"型完全一样,总体布置也几乎一样,二者主要的区别在于主机配置不同。"丙"型设计定型后,考虑到如果仅仅依赖用23号乙8型柴油机作为主机,仍然可能会有不敷使用之虞。为了便于海防舰能够得以大量建造,舰政本部同时又考虑用A型战时标准船所配套的舰本式透平蒸汽机装上海防舰,最终设计装备1座"甲25型"蒸汽机,配套两座舰本式重油专烧水管锅炉,装备这种动力组的海防舰就是"丁"型。因为搭配了不同的主机,"丙"型和"丁"型在外观上最大的区别特征就是烟囱,"丙"型的烟囱位于舰体中后部,几乎紧挨着后桅杆,烟囱的造型较矮胖。"丁"型因为将锅炉布置在舰体中部,其烟囱就出现于舰体的中部位置,显得瘦高。

287

因为蒸汽机和锅炉的组合较柴油机重,加之相应的燃料搭载量也有增加,"丁"型海防舰公试排水量为900吨,较"丙"型有较大的增加。主尺度方面,"丁"型舰也显得略大,其全长为69.5米,宽8.6米,吃水3.05米,主机功率2500马力,设计航速比"丙"型快了1节,达到17.5节。该型海防舰的燃料载量240吨,但由于锅炉的燃料消耗较大,续航力只有4500海里/14节,比"丙"型差了一大截。也由此,"丁"型主要用于日本本土周边的近程航线护航,"丙"型的活动范围则更远。其余在武备、电子装备方面,"丁"型和"丙"型基本一致。[1]

"丁"型海防舰在1943年7月完成设计,当年10月便投入建造,其首舰命名为"第2号",又称"第2号"型。为了和同期建造的同胞姊妹"丙"型有所区分,"丁"型海防舰各舰的舰名全部以偶数命名,至第二次世界大战日本战败时,共建造了63艘之多,和"丙"型海防舰共同成为二战末期日本海军的护航主力军。

领先成军的"接6""接7"

抗战胜利后中国海军获得的34艘日本赔偿舰中,"丙""丁"型海防舰的总数达到13艘,是日本赔偿舰里家族最庞大的一枝,各舰具体分别是:第一批赔偿舰中的"丙"型海防舰"接7""接8","丁"型海防舰"接5""接6";第二批赔偿舰中的"丙"型海防舰"接15""接16","丁"型海防舰"接12""接13""接14";第三批赔偿舰中的"丙"型海防舰"接22""接23","丁"型海防舰"接20""接21"。

和同时期到来的其他日本赔偿舰一样,"丙""丁"型海防舰由中国海军接收后,大多都是立刻转入类似封存的荒泊、保管状态。在抗日战争中规模严重萎缩的中国海军,当时面对着大量获得的日本、伪军投降舰,以及成规模到来的英美援助舰、日本赔偿舰,出现了严重的人员不足调配的问题,在此情况下,作为舰况较差、且都拆除了武器装备的日本赔偿舰,其被成军使用的优先度就十分靠后。

---

[1]《海军》第9卷,[日]诚文图书1981年版,第237页。

江海绥安——日偿"丙""丁"型海防舰

不过作为特例的是，"丙""丁"舰中出现了两名幸运儿，随首批日本赔偿舰在1947年7月6日于上海被中国海军接收的"接6""接7"舰，因来华时的舰况相对较好，国民政府为了宣传计，专门下令将二舰"先行装配，加紧训练"，在当年的8月就正式成军，其中"接6"舰长杜功新、"接7"舰长苏聿修。随后在当年的9月3日抗战胜利纪念日活动中，2舰被调赴南京下关码头停泊，将这两艘已经飘扬着中国国旗的日本赔偿舰向公众开放参观，抒发战胜国人民的豪迈心情，由此成为日偿海防舰乃至日偿舰中，最早成军使用的军舰。[1]

"接6"舰原为日本海军"丁型"海防舰"第194号"，1945年2月15日在日本三菱重工长崎造船所下水，当年3月15日竣工。"接7"前身则是日本海军的"丙"型海防舰第67号，1944年11月2日在日本海军舞鹤工厂建成。[2] 2舰来华时均为无武装状态，电子设备也早已拆卸，经过中国海军江南造船所临时改装，在1947年的7、8月间迅速恢复了武备，其武备多为从他处获得的日式武器，安装的模式、部位则大体上依循了"丙""丁"海防舰原有的配置方式。

其中"接6"舰安装2门日制"10年"式120毫米口径高射炮作为主炮，分装于原首尾主炮位，另安装6门日制"96"式25毫米口径高射炮。比较特别的是，除此之外，中国海军还在该舰上安装了4门40毫米口径的"博福斯"MK1高射炮，使得该舰的对空火力胜于日本时期。由于技术能力所限，以及装备获取途径所限，该舰原有的电子侦搜装备未能恢复，而该舰原有的反潜武器也因中国海军无此方面需求而未恢复，事实上该舰的性质被改成了炮舰。与"接6"几乎同时重装武备的"接7"，其新装的武器和"接6"基本相同，唯独没有安装40毫米口径的"博福斯"高射炮。

两舰入役后，编制列在海防第二舰队，就近配属在南京周围，担任江阴至安庆江段的巡防任务。尽管该舰并无鱼雷装备，也无反潜能力，中国海军依然将舰种模仿美式做法，分类为护航驱逐舰，随后正式命名，均以中国北方海港城市的名字命名，原"接6"更名"威海"号，"接7"更名"营口"号。1948年5月1日，国民政府海军总司令部下令对日本赔偿舰统一改用新的命名系统，

---

〔1〕《中央日报》，1947年9月3日。《海军舰队发展史》（一），（台湾地区防卫部门）"史政编译局"2001年版，第313页。

〔2〕《世界の舰船》增刊第45集，〔日〕海人社1996年版，第31、42页。

289

原有的"接"字头舰名一律取消,当时确定用带有"安"字的中国地名作为日制海防舰的舰名,但"威海""营口"已在此前正式命名,遂不再更改,由此又成为了日偿海防舰中罕见的没有以"安"字舰名重命名的军舰。[1]

"威海""营口"两舰此后长期结伴编组,在首都附近拱卫驻扎。1948年10月31日一起编制改列到江防舰队,共同被编在第10队22分队,以南京附近的沿江城市镇江为驻防地。1949年初在内战战场上节节失败的国民党军队为巩固长江防线,由海军舰队在长江上分段巡防,"威海""营口"被列入江阴至镇江江段的第2江防区,其中"营口"舰(时任舰长邱仲明)担任指挥舰,其下属舰艇还包括"联华""联胜""楚观"以及第3机动艇队所辖炮艇,均以镇江为驻地。该江段的北岸正当扬州一带解放区城镇,两舰曾多次配合陆军进攻北岸解放军。

1949年4月20日晚至21日,人民解放军成功发动渡江战役,"营口""威海"于21日开往对岸扬州六圩附近江面,掩护该地的国民党陆军撤运江南。战斗中"营口""威海"曾用燃烧弹猛轰解放军进据的六圩镇,炮击长达3小时,导致全镇陷入大火,酿成惨剧。鉴于镇江下游的江阴要塞炮台已经起义参加解放军,而镇江对岸的扬州六圩也已被解放军控制,解放军炮火已能威胁镇江江面,4月22日下午,海军总部电令驻镇江的军舰指挥官、"营口"舰长邱仲明,向其通报位于南京江面、由林遵指挥的海防第二舰队军舰计划在当天向长江口突围,要求邱仲明率"营口""威海"等舰在海防第二舰队经过镇江时,设法随同一起突围往上海。当晚,邱仲明召集各舰长在"营口"舰上举行会议,商定突围行动计划。考虑到海防第二舰队经过镇江时可能已在午夜,如果镇江各舰等到那时才航行突围,那么由于镇江各舰中的"楚观"等航速迟缓的老舰牵累,很难赶在天亮之前冲过江阴,一旦天明必将遭江阴要塞重炮轰击,于是邱仲明和各舰长商定,不等海防第二舰队从南京到来,镇江各舰自行突围。

1949年4月22日晚9时,由"营口"舰领队,随后"威海"(时任舰长吴柏森)、"楚观""联华""联胜"依次从镇江出发,各舰熄灭灯光,以8节的编队航速航行。当途经三江营江面时,"营口"等镇江突围军舰恰好与解放军

---

[1]《海军舰队发展史》(一),(台湾地区防卫部门)"史政编译局"2001年版,第310页。

大规模渡江船队遭遇,"营口"等舰遂恃强凌弱,以炮击和冲撞等方式实施攻击,共击沉和撞沉10余艘渡江船只。而后至23日凌晨2时许,江上薄雾渐起,"营口"率领的镇江突围舰队接近江阴附近,被北岸靖江八圩港的解放军发现,以野炮进行拦阻射击,随后南岸江阴要塞也被惊醒,用大口径火炮猛击江面,各舰遂提高航速,向下游猛冲。

由于解放军炮火袭击,加之江上大雾弥漫,各舰之间不辨方位,"威海"舰在江阴附近陷入搁浅,以无线电呼叫"营口"救援,"营口"舰长邱仲明以己舰右侧柴油机有伤,不便回头救援为由,下令"楚观"等舰设法救援,"营口"则径自突围。此后,镇江突围各舰变成各自逃生的航行,"营口"在经过靖江新港镇江面时,又遇解放军渡江船队,遂以舰上装备的全部火炮进行猛击,迫使解放军船队退回北岸港汊,有部分船只被"营口"舰击沉,另有1艘小型木船被"营口"掳获,船上解放军指战员共13人被俘。

4月23日下午,"营口"舰平安到达上海,驻泊高昌庙码头,其他从镇江突围的"楚观""联华""联胜"也陆续到达,惟有搁浅在江阴附近的"威海"终未被救援,后被解放军俘虏,日本赔偿舰中最先成军的"营口""威海"从此踏入了不同的命运航程。[1]

"营口"随后参加了国民党军队防守上海的作战,编制改列在海防第一舰队。作为插曲,国民党海军撤离上海时,该舰舰长邱仲明发现码头边的海关军舰"和星"处于无人值守的状态,遂将该舰自行拖带同行,后也被编入国民党海军。[2]"营口"此后被调至海南岛,参加了国民党军队防守海南岛的战役,1950年初撤往台湾,进驻左营基地,采用"73"舷号,同年7月1日更名"瑞安",回归了巡防军舰用带有"安"字的地名命名的规范。

一年后,该舰在台湾更换美式装备,原有的日式炮械全部拆除,主炮改换成两门美制3英寸口径MK22高射炮,副炮也全部改成40毫米口径"博福斯"高射炮和20毫米口径"厄利孔"高射炮的美式组合。更名为"瑞安"的原"营口"号此后曾参加1952年国民党军队突击南日岛的作战,以及1954年金门炮战时对厦门一带解放军阵地的报复性炮击,最终在1955年8月31日除役。[3]

---

〔1〕邱仲明:"突围前后",(中国台湾)《中国海军》,1951年4月。
〔2〕《中国海军之缔造与发展》,(中国台湾)"海军事务主管部门"1961年版,第239页。
〔3〕《海军舰队发展史》(一),(台湾地区防卫部门)"史政编译局"2001年版,第292页。

编在华东海军中的原"威海"舰"济南"号，舰体采用了十分具有特点的迷彩涂装

和"营口"舰在江阴突围时失散的"威海"舰，于当年被解放军陆军部队俘虏，移交给华东军区海军，编入华东海军的第2舰大队，仍然保持原舰名。1950年4月23日华东军区海军举行成立一周年纪念大会时，"威海"更名为"济南"，编入新成立的华东海军第6舰队，舰种定为护卫舰，成为人民海军中的第一代"济南"舰，首任舰长章仲樵、政委许玉乾。在华东海军成军未久，1950年9月12日"济南"舰在训练操作时，据称由于原国民党起义人员对当时降低薪金待遇不满，教导时玩忽职守，发生严重事故，导致舰上的锅炉发生爆炸，该舰配置的2台舰本式水管锅炉均不同程度受损，轮机兵8人被炸伤，成为华东海军初创时期的一桩重大舰艇事故。

而后，"济南"舰长期活跃于东南沿海，是当时华东海军的主力军舰之一，舰上原装备的日制武备后也逐渐更换为苏联制武备，其中主炮改为两门苏联B-34型100毫米口径炮，副炮则换用6门苏联B-11型37毫米口径炮。1955年华东海军更名中国人民解放军东海舰队，"济南"编制列入东海舰队护卫舰6支队，1961年人民解放军军舰开始使用舷号，"济南"定"217"舷号，1974年按照新的舷号制定办法调整为"525"，旋后退役改作靶舰使用。

江海绥安——日偿"丙""丁"型海防舰

江南三舰

继最先入役的日偿"丙""丁"海防舰"接6""接7"之后，在国民党海军相继入役的同型舰因为接收地和部署使用地的不同，分成了江南和华北两组，位于江南地区的是丁型海防舰"接13"和"丙"型海防舰"接15""接16"。

"接13""接15""接16"都属于是日本第二批来华的赔偿舰，"接13"前身是日本海军的"第192号"，1945年2月28日在三菱重工长崎造船所竣工，"接15"前身是"第85号"，日本战败前夕的1945年5月31日在横滨鹤见钢管竣工，"接16"前身是"第205号"，1944年10月10日在新潟铁工所竣工。[1]

3舰在1947年7月来华后，和其他很多日本赔偿舰一起，都未能立刻得到使用，被移泊于吴淞口闲置。1948年5月1日，海军总司令部下令对日本赔偿舰更换新名，3舰按照当时海军总部制定的日偿护航驱逐舰以带有安字的中国城市名命名的办法改名，"接13"更名"同安"，取自福建省的县名，"接15"改名"吉安"，取江西省县名，"接16"改名"新安"，取浙江省县名，旋因舰名读音和当时已经入役的美援修理舰"兴安"接近，遂又改以陕西省的县名命

1947年7月26日从佐世保出港前来中国赔偿时的"第85号"海防舰，此后成为中国海军的"吉安"号

---

[1]《世界の艦船》增刊第45集，[日]海人社1996年版，第31—32页。

293

名为"长安"舰。[1]

三舰之中,"吉安"舰最早得到修整成军。"吉安"在1948年得以安装武备,其主炮使用两门日制"10年"式120毫米口径高射炮,副炮采用2门40毫米口径"博福斯"MK3高射炮,以及4门日制"96"式25毫米口径高射炮,随后在1949年1月1日正式成军,编制暂列在海防第二舰队,首任舰长许正炎。当时因国共内战局势紧张,海防第二舰队被调入长江分区巡防,考虑到安庆段江面仅有炮舰"江犀"驻防,"吉安"便被派到安庆进行加强。

1949年4月20日夜至21日,人民解放军成功发动渡江战役。21日中午,海军总司令部向驻在安庆的军舰发出命令,要求各舰向长江下游突围,前往芜湖与林遵率领的海防第二舰队主力会合。经舰长会议磋商后,21日晚6时从安庆出发,火力相对较强的"吉安"被安排在殿后压阵,途中又接海军总司令部电报,要求驶往南京和林遵舰队会合,最终"吉安"等舰在4月23日上午到达南京笆斗山江面,与集结在该处的林遵海防第二舰队主力会合。当天下午,林遵举行会议号召各舰起义,"吉安"即和海防第二舰队部分军舰一起在27日靠泊南京下关码头,就此加入解放军,时任舰长为宋继宏。然而由于当时缺乏警惕,且各舰根据解放军要求撤离2/3的人员上岸接受政治教育,舰上仅留有基本的航海人员,作战能力基本被暂时消除。4月28日国民党空军飞机飞临南京一带轰炸起义军舰,无法组织有效防空的"吉安"中弹受伤,30日再遭轰炸,于采石矶江面被炸沉,是日偿"丙""丁"型海防舰中的第一艘消亡舰。事后,解放军曾组织对"吉安"舰进行打捞,但并未再修复入役。[2]

赔偿给中国后留在江南的3艘"丙""丁"型海防舰中,"同安""长安"两舰的命运相仿,两舰一直在上海吴淞口荒泊至1949年5月,随着国民党军队防守上海的作战大势已去,两舰被海军判定尚有修理价值,由其他军舰拖带离开上海,辗转到达台湾基隆,在1949年10月1日编入当时国民党海军的残破军舰收容所——训练舰队,作为保管舰,等待修理启用。此后因为配件短缺,且经费紧张,海军总司令部决定放弃修理,两舰在1950年2月16日被双双除役,3月1日取消编制,登报招标变卖拆解,于1951年拆毁。拆解时,两舰上的一些

---

[1]《海军舰队发展史》(一),(台湾地区防卫部门)"史政编译局"2001年版,第309页。
[2]张爱萍:"忆创建人民海军",《海军·回忆史料》,解放军出版社1999年版,第6页。

江海绥安——日偿"丙""丁"型海防舰

1947年7月26日离开日本佐世保开往上海时的赔偿舰"第192号"海防舰,后来成为中国海军的"同安"舰

"长安"舰的前身——日本海军时代的"第205号"海防舰,照片拍摄于刚竣工时

堪用部件被保留,作为国民党海军中同类军舰的维修备件。[1]

华北四舰

除江南地区的3艘"丙""丁"型海防舰外,日本赔偿舰中另有4艘"丙""丁"海防舰在华北地区入役,均属于在青岛移交中国的第三批日本赔偿舰,即"接20""接21""接22""接23"。第三批日本赔偿舰于1947年8月20日在青岛由中国海军接收,当时华北国共内战局势紧张,海军已经开始大量派出军舰在黄渤海地区协助陆军作战和执行封锁解放区任务,因而海军对在青岛接收的日本赔偿舰都持尽快使之入役,以便就近在华北执行任务的态度。

[1]《海军舰队发展史》(一),(台湾地区防卫部门)"史政编译局"2001年版,第323页。

1947年8月25日从佐世保离港开往中国青岛时的"第40号"海防舰,来华后该舰更名"成安"号

华北的4艘"丙""丁"型海防舰中,以"接20"舰最早得以修复,该舰1948年编入海防第一舰队3分队,旋于5月1日被海军正式命名为"成安",舰名取自河北省的县名。该舰的前身原是日本海军的"丁"型海防舰"第40号",1944年12月22日在日本藤永田造船所竣工,1948年在青岛整修时重配武装,具体采取了日美混合的样式,其主炮是两门日制"10年"式120毫米口径高射炮,副炮安装的是11门"厄利孔"20毫米口径高射炮。成军入役后,"成安"立刻被投用于黄渤海执行军事任务,1948年10月1日其编制被调整至海防第二舰队第5队11分队,此时还有另一艘华北的日偿海防舰加入该分队。[1]

和"成安"在1948年10月1日编入同一分队的是华北四舰中的"接21"号,该舰原本是日本三菱重工长崎造船所在1945年1月31日建成的"丁"型海防舰"第104号",1948年5月1日被中国海军以山东省的县名正式命名为"泰安",比"成安"稍晚完成武备安装和修理。"泰安"舰在青岛加装的武备,其型号配置和"成安"略有差异,"泰安"的主炮也是采用两门日制"10年"式120毫米口径高射炮,副炮则变成4门40毫米口径"博福斯"MK3高射炮和6

---

[1]《海军舰队发展史》(一),(台湾地区防卫部门)"史政编译局"2001年版,第315页。《世界の舰船》增刊第45集,[日]海人社1996年版,第40页。

江海绥安——日偿"丙""丁"型海防舰

门"96"式25毫米高射炮的组合。

"成安""泰安"同队服役时,国民党军队在华北战场已是节节败退,2舰此后频繁地参加到各种海运撤退活动中,诸如将烟台军政人员撤往长岛,将威海刘公岛国军撤往青岛,从天津塘沽撤运国军前往青岛,以及将青岛的国军和军政人员撤往浙江舟山定海等,奔波航行之中,日显前途一片黯淡无彩。而就在"成安""泰安"往来于撤退活动中时,华北四舰中突然有1艘军舰发生起义,成为国民党海军起义参加人民解放军的第一艘军舰。

1948年5月1日被中国海军以湖北县名正式命名为"黄安"的"接22"号,原是日本海军的"丙"型海防舰"第81号",1945年1月25日在日本舞鹤海军工厂竣工,作为第三批赔偿舰来华后,其修理开工的时间较晚,1948年正式命名"黄安",编制列入海防第一舰队时,该舰实际上仍在青岛海军船厂进行维修和加装武备等工作。[1]此时,中国共产党对国民党军队的策反工作正日益加强,其中中共胶东区党委统战部和东海地委统战部;解放军胶东军区政治部联络部和东海军分区政治部联络科;中共青岛市委;中共华东局社会部等系统都相继设法策反发展了一批国民党海军人员,因为个人职务身份的便利性等缘故,这些人员最终将起义的目标聚焦到了"黄安"舰上。

1949年2月12日,"黄安"舰舰长刘广超离舰上岸过元宵节,当天舰上还有大批官兵放假上岸,该舰舰务官鞠庆珍、枪炮官刘增厚、枪炮军士长王子良、枪炮班长孙露山等被中共秘密策反运动的舰上人员遂决定利用这一大好机会迅速发动起义,临时又说服策反

"黄安"舰起义成功后,起义人员和解放军干部在舰桥前方的合影,照片中可以看到舰上此时已经进行了伪装

---

[1]《海军舰队发展史》(一),(台湾地区防卫部门)"史政编译局"2001年版,第322页。

了"黄安"舰轮机长刘彦纯一起参加。当晚8时10分起义发动,起义官兵拘捕了副舰长等中高阶军官,并夺取轻武器,占领轮机舱等要害部门,成功控制了军舰,而后由鞠庆珍负责驾驶航海,刘彦纯保障轮机动力,"黄安"披着夜幕驶离青岛,于13日凌晨4时顺利到达解放区城市连云港。起初,因为未能有效沟通,驻防连云港的解放军一度向"黄安"发起过炮击。起义成功后,为防国民党空军飞机轰炸,"黄安"由起义官兵驾驶往苏北燕尾港堆沟隐蔽停泊,并在舰上堆放树枝等进行伪装。1949年解放军解放青岛之后,"黄安"舰在8月重返青岛,暂时归属解放军第三野战军32军领导,鞠庆珍任舰长,随后该舰在1950年6月被调归华东海军,编入第6舰队,同时按照华东海军制定的舰艇命名办法,更名为"沈阳"号,正式加入了解放军的海军部队。[1]

"黄安"舰在起义时,舰上的武备安装尚未全部完成,仅装有日制25毫米口径"96"式高射炮和13毫米口径高射机枪各两门,编入华东海军后很快加装了日制主炮,后又全部改换成了苏联制舰炮,具体为主炮采用苏联制100毫米口径舰炮,副炮换用苏联制37毫米口径高射炮。"沈阳"舰在人民解放军中长期活跃在东南沿海,曾参加解放一江山岛战役,1955年华东海军更名中国人民

日本战败后作为特别输送舰完工的"第107号",舰尾主甲板上加盖的舱棚是为了从海外运回日本军队和侨民所需而临时设置的住舱,该舰后来成为中国海军的"潮安"舰

---

[1] "'黄安'舰青岛起义",《国民党军起义投诚·海军》,解放军出版社1995年版,第75—82页。

解放军海军东海舰队后，"沈阳"舰被编在东海舰队护卫舰6支队，于1972年退役，1980年报废拆解。

华北四舰中唯一一艘在台湾完成武备安装的是"接23"舰，该舰原是日本海军"丙"型海防舰"第107号"，1945年1月3日在日本钢管鹤见造船所开工，二战日本战败时尚未完工，可以算得上是旧日本海军的遗腹子。因为盟军总部想以该舰当作将海外日本军民撤回日本的特别输送舰，从而幸免于报废拆解，得以继续建造至完工。1948年5月1日中国海军对日本赔偿舰重新命名，"接23"更名为"潮安"号，当时和"黄安"一起在青岛进行维修和加装武备，1949年2月突然从青岛拖航往台湾基隆，最终在1949年末于台湾完成了武器装备，正式成军。比较特别的是，"潮安"是第一艘直接采用美式武备的日偿舰，加装武备时就全部选取美械，"潮安"的武备模式也成为后来国民党海军其他"丙""丁"舰改用美械式的模式标准，具体为主炮使用两门3英寸口径MK22舰炮，副炮采用两门40毫米口径"博福斯"MK3高射炮和4门20毫米口径"厄利孔"高射炮。

"潮安"舰成军后，在1949年12月1日从台湾调至海南岛，编入海防第三舰队，参加防御海南。1950年6月1日编制改为第一舰队4分队，定舷号"74"，1952年编制再改为第四舰队42战队。1954年9月3日解放军炮击金门，"潮安"曾与其他国民党军舰一起对厦门一带的解放军阵地实施过报复性的炮击。随后不久，"潮安"舰在从金门开往澎湖马公途中遇风暴搁浅，因为受伤过重而放

1950年后涂刷着"72"舷号的"咸安"舰，此时该舰安装的仍然是日式武器

弃修理，当年12月16日便除役，退出了历史舞台。[1]

除"潮安"外，1949年后，"成安""泰安"也辗转到达台湾，与日偿"丙""丁"海防舰中最先成军的"营口"/"瑞安"，共同构成了国民党海军中的"丙""丁"海防舰阵容。成军后即经常被编组使用的"成安"和"泰安"，其后的航迹犹如一对同生共死的老战友。

"成安"舰在1949年12月编制调整至海防第三舰队，参加国民党军守卫海南岛的作战，随后不久因为舵叶被解放军炮火击伤，由海军的"成功"舰拖带往澎湖马公维修。当时恰值一批东北国立长白师范学院的师生跟随国军从东北流亡到海南岛，"成安""成功"即顺道将这批东北流亡学生240人搭载到相对安全的澎湖。在澎湖修竣后，"成安"重返海南岛，参加了1950年4月22日撤运海南岛国军的行动，同年的6月1日，国民党海军对所辖舰艇开始使用舷号，"成安"定舷号"72"，编制改为海防第二舰队第5队11分队。1952年7月1日，"成安"的编制改入第四舰队43战队，1953年7月16日参加过突袭福建东山岛的作战，战后1954年在海军第二船厂换装美式武备，旋于1955年1月1日编

20世纪50年代初期拍摄的"泰安"舰，舰体采用迷彩涂装，舰上的主炮为日式，舰首标有醒目的"71"舷号

[1]《海军舰队发展史》（一），（台湾地区防卫部门）"史政编译局"2001年版，第315页。

制改隶巡逻舰队42战队,一直服役至1958年,当年8月1日停役,10月1日正式除役。[1]

"成安"的战友舰"泰安"1949年末参加了撤运福建马尾国军的行动,1950年5月参加撤运浙江舟山和广东万山群岛国军的行动,6月1日海军核定舷号时,定为"71",编制和"成安"列在一起,属于海防第二舰队第5队11分队。"泰安"舰此后在福建、广东沿海经常出没,1950年6月22日曾在广东外伶仃洋海面掳获大陆民生公司商轮"太湖"号,1952年参加过突击南日岛的作战。之后"泰安"和"成安"一起经历了美械换装,1955年同时编入巡逻舰队,1958年同天除役。[2]

弃舰的新生

和得以成军入役的幸运儿们的情况完全不同,日本赔偿的"丙""丁"海防舰中还有一批接收不久就被海军抛弃的苦命弃舰,即"接5""接8""接12""接14"等4艘。不过这些军舰大多在1949年人民解放军解放上海后获得了意想不到的新生。

1947年7至10月,中国海军陆续接收共34艘日本赔偿舰后,这批大量到来的舰船很快引起了一些需要舰船的政府其他部门艳羡,纷纷想要从中分得一杯羹。为了协调各方的利益和关系,国民政府主席蒋中正在10月明确指令海军,要求海军至少要退出一半的日本赔偿舰,上缴国民政府,由行政院来统一调派给其他政府部门使用。对此项掠夺海军舰船的指令,桂永清领导的海军总司令部方面心存不满,通过各种形式进行抵制,几经讨论,最终达成了只退还8艘日本赔偿舰给国民政府的协议,而实际上海军所退出的军舰几乎全是状态不佳者,"接5""接8""接12"和"接14"就是被海军放弃而退还给政府的弃舰。

其中的"接5"舰原是日本海军的"丁"型海防舰"第14号",1944年1月

---

[1]《海军舰队发展史》(一),(台湾地区防卫部门)"史政编译局"2001年版,第315页。钟坚:《惊涛骇浪中战备航行——海军舰艇志》,(中国台湾)麦田出版2003年版,第174—175页。
[2]《海军舰队发展史》(一),(台湾地区防卫部门)"史政编译局"2001年版,第315页。钟坚:《惊涛骇浪中战备航行——海军舰艇志》,(中国台湾)麦田出版2003年版,第178—179页。

25日在横须贺海军工厂下水,同年3月27日竣工,属于首批来华的赔偿舰。同为首批赔偿舰的"接8",原是日本海军的"丙"型海防舰"第215号",1944年12月30日在日本新潟铁工所竣工。剩余的"接12""接14"同为第二批赔偿舰,都属于是"丁"型海防舰,前身分别是日本海军的"第118号""第192号","接12"原于1944年10月18日在日本川崎重工泉州工场下水,"接14"则是1945年2月26日在日本三菱重工长崎造船所下水。[1]

针对海军缴出来的日本赔偿舰,国民政府行政院根据提出需舰请求的部门情况进行分配,"接8"和"接12"被指派给教育部使用,"接5"和"接14"调拨给了内政部。当时教育部之所以申请调拨舰船,目的是给下属的吴淞国立海事职业学校和葫芦岛国立辽海商船专科学校配备教学用的实习船。当确定以"接8"和"接12"分配教育部后,"接8"在1948年6月24日由海军在上海移交给辽海商船专科学校,几天之后的6月26日,"接12"也在上海移交给了国立海事职业学校,其在海军的舰籍于当年的11月1日统一注销。[2]

由于"接8""接12"是海军"精心"挑选出的状况不佳的军舰,两所海事学校接收之后,并无证据显示其设法对军舰进行了修复使用,最可能的情况是接收时发现军舰的舰况不佳,于是干脆对这两艘军舰持放弃态度,任其停泊在

1947年7月26日下午1时在佐世保拍摄到的正在出港前往上海赔偿的"第118号"海防舰,后来成为人民海军的"长沙"号

---

[1]《世界の舰船》增刊第45集,[日]海人社1996年版,第32、40—42页。
[2]《海军舰队发展史》(一),(台湾地区防卫部门)"史政编译局"2001年版,第304—305页。

接收地废置,并未加以使用。

1949年人民解放军解放上海时,在上海发现了遗弃在黄浦江上的"接12",6月7日由华东海军接收,编在华东海军的主力部队——第1舰大队。华东海军接管时的"接12"处在无法航行状态,于1949年11月初被送入江南造船厂进行抢修,至12月6日便恢复动力,能够自航。以人民解放军当时十分简陋的技术条件和并不充足的设备资源而言,尚能在短短一个月时间就能将"接12"修理维护至可以使用状态,足以证明该舰当年被海军弃用时的状况其实并不是恶劣到完全无法使用。同样状态的军舰在国民党海军手中被视为弃儿,在解放军眼里则成了珍宝,个中可以看出国民党海军当时从美国接收的新式军舰数量过多,对日本赔偿的小军舰不甚在意,根本没有花费心思去维护的骄惰态度,也能看出人民海军初创阶段由于缺乏足够的舰船装备,对每一艘可能能够使用的舰船都持不放弃的积极求进的态度。二者这种精神态度上的截然不同,或许就是此后50年代海峡交锋中,装备精良的国民党海军屡屡败北的一种原因。

"接12"修复后,初期仍然停泊在黄浦江上,后为了躲避国民党空军飞机的轰炸,从上海驶往安徽芜湖一带隐蔽。1950年4月23日华东海军将"接12"更名为"长沙"号,编入第6舰队,定为护卫舰,首任舰长宋继宏、政委苏军,初期安装日式武备,后改为苏联制式,模式和"济南"相同。华东海军更名中国人民解放军海军东海舰队后,"长沙"编在东海舰队护卫舰6支队,1961年改舷号为"216",1975年6月在人民海军潜艇部队的训练中作为靶舰被击沉。

与"接12"同被海军放弃的"接8",此后的历史情况扑朔迷离,一说是上海解放时被解放军获得,后事不详。另一说是国民党海军撤离上海时拖走,辗转前往台湾,因为舰况太差而未能修复就役,20世纪50年代在台湾被拆解。这两则说法中何者为是,还需要进一步查证。

与教育部认领海军弃舰后默默任其荒废的情形不同,内政部在获得海军的2艘弃舰后,因为对军舰的舰况不满,做出了干脆了当的退货。

内政部向行政院申请日偿军舰的缘由,是为了加强外海的水上警察舰艇力量,以便在维护渔场、缉捕盗匪的活动中更加得心应手。对于行政院指示拨给的"接5""接14",内政部全部分配给护渔任务繁重的浙江省外海水上警察

1947年从佐世保出港前往中国赔偿时的"第198号"海防舰，赔偿给中国后临时命名为"接14"，后来成为了人民海军的"西安"舰

局，于1948年6月26日办理移交，同年11月1日从海军除籍。

当具体接管时，原本寄予很高期待的浙江外海水上警察局看到"接5""接14"的实际情况之后，大为失望，二舰不仅没有安装任何武备，且舰况较差，缺乏保养，舰上的主机等部件都需修理，水警局以"无力培养"为由，宣布将两舰全部退还给海军，在1948年12月末办理交接手续，交给位于上海的海军第一军区司令部。对这两艘既经放弃的军舰，海军也无兴趣加以维修，事实上将其处于废置的境地。[1]

1949年解放军解放上海时，"接5""接14"这两艘被国民党海军放弃的苦命弃舰被解放军视作珍宝，由华东海军进行接收，编入主力的第1舰大队，送入江南造船厂抢修和安装武器。和"接12"的情况相似，国民党海军无兴趣修复的"接5""接14"，经华东海军和江南造船厂积极设法修理后，竟然也先后恢复到可以航行作战的状态。1950年4月23日，"接5""接14"分别被正式命名为"武昌""西安"，编入华东海军的主力舰队第6舰队，定为护卫舰，"武昌"舰首任舰长伍岳、政委王安居，"西安"舰首任舰长吕美华、政委刁愈之，与6舰队中具有同一身世背景的"济南""长沙""沈阳"等共同构成了解放军海军中的日式海防舰群体。

二舰在修复成军时，曾安装日式火炮，后也更换成苏联制舰炮，具体的配

---

[1]《海军舰队发展史》（一），（台湾地区防卫部门）"史政编译局"2001年版，第305—307页。

置模式和"济南""长沙"等相同。"武昌""西安"此后也活跃在东南沿海,其中"武昌"舰还参加了人民解放军诸兵种合成的解放一江山岛作战。1955年华东海军更名解放军海军东海舰队后,"武昌"和"西安"均编入东海舰队护卫舰6支队,1961年2舰分别被定舷号为"209"和"217"。"武昌"舰在东海舰队服役至20世纪70年代退役,转作为靶舰使用。"西安"舰则在1974年改用新舷号"527",于次年退役。

20世纪50年代,人民解放军海军中以日偿"丙""丁"型海防舰为基础改装苏联造装备的"沈阳""济南""长沙""武昌""西安"5舰,恰好和海峡对岸国民党海军以同样背景的日偿舰为基础改装美式武备的"瑞安""潮安""成安""泰安"4舰相映成趣。随着时间推移,带着特殊舰史背景的这组军舰在20世纪80年代彻底从中国海军的行列中消失,不过人民解放军海军至今仍然在传承沿用着"沈阳"等舰名的导弹驱逐舰群,依然能让人从中想起中国海军发展之路上的那段不平凡的往事。

运辅偏师

——日偿杂类舰艇

输送舰

驱逐舰、海防舰是第二次世界大战胜利后，日本赔偿给中国的主要舰只类型，1947年中国获得的共四批日本赔偿军舰中，前两批完全由这两类军舰组成，由于赔偿舰当时是采取分组由战胜国代表抽签的方式获取，国人普遍认为这两次中国海军代表的手气较佳。1947年8月13日，盟国代表在东京盟军总部抽取第三批日本赔偿舰的分配名额，中国所获得的当批赔偿舰中首次出现了1艘不属于驱逐舰、海防舰的辅助性军舰，到了此后抽选获得第四批赔偿舰时，除了有1艘属于驱逐舰外，其余的9艘全部是辅助性军舰，总体上给外人以赔偿舰的品质每况愈下的观感。[1]

在日本赔偿给中国的34艘军舰中，辅助性的军舰总数为10艘，接近三分之一，按照原日本海军的舰种分类，这批杂类军舰分属输送舰、给粮舰、敷设艇、敷设特务艇、驱潜艇、扫海特务艇等6大类，其中输送舰是体型较大的部分。

日本赔偿给中国的输送舰分为一等、二等两型，第三批赔偿舰中唯一的一艘辅助性军舰就属于输送舰，即原日本海军的一等输送舰"第16号"。[2]

日本海军所称的输送舰，基本上相当于西方的登陆舰，由于海军发展的

---

[1]《海军舰队发展史》（一），（台湾地区防卫部门）"史政编译局"2001年版，第287—288页。
[2][日]福井静夫：《终战と帝国舰艇》，[日]出版协同社1961年版，第185页。

运辅偏师——日偿杂类舰艇

1947年停泊在日本佐世保，等待前往中国赔偿的日本一等输送舰"第16号"

理念偏差，日本海军直到太平洋战争期间才匆匆着手研发这类军舰。1941年末日本向英美开战，挑起太平洋战争，仅过了短短的时间，美国凭借自身强大的国力在太平洋战场上取得了中途岛战役的重大胜利，随后开始了针对日本的反攻，争夺日占太平洋岛屿。在厮杀至为激烈的瓜达卡纳尔岛争夺战中，美军占据海空优势，使得日方对岛屿的补给输送极为艰难，因为缺乏有效的登陆舰艇，不得不使用驱逐舰等战斗性军舰进行运输补给。这类军舰运载能力有限，在战斗中发生损失又会直接消耗日军的战斗力量，使得日本海军焦头烂额。在此严峻的形势下，日本海军提出了专门设计建造一种登陆舰的要求，即后来的一等输送舰。

根据日本海军的要求，一等输送舰自身必须具备较强的防空火力，能够在敌方占据制空权的海域实施强行登陆输送，同时还要能满足一系列的登陆运输需要，具体包括：

1.能搭载和直接投送运载兵员和物资的"大发""特大发"等机动艇。

2.能搭载和直接投送日军正在研发中的水陆两用战车。

3.能搭载和直接投送战车、车辆。

4.能够搭载250吨左右的补给物资。[1]

1943年初，该型军舰由舰政本部投入设计，过程之中，1943年7月日本

---

[1] [日]大内建二：《扬陆舰艇入门》，[日]潮书房光人社2013年版，第194页。

军令部又下达了要进一步加强这型军舰战斗能力的要求,至当年9月上旬设计完成,当时称为"特务舰特型",是日本海军研发的第一种大型强袭登陆舰。

该型军舰公试排水量1800吨,标准排水量1500吨,垂线间长89米,最大宽10.2米,吃水3.6米。主机采用一座"丁"型驱逐舰所用的舰本式透平蒸汽机,配套两座口号舰本式重油专烧锅炉,单轴推进,功率9500马力,航速22节。舰上可搭载415吨重油,续航力3700海里/18节。

"特务舰特型"的外观造型十分奇特,在日本海军火急火燎的催促下,舰政本部根据要同时具备防空能力和泛水登陆能力的复合需求,拿出了一种看起来属于杂交、拼凑的总体设计,视觉感受十分奇特。"特务舰特型"采用平甲板舰型,双桅杆单烟囱,军舰的舰体中前部看起来和日本海军的驱逐舰、海防舰十分相像,舰首安装1座"89"式127毫米口径40倍径双联高射炮,舰桥前方平台上安装1座"96"式25毫米口径双联装高射炮,舰桥后方主甲板上另设有1处战斗平台,安装两座同型的三联装高射炮,在军舰烟囱之后另安装1座同型的三联装高射炮。除此,该型舰还设计配备4门"96"式25毫米口径单管高射炮,总体上的防空火力和海防舰相仿。特别的是,为了满足军令部提出的增强该型军舰战斗能力的要求,"特务舰特型"还配备了"93"式水中探信仪、"93"式水中听音仪,以及18枚深水炸弹等反潜武备。仅仅从舰体中前部的造型和武备来看,"特务舰特型"简直犹如是一艘海防舰,由此也可以看出日本海军赋予这型军舰能够在没有护航的情况下自行执行登陆作战任务的用意,甚而这型特殊的登陆舰还能为其他的运输船只提供护航。[1]

"特务舰特型"舰体后部的造型很容易令人大跌眼镜,军舰的主甲板自烟囱向后急剧下倾,直至贴近水线,形成了一个从舰体中部向后的巨大斜坡,斜坡表面共敷设有两道轨道,其上有活动胎架,可以便于使搭载的舟艇、车辆直接沿着轨道送入水中,快速泛水登陆。"特务舰特型"斜坡甲板上可以采取多种搭乘组合模式,诸如可搭载4艘14米特型运货船,也可同时搭载7辆"特二"式内火艇等。除了造型特殊的登陆甲板外,"特务舰特型"在舰体中部甲板下设有最大容量260吨的货舱,可以装载补给物资,货舱在主甲板上留有两个舱

---

[1]《海军》第11卷,[日]诚文图书1981年版,第34—35页。

运辅偏师——日偿杂类舰艇

口,分别位于舰体中部高射炮平台的前后,附近的前后桅杆上装有吊杆,便于吊运装卸。

总体上,"特务舰特型"是糅合了海防舰、货船、登陆舰等功能于一体的混合型军舰,外观恍若是正在向舰尾下沉的军舰,显得怪模怪样。因为前线需舰紧急,1943年9月设计完成后,11月就在三菱重工横滨造船所开工首舰,此后由三菱横滨造船所和吴海军工厂分头建造,总计共建造21艘。其中吴工厂因为拥有大型干船坞,为了提高建造效率采取了新颖的分段建造法,将"特务舰特型"从前至后分为6个分段,在不同的施工点同时开工,最后全部运到干船坞里一起进行总体合拢。[1]

1944年5月10日,"特务舰特型"的首舰竣工,被命名为"第1号",正式定为一等输送舰,该型军舰即称为"第1号"型输送舰。日本战败后赔偿给中国的"第16号"输送舰属于同型的第16艘,1944年12月31日在三菱横滨造船所完工,第二次世界大战后期曾被用于搭载灭绝人性的自杀武器"回天"鱼雷,也因此中国海军接收该舰后一度称其为自杀艇母舰。[2]

1947年8月25日,"第16号"和其他第三批日本赔偿舰一起从日本佐世保出发,遵照中国政府的要求前往青岛移交,8月27日抵达青岛后在8月30日由中国海军第二基地接收。依循前例,"第16号"来华后更换舰名,临时命名为"接24"。这种设计特异的登陆军舰,在当时中国海军看来并不适用,只是当作运输舰看待。1948年5月1日,中国海军总司令部下令对日本赔偿舰改用新名,"接24"按照运输舰以中国著名山岳命名的方法,被正式定名为"武夷",随后在当年10月编制列入海军总司令部直辖,归类为供应舰。[3]

"武夷"舰入列后因为动力状况不佳,被认为短时间内较难修复就役,于是列为封存保管舰,仅配置了有限的看管人员编制,而且该舰从日本来华时已拆除了全部的武备,在当时着重将一些日偿驱逐舰、海防舰尽速武装成军的背景下,身为输送舰的"武夷"并不被看重,中国海军未恢复其武装。

国共内战华北战事吃紧后,国民党军队在撤离青岛之前于1949年5月1日

---

[1]〔日〕福井静夫:《日本の军舰》,〔日〕出版协同社1956年版,第151页。
[2]《海军舰队发展史》(一),(台湾地区防卫部门)"史政编译局"2001年版,第323页。
[3]《海军舰队发展史》(一),(台湾地区防卫部门)"史政编译局"2001年版,第287—288页。

309

将"武夷"舰拖离,辗转到达澎湖的马公等待维修,其编制在当年10月1日列入刚刚成立的训练舰队名下。1949年10月1日在台湾左营组建的国民党海军训练舰队司令部,其职能除了担负舰艇各项训练工作外,同时还承担舰艇整修工作,因而大批从大陆撤往台湾的保管舰都一股脑归入其名下,等待整修。当时海军训练舰队司令部曾制定计划将该舰尽早修复,但是经过海军马公造船所勘验发现,"武夷"舰的主机、锅炉都需要进行大修,仅锅炉水管一项,就需要更换约3000根之多,因透平蒸汽机、燃油水管锅炉的备件难寻,判定短期内无从修复,在1950年2月15日归为停役,3月1日仍然列回封存保管舰,当年11月10日停泊马公的"武夷"遭遇台风搁浅在四角屿,舰底破损严重,遂于1951年2月1日报废除役。[1]

继原日本海军一等输送舰"武夷"之后,中国海军在第四批日本赔偿舰中又获得了1艘原日本海军的输送舰,只是其舰型是较"武夷"等而下之的二等

1946年12月15日停泊在日本佐世保惠比须湾的日本二等输送舰"第172号",舰体舷侧可以看到油漆的临时舰名标记

---

[1]《海军舰队发展史》(一),(台湾地区防卫部门)"史政编译局"2001年版,第324页。

运辅偏师——日偿杂类舰艇

输送舰，即日本在太平洋战争期间紧急建造的坦克登陆舰，属于采用透平蒸汽主机的"第103号"型，此前中国海军曾分别在上海和香港俘虏过2艘同型军舰，即被命名为"同安"的"第144号"和被命名为"中条"的"第108号"。在第四批中来华的二等输送舰，原是日本

1948年美国海军巡洋舰"圣保罗"撞击"中条"后的景象。这张照片以往普遍被误认为受撞击的是"庐山"舰

海军的"第172号"，1945年3月10日在日本川南浦崎船厂竣工，[1] 1947年10月4日在青岛被中国海军接收，临时命名为"接26"，视作运输舰。

1948年5月1日，"接26"获得正式的山字舰名，被命名为"庐山"号，同年10月和一等输送舰"武夷"一起被定作海军总司令部的直属供应舰，推测较早即投入使用。较为特别的是，当时该舰未被重新安装枪炮武备，但是恢复布置了深水炸弹。

1949年，处于维修状态的"庐山"舰被拖航到台湾左营，当年10月1日国民党海军成立训练舰队，"庐山"便和"武夷"等军舰一起归入了该舰队名下，1950年其隶属关系改到舰艇训练司令部。台湾地区海军方面官修的军史曾称，"庐山"舰在1951年3月1日报废除役，事实上该舰在1953年被修复至可以航行的状态，随后编入了运输舰队，定舷号"308"，作为运输舰，其最后的结局是1955年在台湾遇到风暴而搁浅，因为受损过重最后被报废拆解。[2]

---

[1]《日本海军特务舰船史》，[日]海人社1997年版，第109页。
[2] 有关"庐山"舰在1951年3月1日报废的说法见：《海军舰队发展史》（一），（台湾地区防卫部门）"史政编译局"2001年版，第324页。

1955年搁浅受损后的"庐山"

给粮舰

舰名排序在输送舰"接24""接26"之后的赔偿舰"接27"号,是日本偿华军舰中仅有的1艘给粮舰。

日本海军的给粮舰,其定义是专门为海军舰队输送粮食补给的后勤船只,一些大型给粮舰甚至在舰上设有食品加工车间,可以随同海军舰队航行,保障食物供给。这种特殊的保障军舰,主要适用于海军舰队存在大规模的海外行动,而在海外又缺乏陆上补给基地的情况下,为舰队提供粮食。日本海军最初

日本战败后充当特别输送舰时的"白埼"号

运辅偏师——日偿杂类舰艇

主要是通过临时征用民间商船来充当给粮舰，1914年第一次世界大战爆发后，日本海军先后出兵俄罗斯、青岛、地中海等地，感觉到有必要建造能够长期伴随舰队在海外行动，且有专门的粮食保存、加工设施的专用给粮舰，战后1924年日本竣工了首艘专用的给粮舰"间宫"（15820吨），此后又在1931年建造了给粮舰"伊良湖"（9750吨）。

第二次世界大战后日本赔偿给中国的"接27"号，属于在"伊良湖"之后建造的"杵埼"级，原名"白埼"号，该型军舰是彻头彻尾的为了侵略中国而设计建造。1937年日本发动全面侵华战争后，日本侵华海军舰艇的行动逐渐开始向长江内地和华南地区蔓延，为了保障在这两个区域行动时的粮食供应，日本海军省在1939年决定设计建造600吨和1000吨型给粮舰各1艘，分别称为杂役船"第4007"和"第4006"号，竣工后更名"南海""南进"。其中的"南进"是排水量1000吨级别的中型给粮舰，1942年4月更名"杵埼"。1940年根据军令部和海军省的决定，又追加建造了"早埼""白埼""荒埼"3舰。

"杵埼"级给粮舰的标准排水量910吨，舰长58米，宽9.4米，吃水3.1米。其体型之所以较小，是为了适应在中国近海和长江内河上活动。该级舰以两座"舰本"式23号甲8型柴油机为主机，功率1600马力，航速15节，舰上可搭载57吨燃油，续航力3500海里/12节。

该舰的总体设计类似货船，在传统的三岛型货船的布局基础上，取消了尾楼，只有首楼和位于舰体中部的舰桥。舰桥前至首楼间以及舰桥后至舰尾间的主甲板空阔，各布置有货舱盖，并分别设有1座带着吊杆的门式起重桅杆。"杵埼"级的主甲板下为粮食搭载舱，比较特别的是该型舰考虑到要在中国以及南洋地区活动，为了长期保存食物，其舰内的粮食舱属于冷冻舱，可以长期（连续两个月）保存82吨生鲜食物和71.7吨淡水，其中存放鲜肉、淡水的货舱温度控制在摄氏零下10度，保存新鲜蔬菜、水果、鸡蛋的货舱温度保持在摄氏3度，这些食物约可供应6000人10天的所需。

除了本职的粮食运补能力外，作为军舰的"杵埼"级还设有一定程度的武备。在军舰首楼末端以及舰尾旗杆后各设有一个火炮平台，前方的火炮平台安装1门"3年"式76毫米口径高角炮，后部安装1座"93"式13毫米口径双联高射机枪。为了加强火力，"杵埼"级军舰后期还出现过加装25毫米口径高射炮的情况。

"杵埼"级的"白埼"号1943年1月30日在大阪铁工所樱岛工场竣工，没有像其姊妹舰那样被配置到凶险的太平洋战场，而是部署于大凑基地，主要承担对高纬度的千岛群岛方向的海军食物供给。[1]

　　第二次世界大战日本战败时，"白埼"停泊在大凑港，后被盟军勒令解除武装，充当运输船只使用。1947年盟军总部决定分配日本赔偿舰时，因为考虑到驾驶赔偿舰的日本舰员在交舰后如何返回日本的问题，指定了4艘军舰作为引扬舰，每次都各自跟随一批赔偿舰航行，赔偿舰移交后搭载日方送舰人员回国，当最后一次赔偿舰分配时，列入其中一并赔偿。当时鉴于"白埼"舰的舰况较好，遂和"若鹰""早埼""荒埼"被定为引扬舰。只是在头几批赔偿舰交付时，跟随来华的引扬舰都是"若鹰"，"白埼"则是在最后一批赔偿舰中被中国海军抽中。[2]

　　1947年9月30日，垂头丧气的日本第四批赔偿舰按照中国海军的命令，从佐世保抵达中国青岛，由中国海军军舰"美益"引导进港，10月3日中国海军第二基地司令董沐曾在接收文书上签字，10月4日各日本赔偿舰升起中国国旗，编入中国海军。列在第四批赔偿舰中来华的"白埼"当时被暂命名"接27"，由于是同批日本赔偿舰中舰况最好的一艘，很快得到编制使用。1948年5月1日，中国海军对所有"接"字头的日本军舰改定新名，作为后勤供应舰只的"白埼"按规范以山岳命名，定名为"武陵"，当年12月1日成军，编制列为海军总司令部直辖勤务舰，调往首都南京附近江面驻扎，以便随时承担运输任务。因为得以正式成军入役，"武陵"舰上原有的一前一后两处炮位都恢复了武装，首楼附近的炮台安装1门日本"3年"式76毫米口径高角炮，和日本时期的配置位置相同，位于舰尾的炮台上则安装了1门40毫米口径的"博福斯"MK1型高射炮。

　　1949年4月，人民解放军成功发动渡江战役，驻泊在长江沿线的国民党海军海防第二舰队舰只奉命聚集向南京江面，准备撤逃之策，长期驻泊南京下关码头的"武陵"舰也随同第二舰队移泊南京附近的芭斗山江面。4月23日，海防第二舰队司令林遵号召舰艇不要冒险冲向上海，决定发动起义投奔人民解放军。"武陵"舰不愿参加起义，跟随海防第二舰队旗舰"永嘉"等向长江口突

---

[1]《海军》第11卷，[日]诚文图书1981年版，第124页。
[2][日]福井静夫：《终战と帝国舰艇》，[日]出版协同社1961年版，第183页。

1950年后采用"311"舷号时的"武陵"舰

围。途中"武陵"舰在江阴附近一度搁浅遇险,但最终竟成功脱离,越过解放军控制的江阴要塞火力封锁线,全身而退到达上海。

此后"武陵"舰在1949年12月5日被编入主力舰队海防第一舰队,参加封锁长江口的军事行动,主要为执行封锁任务的舰艇提供粮食补给。在执行本行任务的同时,该舰还顺带在长江口一带威胁无武装的大陆民船,曾在1950年1月30日抓捕了1艘大陆港口出发的商船,将其押至当时国民党海军舰队的主要据点浙江舟山定海。1950年2月1日,"武陵"舰的编制调整到驻防基隆的国民党海军第二舰队,作为该舰队的补给舰。旋在6月1日改列入驻防高雄的第三舰队,编在12分队,同队的军舰"营口""永靖"均为日本赔偿舰。

1950年国民党海军开始采用舰艇舷号制度,属于后勤舰只的"武陵"获得"3"字头编号"311"。1952年7月1日,国民党海军整编舰队,打破既往的混合舰队编成方式,改根据军舰的性能、用途等重新编组舰队。"武陵"舰就此结束了和主力军舰混编的配置模式,归入新成立的后勤舰队,编在63分队,当时同在该分队的还有"昆仑""南湖""回风""天台""钟山"等舰。此后该舰频繁活动在台湾至离岛的航线上,担负向离岛运输补给的任务,其间"武陵"舰舰首安装的日制76毫米口径高角炮被拆除,代之以美制3

英寸口径MK22高射炮。

1965年国民党海军启用新的舰艇舷号模式，"武陵"改舷号"511"，同年根据美国顾问的指导，国民党海军开始加速淘汰非美式军舰，以减轻后勤维护的压力，国民党海军运输线上的"老马""武陵"舰最终在1970年5月1日退役，随后拍卖拆解。[1]

敷设艇与敷设特务艇

日本赔偿中国的第四批军舰中，排序跟随在"武陵"之后的"接28""接29"分属于原日本海军的敷设艇和敷设特务艇，简而言之就是布雷艇。

"接28"来华之前的前身是日本海军"平岛"级敷设艇中的"济州"号，由日本日立樱岛造船所建造，1942年4月25日竣工。该级舰是日本海军"测天"级敷设艇的改进型，标准排水量720吨，公试排水量750吨，全长74.7米，水线长73.3米，垂线间长69.5米，宽7.85米，型深4.55米，吃水2.60米。该级艇的动力使用两座舰本式柴油机，双轴推进，功率3600马力，航速20节，燃料载量35吨，续航力2000海里/14节。

日本战败后成为特别输送舰时的"济州"

---

[1] 钟坚：《惊涛骇浪中战备航行——海军舰艇志》，（中国台湾）麦田出版2003年版，第432页。

运辅偏师——日偿杂类舰艇

和当时西方国家的专用扫雷舰艇有所不同的是，日本海军对于敷设艇的功能设定十分特别。从明治时代发展布雷小艇之后，再到大正时代设计建造专用的敷设艇，又经过长期的实践，到了昭和时代的敷设艇已经属于是一种多功能艇，不仅可以执行基本的布雷任务，还可以布设潜水艇防御网、潜水艇捕获网，乃至可以搭载深水炸弹，执行攻潜任务，充当运输船队的护航兵力。

单从外形上看，"平岛"级敷设艇恍若是缩小了比例的海防舰，造型颇为威武，艇型为长首楼型，在首楼顶部甲板上布置舰桥和前主炮，其前主炮选用的是1门"88"式76毫米口径高角炮，另外在艇尾甲板上设有1座火炮平台，布置1座13毫米口径双联高射机枪。除此外，艇上搭载"93"式水雷120枚，可以通过主甲板上的轨道从舰尾推入水中布设，在不搭载水雷的情况下，可以携带8组潜水艇捕获网，艇上还可搭载36枚深水炸弹，由位于后桅杆和后炮台间的Y炮投射。[1]

"平岛"级军舰陆续问世后不久，正值太平洋战事吃紧，该级敷设艇大量被调用参加运输船团护航。为了增大航程，包括"济州"号在内的部分艇设法增大了燃油载量，续航力提升到4000海里/14节，由此得以能够跟随运输船团长距离航行。该级艇的火力在1944年后也进行了加强，主要是提升防空能力，其中尤以"济州"号的改造情况最为威猛。"济州"艇在舰桥前方、探照灯台两侧、以及原先安装13毫米高射机枪的火炮平台上各增加1座4联装25毫米口径高射炮，另安装单管25毫米口径高射炮7门。除此外"济州"号还在舰桥顶部安装了1座"22号"型电探，在前桅杆上安装1座"13号"型电探，增强了对海、对空侦搜能力，艇上原有的深水炸弹投射器也增加到了4座，以提升反潜护航能力。[2]

日本"平岛"型敷设艇中战力较强的"济州"号，赔偿给中国时处于没有任何武装的状态，无法直接投入军用，该艇1947年10月4日在青岛举行升旗仪式后，暂行列为封存保管舰。1948年5月1日，中国海军对日本赔偿舰更换正式舰名时，"接28"/"济州"参照当时美援布雷舰以带有"永"字头的中国地名命名的办法，定名"永靖"。当年10月1日"永靖"完成了重新安装武备，成军入役，武备的具体配置大致沿袭了日本时期的模式，多采用日制炮械，至

---

[1]《海军》第11卷，[日]诚文图书1981年版，第67—68页。
[2]《写真日本军舰》第14卷，[日]光人社1990年版，第94页。

于水雷、深水炸弹等技术兵器则未做恢复,事实上该艇成为了1艘炮艇。当时"永靖"舰的编制被列在海防第一舰队,由于华北国共战事紧张,胶东沿海巡防急需舰艇,该艇就近部署在青岛海军第二军区,先后参加了海运烟台国军至葫芦岛登陆的行动,以及撤运华北各地国军至长岛,撤运威海刘公岛国军至青岛等行动。

国民党军队撤守青岛后,"永靖"舰随海防第一舰队部署到上海、吴淞一带,参加保卫上海的作战。1949年5月15日解放军进攻上海时,"永靖"舰和"太和"舰曾以舰炮火力猛烈压制八字桥、毛家宅等处的解放军炮兵阵地。5月16日又以舰炮火力攻击狮子林至月浦一带的解放军。解放军解放上海后,"永靖"和海防第一舰队其他舰艇集中至浙江舟山定海,编制改隶海防第一舰队第5分队。1949年11月赴台湾左营进行大修,更换美式武备,舰首的主炮改成1门3英寸口径MK22型高射炮,舰尾火炮平台上安装1座40毫米口径"博福斯"MK3型高射炮,另在舰桥前方、探照灯台左右等处安装共5门20毫米口径"厄利孔"高射炮。该艇原有的布雷功能未予恢复,仍然当作炮艇使用。

1950年6月1日"永靖"的编制改隶属至以台湾基隆为基地的第三舰队,编入全部由日本赔偿舰组成的第12分队,定舷号为"75",后改为"70"。本舰1952年7月1日编制调整为第三舰队33战队,1955年1月1日第三舰队改为扫布雷舰队,本舰即隶属扫布雷舰队33战队,至1960年5月1日除役。

和"接28"同时来华的"接29",是日本赔偿舰中的另外一艘扫雷舰,其来华后的命运和"接28"迥异。

"接29"原是日本海军的"户岛"型敷设特务艇"黑岛"号,1915年5月25日在日本舞鹤海军工厂竣

1950年采用"75"舷号后的"永靖",照片中可以看到舰上已经换装了美式火炮

工,是诞生于第一次世界大战时代的老爷舰,也是抗战胜利后日本赔偿给中国的军舰里舰龄最大的一艘。该型艇的标准排水量只有405吨,垂线间长45.7米,最大宽7.6米,吃水2.3米,主机采用两座立式三胀蒸汽机,配套1座"口"号舰本式水管锅炉,功率600马力,航速12节,艇上煤舱容量60吨。"户岛"型敷设特务艇为平甲板型,双桅杆单烟囱,其主要武器原只有1门安装在前甲板上的76毫米口径高角炮,另可搭载120枚水雷,第二次世界大战中又追加了2门13毫米口径高射机枪以及深水炸弹投射装置。

二战日本战败后,"黑岛"和其他残存的日本海军舰艇一样都被拆除了武备,改作运输船,负责将海外各地的日本军队和侨民撤回本土,在此之后则被选入赔偿舰。该艇1947年来华后临时定名"接29",中国海军对这艘古董军舰摇头不已,一度预备将该艇干脆改作运输艇,此后正值行政院要求海军将部分日本赔偿舰退还给政府,以备其他需要舰船的政府机构使用。1948年3月23日海军总司令部参加行政院组织的会议时,决定将老掉牙的"接29"交出,而将原本计划交给行政院的舰况较好的一等输送舰"接24"换回。行政院根据政府各机构的申请情况,决定将"接29"拨交内政部,充当水警船,又经内政部就近分派给山东省警务处水上警察队使用。山东省水上警察队派员于5月8日到艇查看后,对该艇的状况感到扫兴,拒绝接收,重新退还给海军。

1947年9月3日在佐世保拍摄到的"黑岛",此时本舰即将离开日本前往中国

中国海军接收后的"接29"舰

重回海军的"接29"因为主机状态较差，修复的前景不佳，海军为慎重起见未对该舰正式命名。在青岛修理期间，海军军官刘建胜被派担任"接29"代理艇长，此后刘建胜被中共地下党策反，委任为策反国民党海军起义地下工作小组组长，刘建胜一面积极准备"接29"的起义，一面配合同在青岛修理的日本赔偿舰"黄安"的起义。刘建胜原计划率"接29"和"黄安"舰一并起义投奔解放军，但是后来因为主机的试机情况不佳而未能成行。"黄安"舰起义约10天后，刘建胜在1949年2月22日午夜指挥老旧的"接29"从青岛秘密出港，发动起义，预备开往解放区。由于此时国民党海军已经提高戒备，出港未久的"接29"在薛家岛附近海面遭国民党军岸上火炮射击。艇上官兵发生混乱，刘建胜在炮击中头部负重伤，后被其他起义人员转移到舰载小艇继续前进，最终被海军舰艇追截，刘建胜等起义人员后被国民党海军拘捕在上海枪决。[1]

"接29"起义失败后不久，国民党军因华北局势溃裂撤离青岛，"接29"在5月由海军其他军舰拖带至浙江舟山定海，由海军定海工厂进行维修。当时经勘验发现锅炉的水管有数百根需要更换，其样式老旧，难以寻找更换件，遂决定放弃修理，将艇上堪用的设备全部拆卸，用于维修同在定海的日本赔偿舰

---

[1] "'接29'号舰起义青岛外海被拦截"，《国民党军起义投诚·海军》，解放军出版社1995年版，第89—90页。

"接30",本艇最终在1950年5月1日除役,5月16日国民党军队从舟山撤退时被自沉于舟山长涂。

驱潜艇

1949年在浙江定海用"接29"的部件进行整修的"接30"是日本第四批赔偿舰中的驱潜艇,同批之中另外还有一艘驱潜艇,即"接31"。尽管属于同类型军舰,但"接30"和"接31"实际分属于两种型级,"接30"的前身是日本海军"第28号"型驱潜艇"第49号","接31"则是日本海军"第4号"型驱潜艇"第9号"。

日本海军的驱潜艇,属于以反潜为主要功能的小舰艇,中国人民解放军海军列装过的猎潜艇与此功用相似。在日本海军的历史上,先后共装备过"第1号""第4号""第13号""第28号""第60号"等共5型驱潜艇,日本赔偿舰"接31"所属的"第4号"型是日本海军1937年在原"第1号"型基础上进行放大的改进型。该型艇通过增大艇体,增加燃料载量,从而加大续航力。另外通过加高干舷,降低舰桥高度,简化主甲板上设施等办法,努力提高稳性。该型艇排水量291吨,长56.2米,宽5.6米,吃水2.1米,主机采用两座舰本式22号6型柴油机,双轴推进,功率2600马力,航速20节,艇上燃料载量20吨,续航力2000海

日本战败后拆除了武备的"第9号"驱潜艇

里/14节。[1]

该型艇的总体设计采用平甲板布局，艇首选用的类似S的造型，艇首甲板有明显的上跃设计，都是要借此来增强这艘小艇的抗浪能力，使其具备出远海航行的能力。小艇主甲板上的上层建筑异常简单，仅仅只是在艇体中前部布置了外形低矮的舰桥和1座三脚桅，以及在中后部布置了1座底部没有机舱棚的烟囱而已。这些举动的目的十分明显，即尽量降低军舰的重心高度，提高稳性。

该型艇的武备初期较为简单，在舰桥之前安装有艇上唯一的火炮，1座双联装40毫米口径"乒乓"炮，在艇尾甲板上安装1座深水炸弹投射炮，可搭载36枚深水炸弹。太平洋战争爆发后，日本海军在太平洋地区面临日益严峻的防空、反潜压力，部分"第4号"型驱潜艇被应急进行了武备增强，其模式为在艇上增加3门25毫米口径单管高射炮，分别布置在舰桥前方、艇尾、艇体中部三处，另外换用两座新式的"94"式深水炸弹投射炮，在艇尾加装2座深水炸弹投射架。赔偿给中国的"第9号"/"接31"就是当时经历过武备强化改造的典型艇。

"第9号"1938年5月10日在日本三菱重工横滨船渠开工，当年的10月15日下水，1939年5月9日竣工入役，太平洋战争中曾被布置在南洋方向，充当根据地警戒以及运输船团的护航。1947年作为日本第四批赔偿舰在青岛移交给中国海军时，处于无武装状态，临时被定名"接31"。中国海军当时嫌该艇的体量过小，认为维修、使用的意义不大，遂将该艇编入海军上缴日偿舰名单，以应付国民政府行政院提出的索要部分日本赔偿舰的要求。本艇经行政院决定调拨给财政部，计划由财政部所属的胶海关接收为缉私舰使用，1948年5月13日胶海关派员到青岛港查看实艇，结果大为摇头。胶海关方面认为该艇艇体过小，内部生活设施简陋，不适合长期进行巡防，决定放弃接收。事后海军方面也不愿收回该艇，改将其交给山东省保安司令部当作巡防艇用，同年12月31日山东省保安司令部也嫌该艇过小，又重新退回给海军。[2]

对于几度努力都未能送得出去的"接31"，国民党海军方面此后只得设法自行使用，在1949年1月1日将"接31"编入第一炮艇队，同年华北局势紧张之

---

[1]《海军》第11卷，[日]诚文图书1981年版，第55页。
[2]《海军舰队发展史》（一），（台湾地区防卫部门）"史政编译局"2001年版，第304—306页。

运辅偏师——日偿杂类舰艇

驻防金门时代采用迷彩涂装的"富陵"号

后,该艇跟随在青岛的国民党海军舰船一起撤至浙江舟山定海,9月后获得正式艇名,名曰"驱潜12",随后调往台湾左营进行整修和安装武备。当时的武备重装工作基本上采取了对艇上原有炮位实施填空的做法,共计安装两门40毫米口径"博福斯"MK3高射炮,3门日制"96"式20毫米口径高射炮,至于该艇的看家武器——深水炸弹,则因为当时无用武之地而没有安装。

经过整修一新的"驱潜12"在1950年4月22日离开台湾左营,奉命前往金门岛部署,承担在金门海域骚扰、封锁大陆海上交通的任务。考虑到该地区的高危险性,该艇出发时涂饰了适于在岛群间活动的迷彩涂装。出人意料的是,这艘曾被国民党海军嫌弃不已的小艇,在金门海域竟然屡屡出击得手,在短短一个多月时间里,被该艇俘虏的大陆商船竟达到3艘之多,即4月27日抓获商船"和乐";5月1日抓获货船"成兴";6月1日抓获商船"捷喜"。刷着迷彩的"驱潜12"一度被人民解放军视作眼中钉,而在国民党军队方面,则由金门防卫司令部授予该艇"金门之鳌"的称号。1950年7月1日,根据国民党海军新颁行的舰船命名规定,"驱潜12"更名为"海达",定舷号"402",仍然驻防金门。[1]

1951年8月1日,"海达"的舰级改为炮舰,彻底放弃了恢复反潜能力的可能性。根据炮舰的命名规则,又更名为"富陵",改舷号"87",编制隶

---

[1] 钟坚:《惊涛骇浪中战备航行——海军舰艇志》,(中国台湾)麦田出版2003年版,第186页。

属第二舰队22战队，从金门被调往浙江沿海活动。1954年，该舰进行美械改装，加装美式平面搜索雷达，同时按照新的命名规则更名"岷江"，改舷号"107"。1955年1月1日，"岷江"的编制隶属于巡防舰队21战队，在2月8日列入TF85船团掩护区队掩护大陈岛国民党军队撤退后，因动力系统状况不佳而在3月16日草草除役。[1]

与"接31"同时赔偿给中国的另外一艘驱潜艇是"接30"，因为国民党海军对赔偿舰进行临时命名时，选择的是根据同批赔偿舰的排水量吨位为标准，从大到小顺序编号，吨位占优的"接30"由此位居前列。

"接30"原属日本海军"第28号"型驱潜艇，是第二次世界大战期间日本海军大量建造的驱潜艇，属于"第13号"型驱潜艇的设计简化型，该艇公试排水量442吨，标准排水量420吨，全长51米，宽6.7米，吃水2.63米，主机采用两座舰本式23号8型柴油机，双轴推进，功率1700马力，航速16节，艇上燃料载量16吨，续航力2000海里/14节。[2]

"第28号"型的外观仍然采用干舷相对较高的平甲板船型，较"第4号"型进一步加高了艇首上扬的角度，增加破浪性能。艇上的武备较"第4号"型更威猛，主要体现在加大了主炮的口径，艇首主炮采用1门"3年"式76毫米口径高角炮，以获得可以直接重创、击穿上浮状态的潜艇的火力，与此配合的尚有1座13毫米口径双联机枪，以及作为主要反潜武器的两座"94"式深水炸弹投射炮和位于艇尾的深水炸弹投射轨道，艇上共可搭载深水炸弹36枚。太平洋战争爆发后，为增强该型军舰的防空火力，"第28号"型也和"第4号"型那般，加装了3门25毫米口径高射炮。

作为"第28号"型驱潜艇中制造时间较为靠后的一艘，"第49号"于1944年1月31日在日本函馆船渠竣工，侥幸在第二次世界大战战火中存活到日本战败之后。1947年在第四批赔偿舰中被送至青岛交给中国海军，由此定临时艇名"接30"。起初，"接30"和同类异型艇"接31"都因为体量小而不受中国海军重视，被列入上缴行政院处理的名单。"接30"和"接31"一起由国民政府行政院分拨给胶海关，经胶海关派员登艇查看后，因艇上住宿、生活空间狭

---

[1] 钟坚：《惊涛骇浪中战备航行——海军舰艇志》，（中国台湾）麦田出版2003年版，第186—187页。

[2]《海军》第11卷，[日]诚文图书1981年版，第56—57页。

日本战败后1947年6月在佐世保拍摄到的"第49号",此时舰上的武器已经全部拆除

小,设施不完备,而拒绝接收,"接30"在退回海军后编制暂列于第二巡防艇队,闲置在青岛,直到1949年国民党军队从青岛撤退时,才在5月15日草草拖航往浙江舟山定海,编制改到温台巡防处。

在舟山定海期间,"接30"由海军定海工厂按照巡防艇的新用途进行整修和安装武备,其艇体和动力维修所需的配件,大量从废置在定海的日本赔偿舰"接29"上拆卸运用,武备则成为艇首1门"3年"式76毫米口径高角炮,艇尾1门"96"式25毫米口径3联装高射炮,另外配两门13毫米口径机枪的新模式。1949年9月1日,"接30"整修完毕,正式成军,被更名为"驱潜11号",旋后在1950年7月1日更名"海宏",定舷号"401"。又在1951年1月16日更名"雅龙",定型为炮舰,改舷号"86",隶属海军第二舰队22战队,和"接31"/"富陵"以及日本赔偿舰"信阳"同在一队。

从在日本诞生伊始就始终默默无闻的这艘小不点军舰,随后突然成为了国民党海军的英雄舰。1954年,"雅龙"和"富陵"等日本赔偿舰前往台湾基隆进行美械改装,并安装平面搜索雷达,同时因为国民党海军新接收了大批美援驱潜艇,为图一律,"雅龙"艇按照新的命名规则更名为"渠江",改舷号"106",于4月被配置到浙江沿海的大陈岛,编入大陈特种任务舰队,以大陈

325

岛为据点进行巡逻和针对大陆沿海的封锁。

5月16日，因解放军攻上大陈岛外围的鲤门岛，为了撤离滞留岛上的4名国民党军情报人员和美军顾问，"渠江"舰被派在16日深夜潜入鲤门水域，17日凌晨与鲤门岛附近的解放军船只发生激烈战斗。此次战斗在国民党方面的军史记载中热闹非凡，甚

更换"106"舷号后的"渠江"舰，主桅杆顶端可以看到雷达天线罩。本舰因鲤门海战而著名，虽然当时本舰的舰名已经改为"渠江"，但在台湾的新闻报道中仍然喜用"雅龙"旧名，甚至据此给该舰冠以"浙海之龙""自由之龙"等别号

至还称曾与解放军的"瑞金"舰发生过战斗。但是这些内容在人民解放军的海军战史资料中却难以找到对应记录，不免令人起疑，个中缘故尚值得推敲。最终，自称与大量解放军舰艇近距离鏖战的"渠江"舰成功脱离战斗，全身而退，且并未有多少战伤，被国民党军方以"击溃中共舰队"的殊勋，定为英雄舰，时任舰长梁天价被授予青天白日勋章。[1]

在获得如此荣耀的军功后，"渠江"之后的舰史多少显得有些虎头蛇尾，该舰在第二年1月1日编制调整至巡防舰队21战队，2月6日编入TF85船团掩护区队，护卫大陈列岛国民党军队撤运。同年10月1日，因舰况不佳而除役，1956年出售给唐荣及光华铁工厂报废拆解，给人以草草收场之感。[2]

扫海特务艇

日本赔偿给中国的34艘军舰的最后3艘都是扫海特务艇，而且是日本偿华杂类军舰中比较罕见的同型舰，均属于是原日本海军的"第1号"型扫海特务

---

〔1〕《老军舰的故事》，（中国台湾）"海军事务主管部门"2001年版，第76页。
〔2〕钟坚：《惊涛骇浪中战备航行——海军舰艇志》，（中国台湾）麦田出版2003年版，第210—211页。

运辅偏师——日偿杂类舰艇

艇,即扫雷艇。日本海军在明治时代成立后,长时间内并没有专用的扫雷舰艇,直到1937年发动全面侵华战争后,面对中国海军在长江和内河港汊开展的布雷作战,日军开始着手研发这种舰艇,从1940年开始建造"第1号"型扫海特务艇。

"第1号"型扫海特务艇借鉴了之前日本海军征用渔船改造为扫雷艇的经验,选择以日本的钢壳渔船为基本船型,初期又称为渔扫(渔船型扫海艇)。该型艇满载排水量只有230吨,全长33米,水线长28.97米,垂线间长29.6米,水线宽5.916米,吃水2.95米,主机使用1座赤坂式柴油机,单轴推进,功率300马力,航速9.5节,艇上燃料柜载量10吨,续航力1500海里/9.5节。艇上的主要武备是1门短管76毫米口径高射炮,另有1门7.7毫米口径机枪。作为扫海艇,该型艇的专业武器是扫雷用的破雷卫,太平洋战争中期日军的海上护航压力增大,本型艇尽管吨位小、航速低,也被进行了反潜改装,加装拖曳式水中听音机,并配备15枚深水炸弹,充当反潜哨戒任务。[1]

第二次世界大战中,"第1号"型扫海特务艇共建造有22艘,从"第1

准备赔偿给中国的"第19号"扫海特务艇,1947年9月摄于日本舞鹤

―――

[1]《海军》第11卷,[日]诚文图书1981年版,第158页。

327

1947年9月在日本横须贺拍摄到的"第22号"扫海特务艇,当时正在准备作为赔偿舰开往中国

号"开始均用数字编号命名,战后赔偿给中国的是其中的"第14号""第19号""第22号",1947年10月在青岛由中国海军接收后,分别临时命名"接32""接33""接34",因为艇况较佳,在1948年1月全部成军入役。由于当时国民党海军几乎没有扫雷、反潜的作战需求,也难以获得这类技术装备,在恢复日式扫海特务艇的武备时,没有考虑扫海、反潜等功能,只是重装了枪炮,其中首楼上的前主炮选择了1门40毫米口径"博福斯"MK3型高射炮,另外安装有日制"96"式25毫米口径高射炮1门、"93"式13毫米口径机枪两门。

"接32""接33""接34"入役后,编制列在海军第一炮艇队名下,就近配置在华北地区使用,"接32""接33"派拨至长山岛巡防处,"接34"调往塘大巡防处使用,担负近海巡防等工作。1948年5月1日国民党海军废除日本赔偿舰的"接"字头临时舰名时,根据小型艇采用艇型加上编号数字的命名规范,将3艇分别正式命名为"扫雷201""扫雷202""扫雷203"。尽管此时3艇事实上已经成为了炮艇,但是从其命名看,国民党海军似乎对未来将3艇恢复为扫雷艇充满着兴趣。

超出当时国民党海军想象的是,当日本赔偿舰大量出现到青岛时,在胶东地区拥有深厚群众基础和基层政府的中国共产党即有意对这些军舰进行策反,

运辅偏师——日偿杂类舰艇

中国海军接收后的"接33",照片上可以看到标识在驾驶室外壁上的阿拉伯数字编号"33"

通过各种途径进行渗透、策反。1947年10月,胶东军区派出的特工李云修潜入"扫雷201",担任该艇勤务兵,后又任轮机兵。此后,李云修在"扫雷201"上秘密联络、发动了近一半的艇员。1949年2月17日凌晨,利用艇长赴长山岛岸上开会未归的机会,李云修等发动起义,驾艇从长山岛驶往解放区烟台,参加了人民解放军,成为胶东军区拥有的第一艘正规化军舰。之后"扫雷201"相继参加了解放青岛和解放长山岛的战役。[1]

1949年9月,胶东军区所属的海军教导大队奉调参加华东军区海军时,"扫雷201"艇负责从威海接运人员到青岛转乘火车,本艇此后也南下编入华东军区海军,更名"秋风"号,参加了长江口的扫雷作业以及解放舟山群岛的作战,后改为华东军区海军的教练艇,之后历史不详,有记载称该艇在1976年报废。

留在国民党海军中的"扫雷202""扫雷203"此后长期编组使用,国民党军在华北战场节节败退后,两艇在1949年5月后撤往浙江舟山定海,当年9月19日参加了国民党军队防守厦门的作战,在10月25日又双双参加了金门古宁头反登陆作战,此后一度驻防金门。1950年7月,两艇被分别更名为"江毅""江

---

[1] 李云修:"回忆'201'号扫雷艇起义",《国民党军起义投诚·海军》,解放军出版社1995年版,第240—244页。

勇",定舷号"401""402"。1952年7月1日2艇又改舷号"541""542",编制列入第三巡防艇队,驻扎在基隆,担任台湾近海的巡逻和警戒任务。1962年3月1日,"江毅""江勇"在海军停役,移交给"情报局"。因两艇的艇型酷似渔船,被当作赴大陆近海活动的情报船使用,数年后的1968年1月1日双双除役。[1]

---

[1] 钟坚:《惊涛骇浪中战备航行——海军舰艇志》,(中国台湾)麦田出版2003年版,第554、556页。

附 录

日本投降军舰线图集

制图：顾伟欣

1945年抗日战争胜利后，中国海军先是接管了大批在华的日本海军舰艇，继而又在1947年先后接收了四批日本赔偿军舰，总数超过百艘的这些日本投降军舰，成为中国海军在抗战后获得的最大规模的一次舰艇装备补充，也洗雪了从甲午战争以来日本海军所施加给中国海军的种种羞辱。由于这批军舰总数庞大，且编入中国海军后发生了一定程度的外观、装备变化，使得考证这些军舰的外观特征成为十分复杂的工程，需要极度的耐心和专注力。为直观展现抗战胜利时日本投降军舰的形象特征，本附录选择了日本投降舰中较具代表性的30艘/型舰艇，由顾伟欣先生绘制线图，以飨读者。顾伟欣先生是中国造船工程学会船史研究学术委员会会员，长期致力于中国近代舰船线图、近代战争战场态势图、舰船钢笔画的研究和绘制，在上述领域取得了开创性的突出成绩，以实际的行动和成果为中国近代海军史的研究和普及做出着贡献。

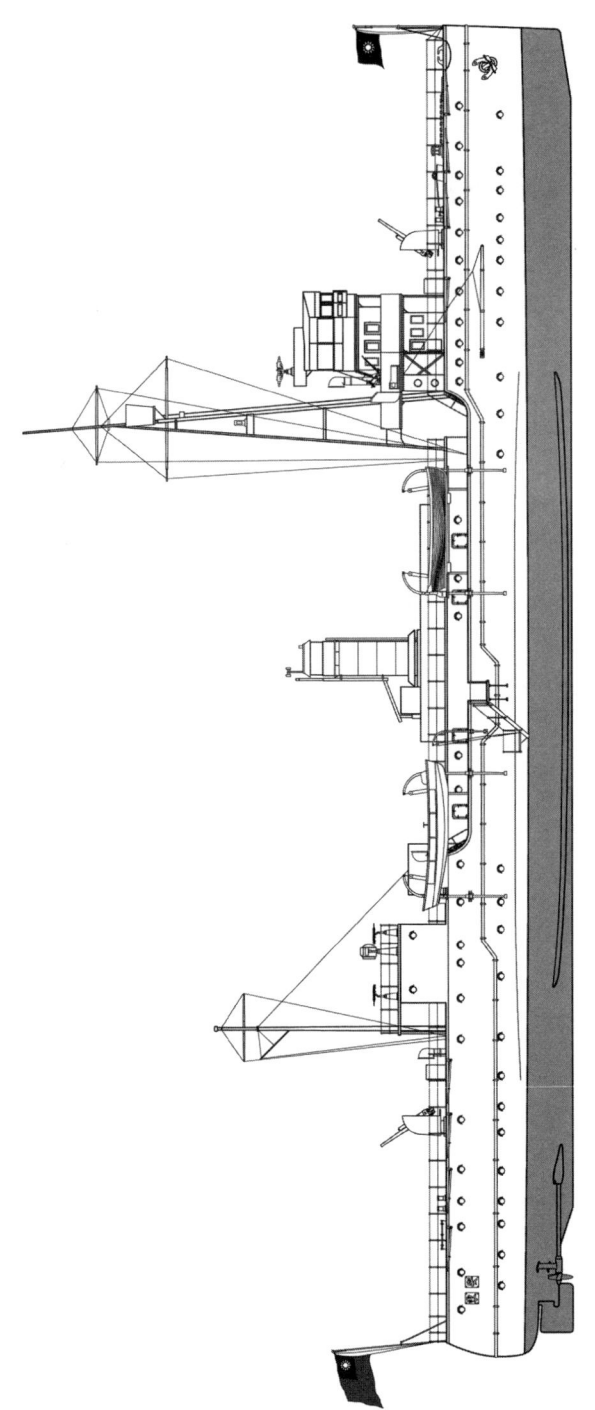

"安东"炮舰侧视图

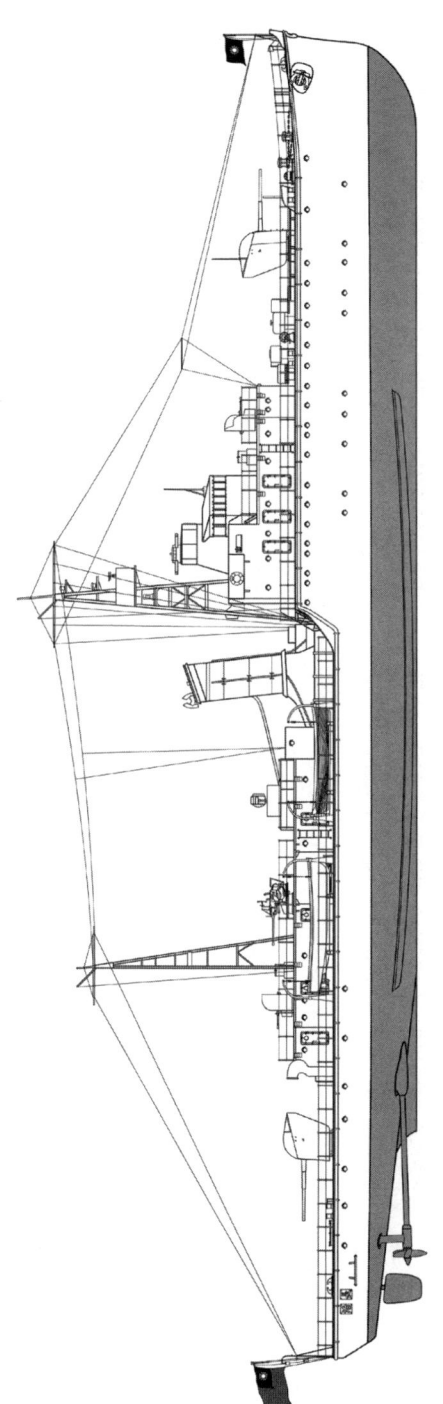
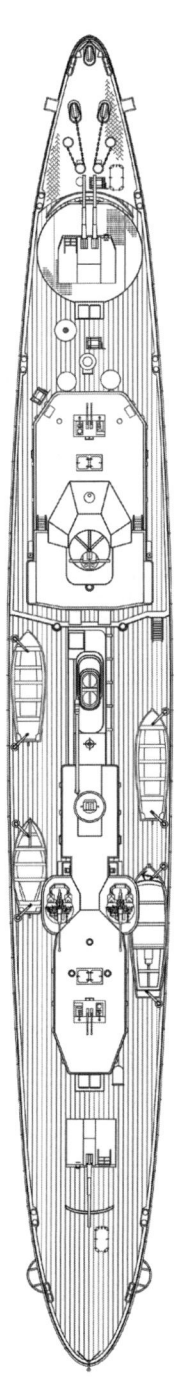

"长治"炮舰两视图

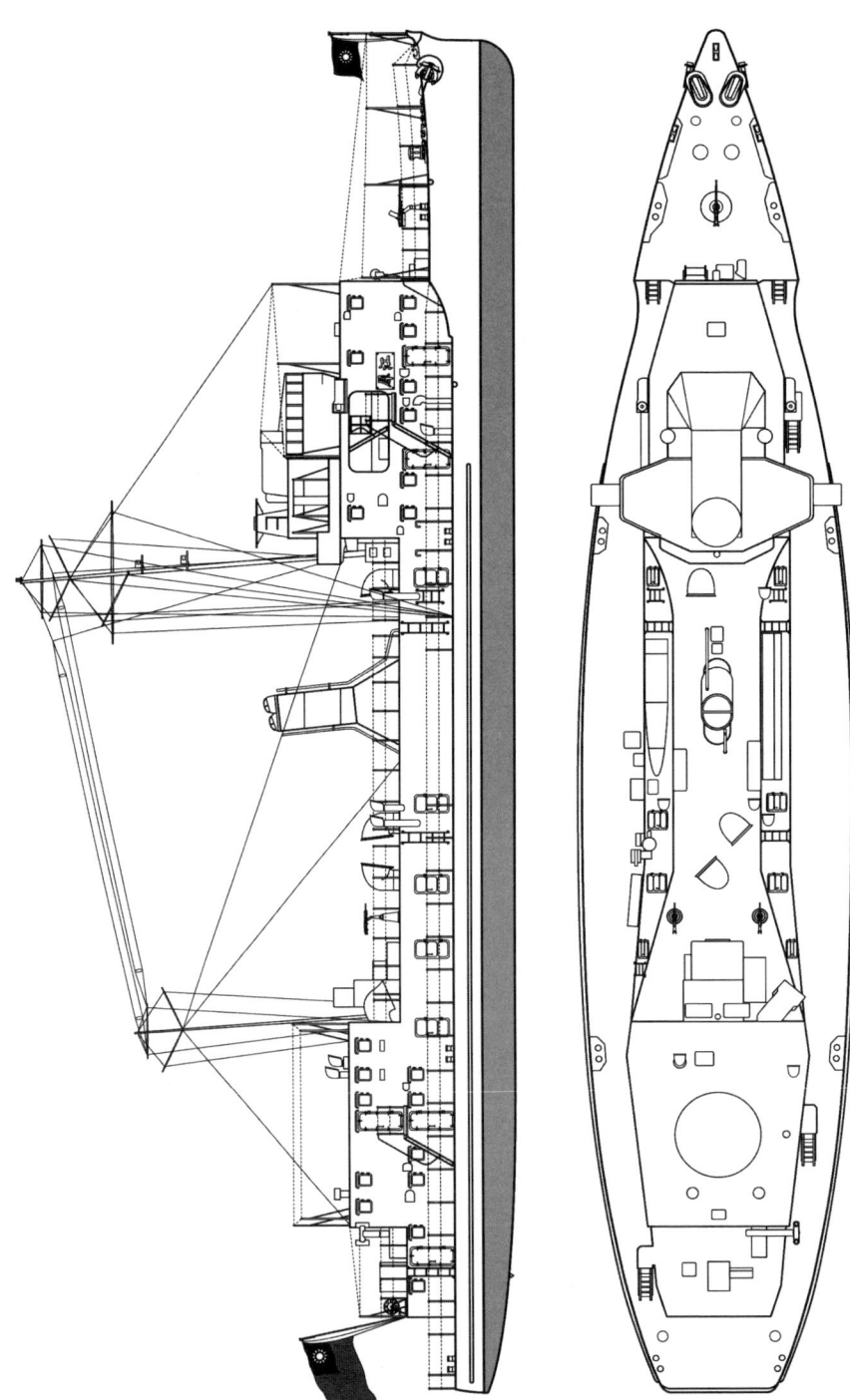

"靖江"炮舰侧视图

334

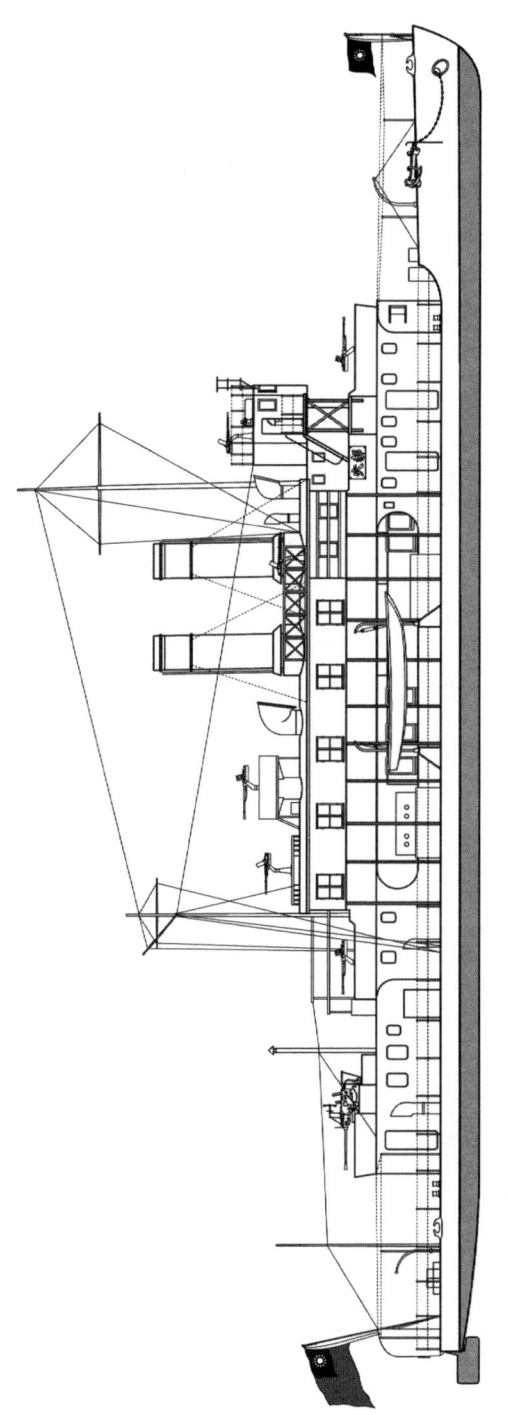

"郝穴"炮舰侧视图

"常德"炮舰侧视图

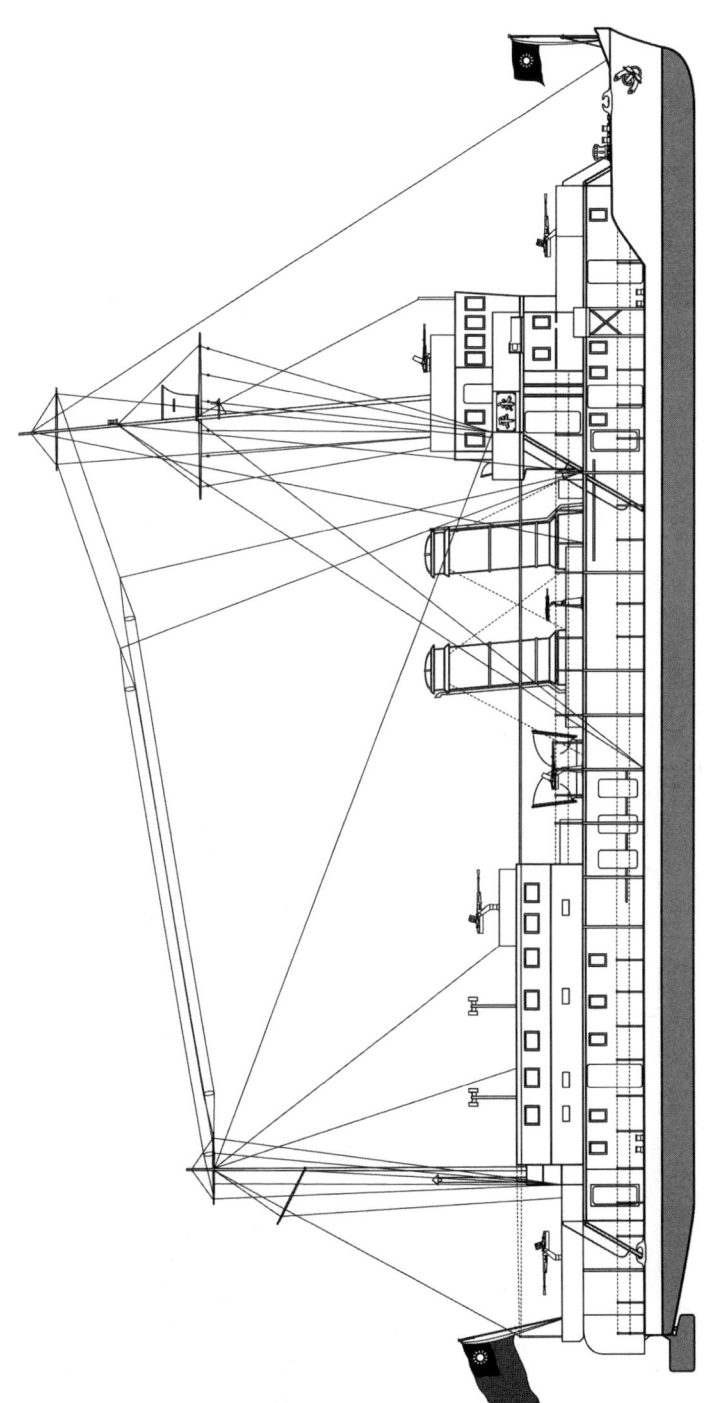

"永平"炮舰侧视图

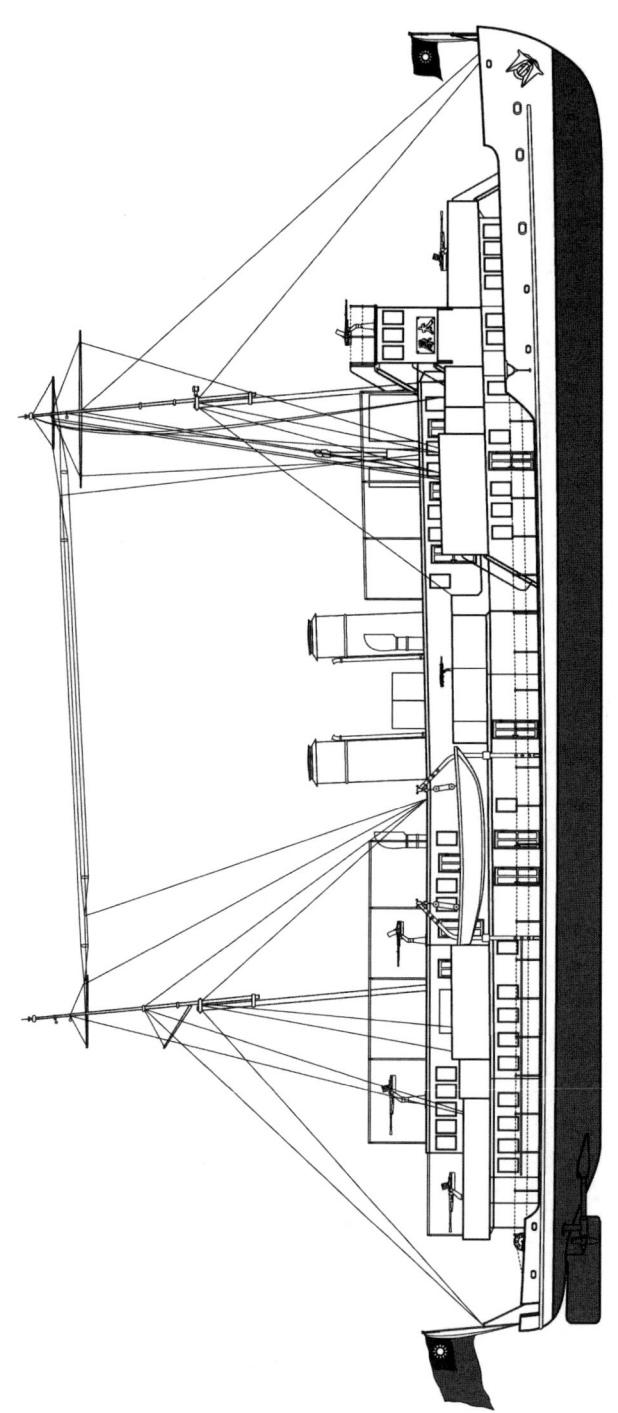

"太原"炮舰侧视图

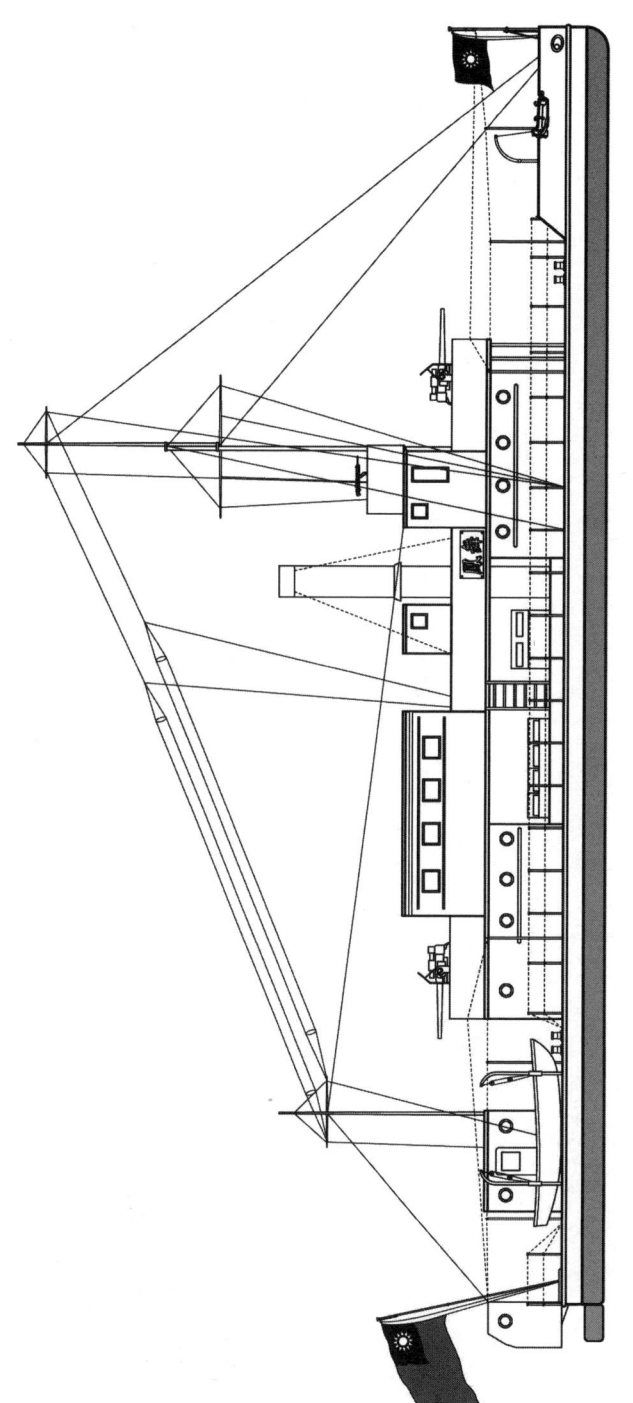

"舞凤"炮舰侧视图

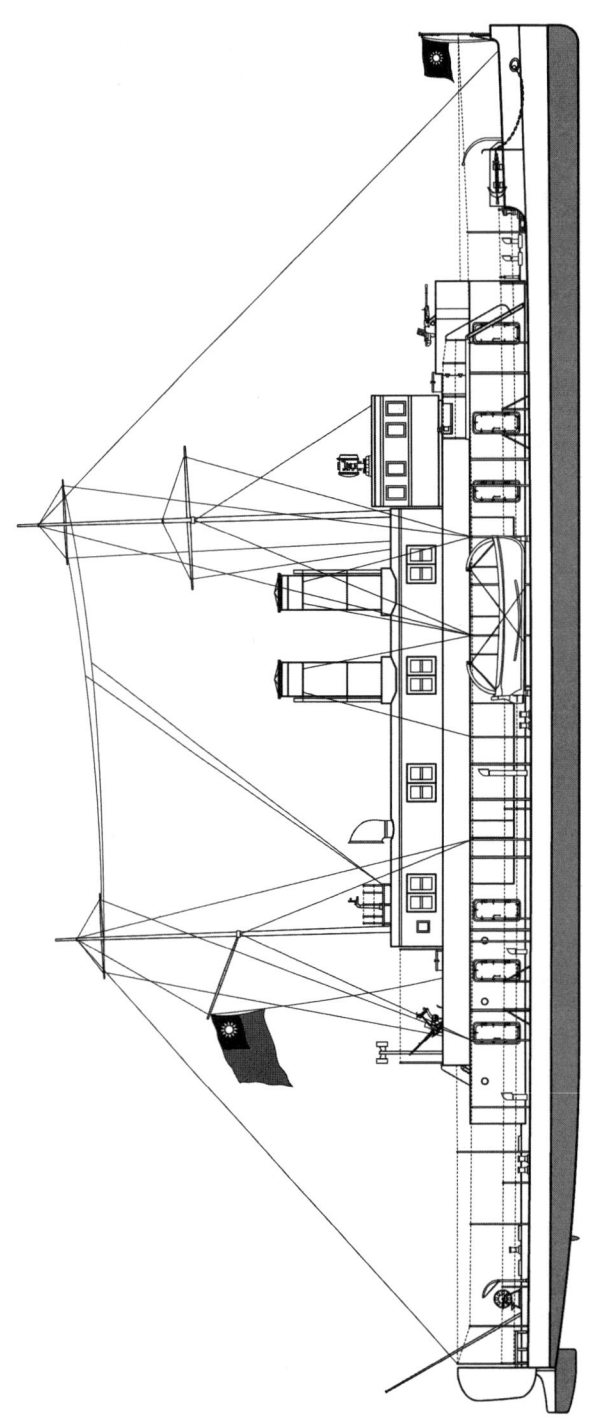

"江艇"炮艇侧视图 "湘江"

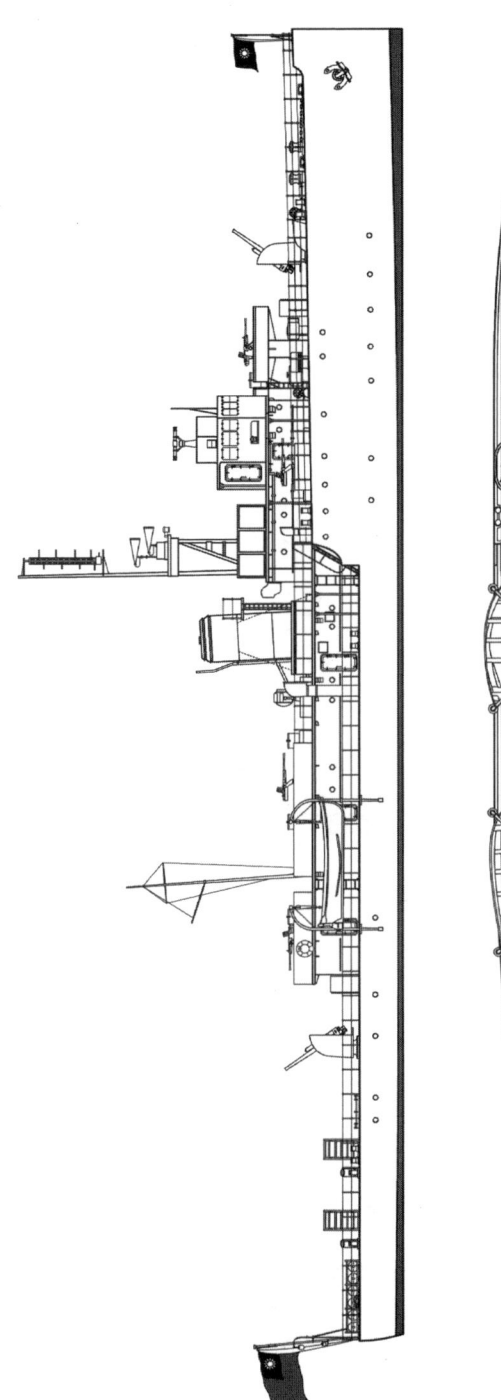
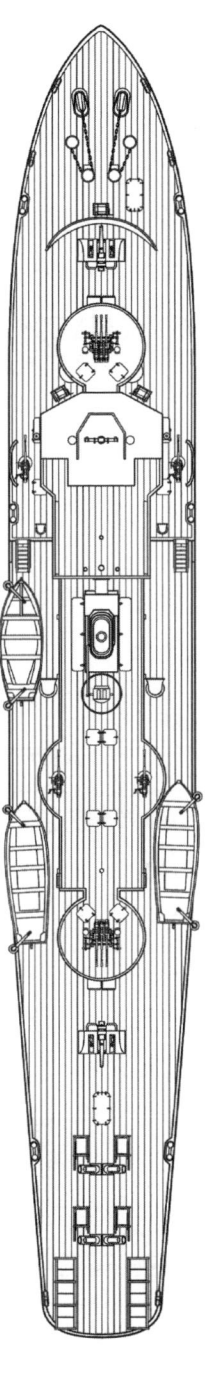

"咸宁"炮舰两视图

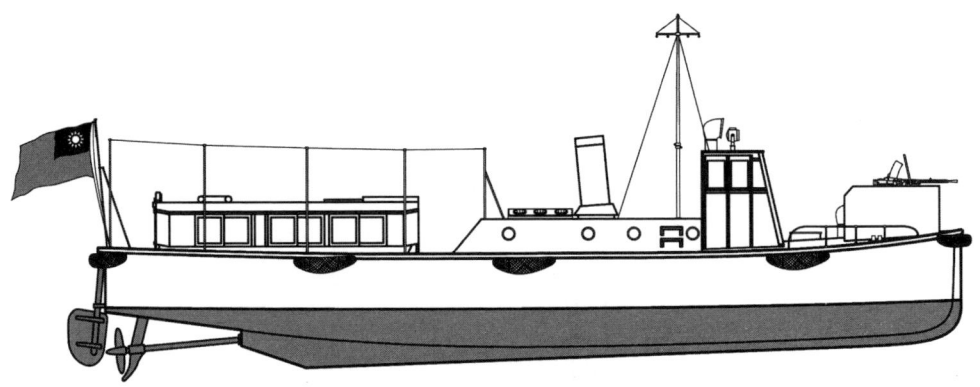

"舰水"型炮艇侧视图

"汽艇"型炮艇侧视图

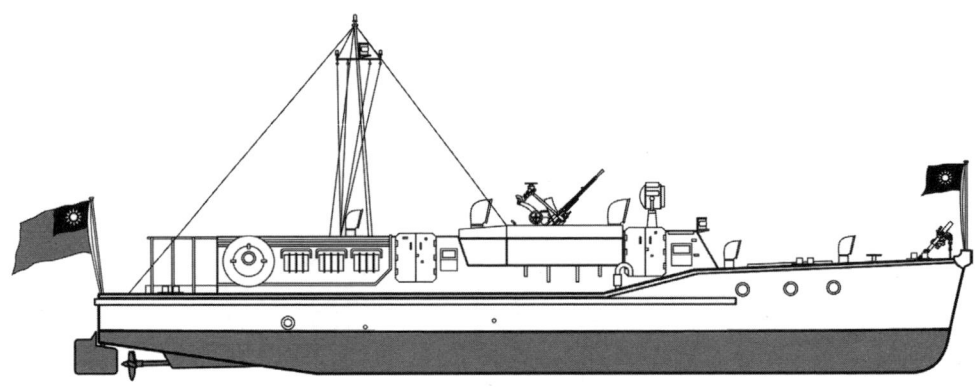

中型炮艇侧视图

"海鹰"炮艇两视图

"海丰"炮艇两视图

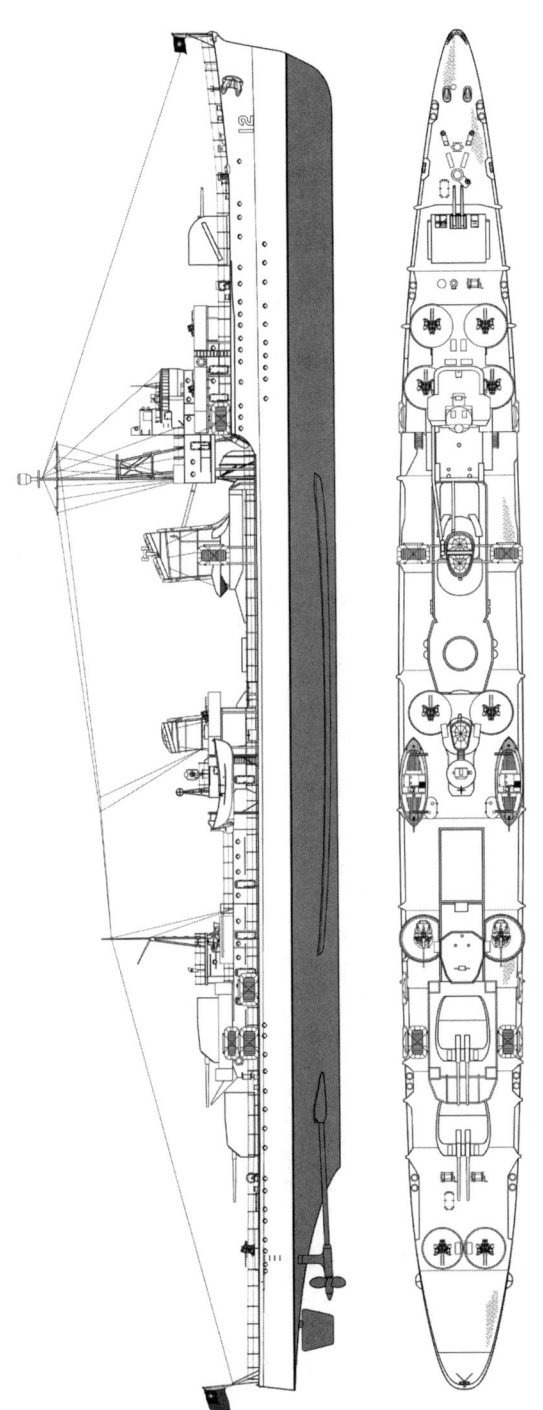

"丹阳"驱逐舰两视图（1952年状态）

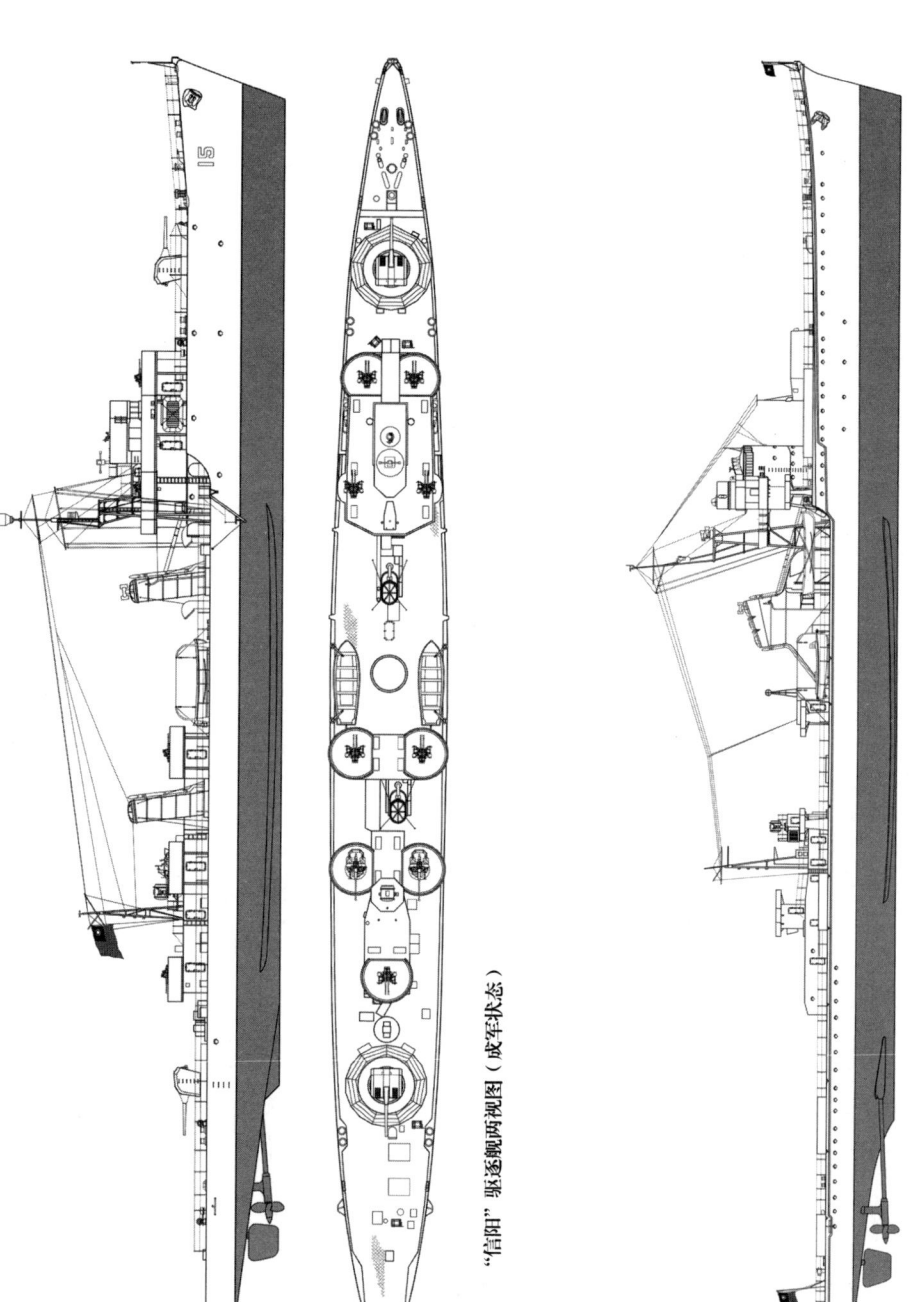

"信阳"驱逐舰两视图（成军状态）

"汾阳"驱逐舰侧视图

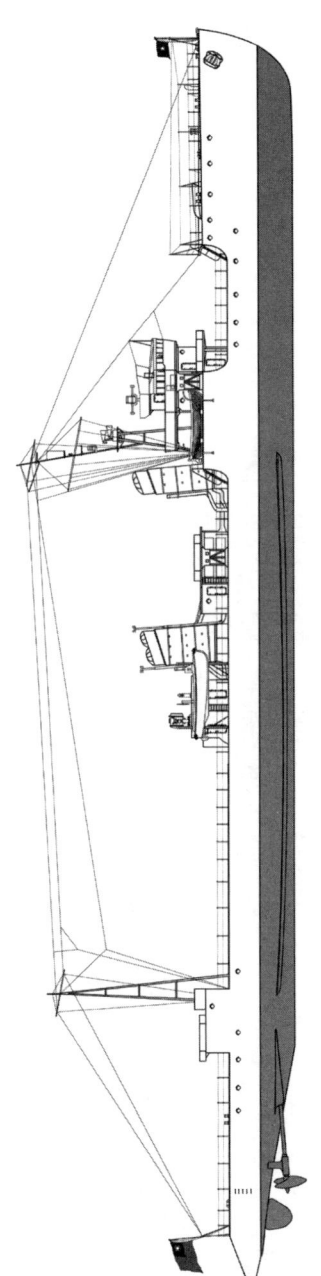

"沈阳"驱逐舰侧视图

"惠阳"驱逐舰两视图（1948年状态）

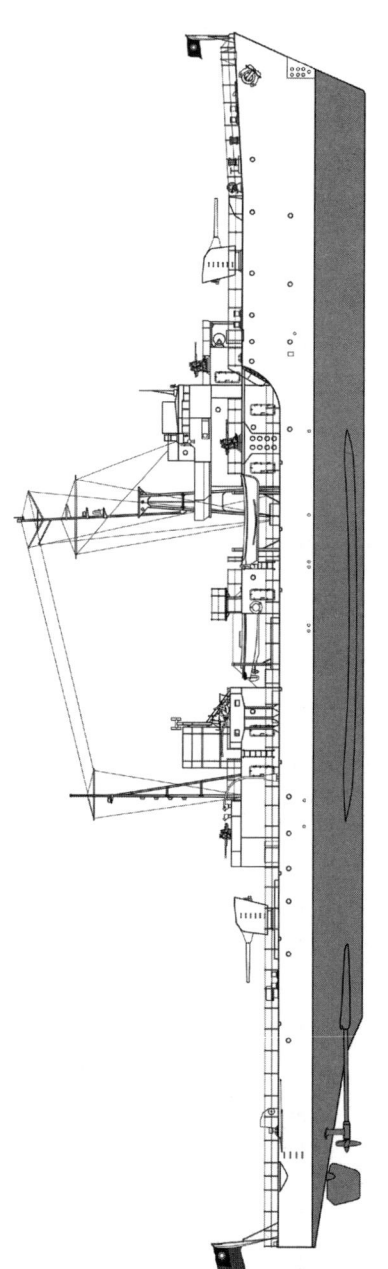

"惠安"护航驱逐舰侧视图（1948年状态）

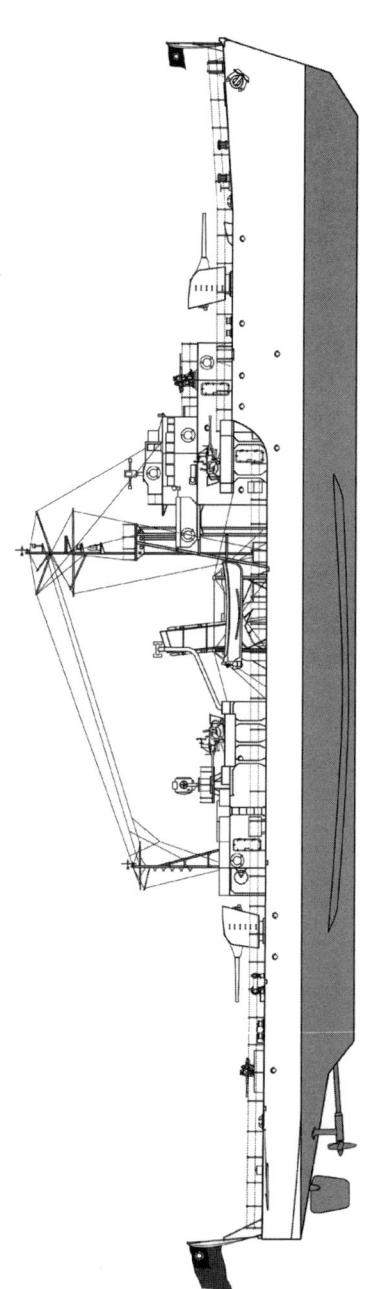

"威海"护航驱逐舰侧视图（1948年状态）

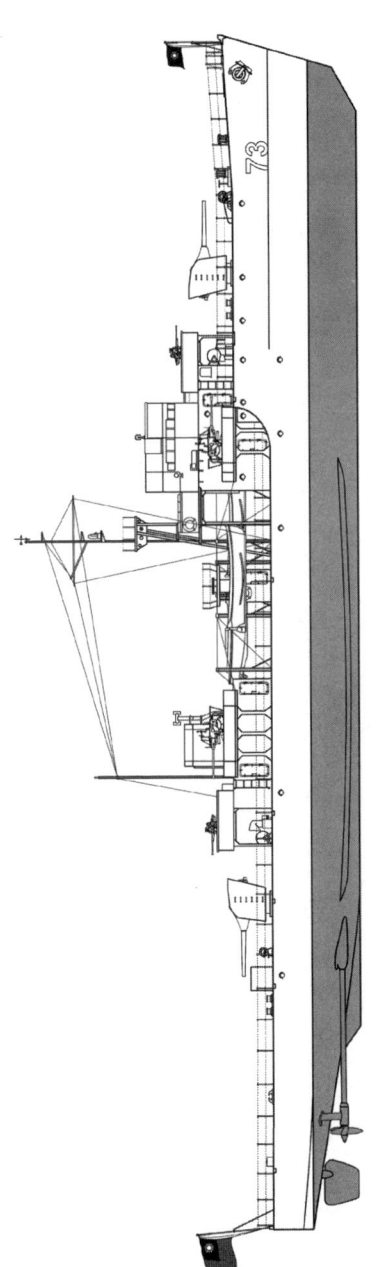

"营口"护航驱逐舰侧视图（1948年状态）

"武夷"供应舰侧视图

349

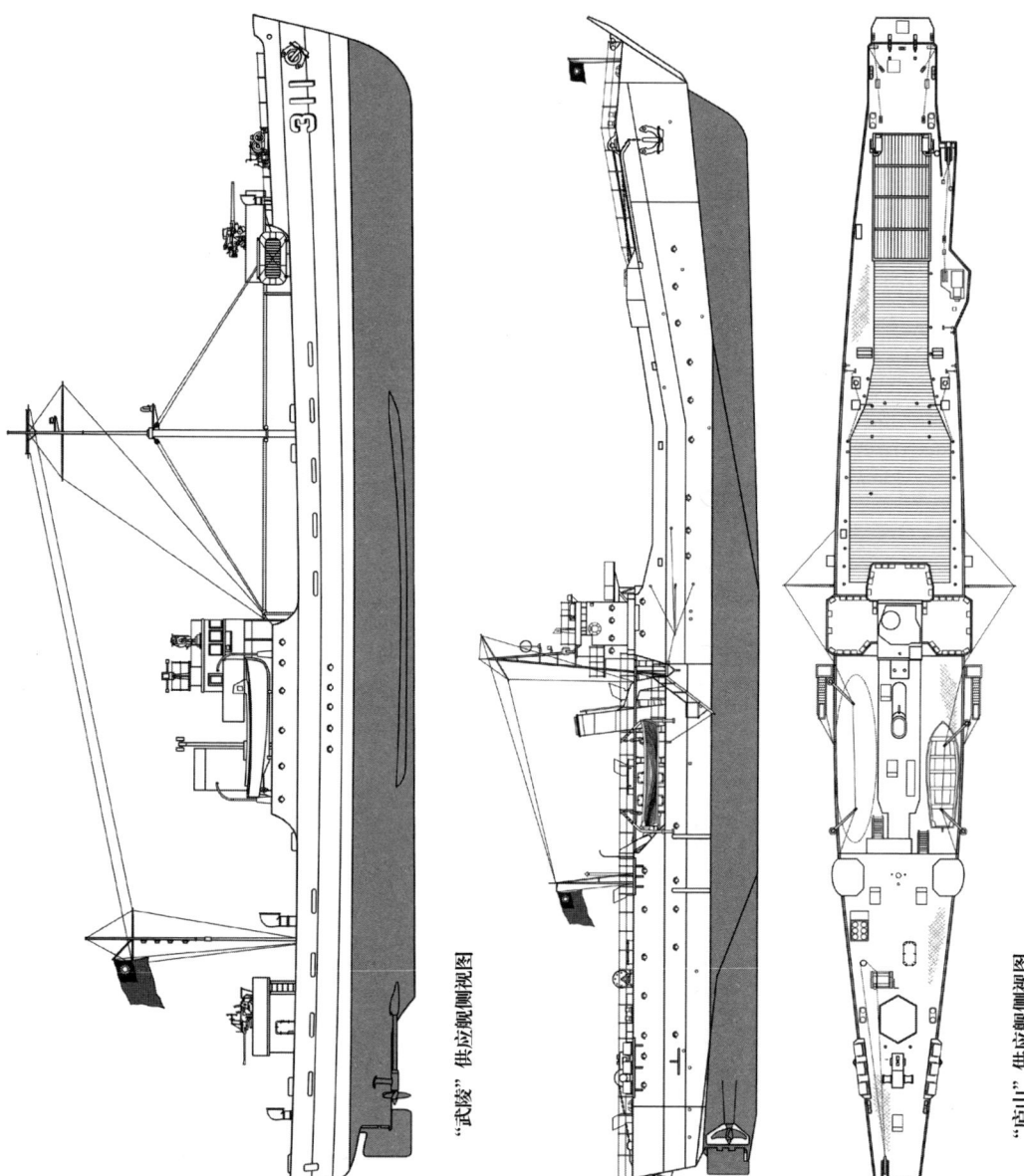

"武陵"供应舰侧视图

"卢山"供应舰侧视图

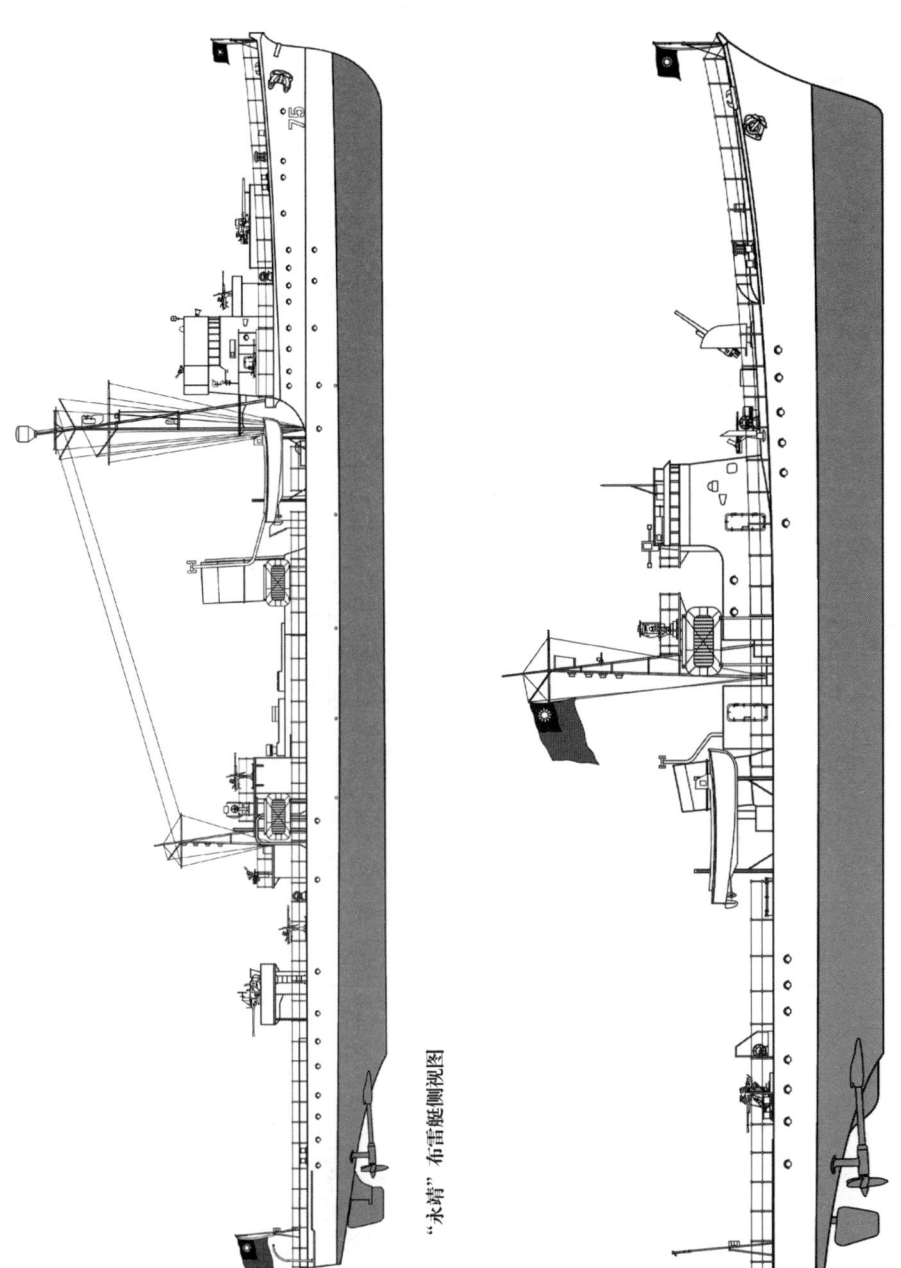

"永靖"布雷艇侧视图

"雉龙"炮舰侧视图

351

"富陵"炮舰侧视图

"扫雷201"扫雷艇侧视图

日本投降舰艇性能参数一览表

舰名 Name	排水量（吨） Displacement	主尺度 （长×宽×吃水） Dimensions	航速（节） Machinery	下水年 Launched	建造地 Builder
"安东" An Tung 原"安宅"	725（标准）	71.7×9.75×2.29米	16	1922	日本横滨船坞
	武备Armament：2—76mm高射炮　5—25mm高射炮（1945年状态） 6—机枪　5—13mm炮				
"长治" Chang Chi 原"宇治"	993（标准）	80.5×9.7×2.62米	19.5	1940	日本大阪铁工所樱岛工场
	武备Armament：1—120mm双联炮　1—120mm炮（成军状态） 7—25mm高射炮				
"七号" No.7 原"满珠"	870（标准）	77.7×9.1×3米	19.7	1943竣工	日本三井造船玉野工场
	武备Armament：				
"咸宁" Hsien Ning 原"兴津"	625（标准）	62.18×8.69×2.59米	15	1927	意大利安科纳海军工厂
	武备Armament：2—76mm高射炮　2—3联25mm高射炮（成军状态） 2—25mm高射炮				
"江鲲" Kiang Kun 原"鸣海"	247（标准）	48.8×7.5×0.91米	13.5	1918	上海耶松船坞
	武备Armament：				

舰名 Name	排水量（吨） Displacement	主尺度 （长×宽×吃水） Dimensions	航速（节） Machinery	下水年 Launched	建造地 Builder
"江犀" Kiang His 原"隅田"	304	48.5×9.8×1.2米	17	1940竣工	日本藤永田造船所
	武备Armament：1—13mm机枪　2—7.7mm机枪（成军状态）				
"郝穴" Ho Hseuh 原"鸟羽"	250（正常）	56.4×8.23×0.79米	15	1911	日本佐世保海军工厂
	武备Armament：3—25mm高射炮　3—13mm机枪（成军状态） 2—7.7mm机枪				
"常德" Chang The 原"势多"	338（正常）	57.9×8.23×1.02米	16	1923	日本播磨造船所
	武备Armament：3—25mm高射炮　3—13mm机枪（成军状态） 2—7.7mm机枪				
"永安"[1] Yung An 原"热海"	205	45.3×6.79×1.13米	16	1929	日本三井玉野造船所
	武备Armament：3—25mm高射炮　3—13mm机枪（成军状态） 2—7.7mm机枪				
"太原" Tai Yuan 原"多多良"	370	48.59×8.25×1.55米	12.5	1927竣工	中国海军江南造船所
	武备Armament：3—25mm高射炮　3—13mm机枪（成军状态） 2—7.7mm机枪				
"舞凤" Wu Feng 原"舞子"	133	36.5×6×0.6米	11.8	1910竣工	英国亚罗
	武备Armament：2—57mm炮　3—机枪（成军状态）				

〔1〕同型另有"永平"舰，原日本海军"二见"号，日本藤永田造船所建造。

日本赔偿舰艇性能参数一览表

舰名 Name	排水量（吨） Displacement	主尺度 （长×宽×吃水） Dimensions	航速（节） Machinery	下水日期 Launched	建造地 Builder
"丹阳" Tan Yang 原"雪风"	2000（标准）	118.5×10.8×3.8米	27.5	1940	日本大阪铁工所樱岛工场
	武备Armament：1—双联127mm高射炮　2—双联100mm高射炮（1952年状态） 2—40mm高射炮　8—双联25mm高射炮				
"信阳"〔1〕 Hsin Yang 原"初梅"	1289（标准）	98×9.35×3.37米	27.8	1945	日本舞鹤海军工厂
	武备Armament：2—120mm高射炮　2—40mm高射炮（1948年状态） 7—双联25mm高射炮				
"衡阳"〔2〕 Heng Yang 原"枫"	1260（标准）	98×9.35×3.3米	27.8	1944	日本横须贺海军工厂
	武备Armament：				
"汾阳" Fen Yang 原"宵月"	2701（标准）	132×11.6×4.15米	33	1944	日本三菱长崎造船所
	武备Armament：				

〔1〕同型另有"华阳"号，原"莺"号，日本横须贺海军工厂1944年下水。
〔2〕同型另有"惠阳"号，原"杉"号，日本藤永田造船所1944年下水。

舰名 Name	排水量（吨） Displacement	主尺度（长×宽×吃水） Dimensions	航速（节） Machinery	下水日期 Launched	建造地 Builder
"沈阳" Shen Yang 原"波风"	1215（标准）	102.6×8.9×2.9米	29.5	1922	日本舞鹤海军工厂
	武备Armament：				
"惠安"[1] Hui An 原"四阪"	940（标准）	78.77×9.1×3.05米	19.7	1944竣工	日本日立樱岛造船所
	武备Armament：2—120mm高射炮　2—40mm高射炮（1948年状态）4—双联25mm高射炮				
"临安"[2] Lin An 原"对马"	870（标准）	77.7×9.1×3.05米	19.7	1943竣工	日本钢管鹤见造船所
	武备Armament：1—120mm高射炮　1—76mm高射炮（1951年状态）4—双联25mm高射炮				
"瑞安"[3] Jui An 原"67"	745（标准）	67.5×8.4×2.9米	16.5	1944竣工	日本舞鹤海军工厂
	武备Armament：2—120mm高射炮　6—25mm高射炮（1947年状态）				
"威海"[4] Wei Hai 原"194"	740（标准）	69.5×8.6×3.05米	17.5	1945	日本三菱重工长崎造船所
	武备Armament：2—120mm高射炮　4—40mm高射炮（1947年状态）6—25mm高射炮				
"武夷" Wu Yi 原"16"	1500（标准）	96×10.2×3.2米	22	1944	日本三菱重工横滨造船所
	武备Armament：				

〔1〕同型另有"正安"号，原"屋代"号，日本日立樱岛造船所1944年竣工。
〔2〕同型另有"固安"号，原"隐岐"号，日本浦贺船渠1943年竣工。
〔3〕同型另有"接8""吉安""新安""黄安""潮安"，原丙型海防舰"215""85""205""81""107"。
〔4〕同型另有"接5""接12""同安""接14""成安""泰安"，原丁型海防舰"14""118""192""198""40""104"。

日本赔偿舰艇性能参数一览表

舰名 Name	排水量（吨） Displacement	主尺度 （长×宽×吃水） Dimensions	航速（节） Machinery	下水日期 Launched	建造地 Builder
"庐山" Lu Shan 原"172"	950（标准）	80.5×9.1×2.94米	16	1945	日本川南浦崎造船所
	武备Armament：				
"武陵" Wu Ling 原"白埼"	951（公试）	62.29×9.4×3.1米	15	1942竣工	日本日立樱岛工场
	武备Armament：				
"永靖" Yung Ching 原"济州"	720（标准）	74.7×7.85×2.6米	20	1942竣工	日本日立樱岛工场
	武备Armament：				
"接29" Chieh 29 原"黑岛"	405（标准）	45.7×7.6×2.3米	12	1915竣工	日本舞鹤海军工厂
	武备Armament：				
"海宏" Hai Hung 原"49"	420（标准）	51×6.7×2.63米	16	1944竣工	日本函馆船渠
	武备Armament：1－76mm高射炮　1－3联25mm高射炮 　　　　　　　2－13mm机枪				
"海达" Hai Ta 原"9"	291	56.2×5.6×2.1米	20	1938	日本三菱重工横滨船渠
	武备Armament：				
"扫雷201" YMS-201[1] 原"14"	230（满载）	33×5.916×2.95米	9.5	1943竣工	日本大阪铁工所彦岛工场
	武备Armament：1－40mm高射炮（成军时状态）				

---

〔1〕同型另有"扫雷202""扫雷203"，原扫海特务艇"19""22"。

抗战胜利接收日降军舰大事记（1945—1949）

1945年

8月10日，日本政府经中立国瑞士向同盟国递交乞降书，表示愿意接受《波茨坦公告》，向同盟国无条件投降。

8月14日，赴美国参加旧金山联合国会议、考察欧美海军的海军总司令陈绍宽缩短行程回国。

8月15日，中国国民政府接到日本致中、美、英、苏四大盟国的投降电报。同日，军事委员会委员长蒋中正致电侵华日军司令官冈村宁次，指示日军投降时需遵循的原则。

8月21日，侵华日军乞降军使今井武夫一行乘坐飞机抵达湖南芷江，中国陆军总司令部向其指示投降应准备的事项。

9月2日，日本政府代表重光葵、梅津美治郎在东京湾的美国军舰"密苏里"（Missouri）上正式签署投降书。

9月2日，海军总司令部拟订《接收敌军舰艇计划》。

9月7日，国民政府军事委员会批准《接收敌军舰艇计划》，海军中将曾以鼎被派为接收日伪海军总接收员。

9月9日，中国战区日本投降签字典礼在南京举行，侵华日军司令官冈村宁次代表日本政府向中国战区统帅投降，签订投降书。海军总司令陈绍宽参加签字典礼。

9月11日，海军总司令陈绍宽率员抵达上海，布置接收日伪海军投降。

9月13日，海军开始接收在沪日本海军舰艇。

9月16日，海军总司令陈绍宽和具体负责接收工作的原汪伪海军南京基地部司令杨哲人联名向日方开具收条，在沪日本军舰受降工作结束。其中接收炮舰"宇治""鸟羽""势多""热海""二见""隅田""多多良""兴津""鸣海"等，分别更名为"长治""永济""常德""永安""永平""江犀""太原""咸宁""江鲲"，编入第二舰队。

10月19日，美军将在长江口外缉获的日本军舰"安宅"号于上海移交给中国海军，更名"安东"号。

10月20日，台湾日军投降仪式在台北举行，海军代表、海军第二舰队司令李世甲出席。中国海军接收人员及中国海军陆战队第四团第一、三营抵达台湾基隆。

青岛日军投降仪式同日举行，海军代表佘振兴参加。

12月22日，中央海军训练团在青岛成立。

12月26日，根据军事委员会委员长蒋中正"机密甲9127"号手令，海军总司令部被撤销，海军军令事务由军政部海军处管辖，海军第一、第二舰队归属国民政府军事委员会管辖，在绥靖期间暂时受陆军总司令部指挥，限令在1946年1月31日之前移交完毕。原海军总司令陈绍宽辞职。

1946年

4月，撤销第一、第二舰队司令部，在上海成立隶属军政部的海军舰队指挥部，军政部部长陈诚兼指挥官。

5月1日，以接收的日伪投降艇在青岛成立第1炮艇队，张凤仁为队长，初期下辖"海澄""海康""海宁""海丰""炮-5""炮-6""炮-7""炮-8""炮-9"等16艘艇。

7月，原第一舰队司令部改组为海防舰队部，驻上海，"长治"舰舰长刘孝鋆任海防舰队上校队长。原第二舰队司令部改组为江防舰队部，驻江阴，"永绥"舰长叶裕和任上校队长。新成立运输舰队。

8月11日，以接收的日伪投降艇在扬州成立第2炮艇队，李俊贤为队长，初期下辖"炮-2""炮-3""炮-52""炮-66""巡-9""巡-21"等18艘艇。

8月20日，以接收的日伪投降艇在台湾左营成立第3炮艇队，梁聿麟少校为队长，初期下辖"光中""光华""光民""光国""光富""光强""安仁""安泽""安康""安庆""安平""公利""成功"等14艘艇。

8月29日，军政部海军处驻广州区专员办公处香港接收组向军政部上报计划留用于海军的在港接收舰船清册，拟将在香港接收的"海防七号"（"满珠"）等舰艇留用。

9月11日，海军在海口成立第7炮艇队，初期下辖"炮-26""炮-70""炮-71""炮-77"等4艘艇。

10月1日，海军在广州成立第6炮艇队，初期下辖"舞凤""清远""海筹""海硕""防城""炮-38"等13艘艇。

10月16日，海军总司令部重新编组完成，桂永清任海军总司令。

11月1日，海军在厦门成立第8炮艇队，初期下辖"南靖""南安""炮-15""炮-16"4艘艇。

11月10日，撤销海军舰队指挥部。

同年，海军利用接收的日伪炮艇、巡逻艇、登陆艇、差船等，在定海成立第4炮艇队，在九江成立第5炮艇队。

1947年

5月1日，在吴淞成立第9炮艇队。

5月26日，海军总司令部公布《全国各区海军接收敌伪舰艇船舶状况统计表》，中国海军共接收了日伪舰艇458艘，排水量28984吨。

6月，海防舰队部改编为海防第一、第二舰队司令部，李国堂任海防第一舰队司令，刘孝鋆任海防第二舰队代司令。其中海防第一舰队驻天津，海防第二舰队驻上海，分别执行渤海湾至山东半岛及江苏东部至浙江舟山的海面巡逻封锁。江防舰队部改编为江防舰队司令部，叶裕和任代司令。海军第1炮艇队从青岛移至连云港。

6月28日，日本首批赔偿舰分配抽签在日本东京盟军总部举行，中国代表马德建抽中当批的第二组，包括驱逐舰"雪风""初梅""枫"、海防舰"四阪""14"号、"67"号、"194"号、"215"号等8艘。

6月29日，海军总司令部在上海成立接舰处，负责勘察、验收和接管日偿舰事宜，海军总司令部第六署杨道钊海军上校为处长，原"太平"舰舰长麦士尧为副处长，接舰处下设舰务、组织、训练、技术等6科。

7月1日，首批赔偿舰从日本佐世保出航，中方联络官钟汉波和盟军总部派出的联络官哥沙海军上尉（Godsoe）搭乘"若鹰"舰监视航行。

7月3日，首批日本赔偿舰由中国海军"中业"等舰艇引导进入吴淞口，抵达上海黄浦江高昌庙江段下锚。

7月6日，中国海军在上海高昌庙码头举行仪式，接收首批日本赔偿舰，"雪风""初梅""枫"，海防舰"四阪""14"号、"67"号、"194"号、"215"号依次被更名为"接字第1号"至"接字第8号"。档案中的正式接收日期定作7月1日。

7月17日，日本第二批赔偿舰分配抽签在日本东京盟军总部进行，中国代表抽得当批第四组军舰，包括驱逐舰"莺""杉"，海防舰"对马""118""192""198""85""205"等8艘。

7月26日，第二批赔偿舰从日本佐世保出航，中方联络官姚屿与盟军总部派出的联络官麦赛尔乘坐"若鹰"舰监视航行。

7月28日，第二批日本赔偿舰由中国海军"楚观""联荣"舰引导进入吴淞口。

7月31日，中国海军在上海龙华江面的"莺"舰上举行接收第二批日本赔偿舰仪式，当批日本赔偿舰被更名为"接字第9号"至"接字第16号"。档案中的正式接收日期定作8月1日。

8月13日，日本第三批赔偿舰分配抽签在日本东京盟军总部举行，中国代表抽得当批第三组赔偿舰，包括驱逐舰"宵月"，海防舰"隐岐""屋代""40""104""81""107"，运输舰"输16"等8艘军舰。

8月25日，第三批赔偿舰从日本佐世保出航，中方联络官钟汉波和盟军总部联络官皮尔斯（Pierce）监视航行。

8月27日，由中国军舰"永泰"引导，第三批赔偿舰进入青岛大港。

8月30日，中国海军在停泊于青岛大港的"宵月"舰上举行仪式，接收第三批日本赔偿舰，当批日本赔偿舰分别更名为"接字第17号"至"接字第24号"。档案中的正式接收日期定作9月1日。

9月，日本第四批赔偿舰抽签分配在日本东京盟军总部举行，中国代表抽得当批第四组，包括驱逐舰"波风"，运输舰"输172"，给粮舰"白埼"，布雷舰"济州""黑岛",驱潜艇"49""9",扫雷艇"14""19""22"等10艘,由中方联络官姚屿和盟军联络官柯卡第(Crockett)乘坐T19舰监视。

9月30日,第四批赔偿舰在"美益"舰引导下抵达青岛。

10月4日,中国海军在停泊于青岛大港的"波风"舰上举行仪式,接收第四批日本赔偿舰,分别更名为"接字第25号"至"接字第34号",简称"接25"至"接34"。档案中的正式接收日期定作10月1日。

同年,"潮安"舰入役,编列海防第二舰队。

1948年

1月1日,日本赔偿舰"接31""接32""接33""接34"成军入役,编入第一炮艇队。

1月,日本赔偿舰"接6""接7"编入海防第二舰队,后更名"威海""营口",成为日本赔偿舰中最先成军入役的军舰。

2月,林遵任海防第二舰队司令。日本赔偿舰"接18"更名"长白"。

3月1日,日本赔偿舰"接2"成军。

3月,全部炮艇队改编为5个巡防艇队和3个机动艇队。巡防艇队隶属所在军区指挥,机动艇队由海军总司令部直辖。"接20"号成军入役,归属海防第1舰队。

4月16日,"接2"舰编入海防第二舰队。

5月1日,海军对列编的23艘日本赔偿舰重新命名,取消原"接"字舰名,改用新名,其中驱逐舰、海防舰分别以带有"阳"字和"安"字的中国城市名命名,辅助舰以中国山岳名命名,小艇则按照功能加编号命名。"接1"更名"丹阳","接2"更名"信阳","接3"更名"衡阳","接4"更名"惠安","接9"更名"华阳","接10"更名"惠阳","接11"更名"临安","接13"更名"同安","接15"更名"吉安","接16"更名"新安","接17"更名"汾阳","接19"更名"雪峰","接20"更名"成安","接21"更名"泰安","接22"更名"黄安","接23"更名"潮安","接24"更名"武夷","接26"更名"庐山","接27"更名"武陵","接28"更名"永靖","接32"更名"扫雷201","接33"更名"扫雷202","接34"更名"扫雷203"。

5月8日，原定拨给山东省警务处水上警察队的日本赔偿舰"接29"，因舰况较差而被警察队宣布拒绝接收。

5月13日，胶海关在青岛检查"接31"号，嫌体量过小、设备不完全而拒绝接收，退回给海军。

6月24日，日本赔偿舰"接8"在上海移交给辽海商船专科学校接收。

6月26日，日本赔偿舰"接12"在上海移交给国立海事职业学校接收。

日本赔偿舰"接5""接14"在上海移交给浙江省外海水上警察局。

8月18日，日本赔偿舰"接25"在青岛由招商局青岛分局接收。

9月1日，日本赔偿舰"长白""营口"舰根据新颁布的日本赔偿舰更名规则，改名"固安""瑞安"。

10月1日，日本赔偿舰"固安""泰安""永靖"舰编入海防第一舰队。

10月，日本赔偿舰"武夷""庐山"成军，由海军总司令部直辖。

12月1日，日本赔偿舰"武陵"成军入役，由海军总司令部直辖。

12月16日，运输舰队改组为海军登陆舰队司令部。

12月31日，海军意图将"接31"移交给山东省保安司令部，被拒绝接收。

12月，浙江省外海水上警察局因"接5""接14"不适用为由，退回给海军。

同年底，海防第二舰队司令部由上海移至镇江。海军成立舰艇巡回训练组，负责各保管舰的整修与训练。

1949年

1月1日，"接31"编入国民党海军第1炮艇队。

2月12日，在青岛修理的日本赔偿舰"黄安"起义，13日抵达解放区连云港。为防国民党空军飞机轰炸，由起义官兵驾驶往苏北燕尾港堆沟隐蔽停泊，后更名"沈阳"。

2月17日，日本赔偿舰"扫雷201"号在长山岛起义，驶抵解放区烟台，后更名"秋风"。

2月22日，在青岛修理的日本赔偿舰"接29"号发动起义，被国民党海军截回镇压。

2月，在青岛修理的日本赔偿舰"汾阳""潮安""接25"被拖航至台湾。

4月20日，人民解放军发动渡江战役。

4月21日，因江阴要塞起义，驻防江阴的国民党海军军舰"信阳""逸仙"突围，于23日抵达上海。

4月22日，驻防镇江的国民党海军军舰向长江口突围撤逃，日本赔偿舰"营口"等突围成功，赔偿舰"威海"被解放军炮火击伤，后被解放军俘虏，移交给华东军区海军，更名"济南"。

4月23日，国民党海军海防第二舰队部分军舰在林遵率领下于南京江面起义，原日本投降舰"太原""江犀"，日本赔偿舰"惠安""吉安"等参加起义，加入人民解放军。国民党海军第1机动艇队和第5巡防艇队部分炮艇随同起义。同天，国民党海军第3机动艇队在镇江起义，日降特设炮艇"炮-1"，中型炮艇"炮-52""炮-53""炮-68""炮-104"等参加解放军。

不愿跟随林遵起义的国民党海军海防第二舰队部分军舰在"永嘉"舰率领下向上海突围，日本赔偿舰"武陵"等随同突围成功。

解放军在泰州白马庙筹备成立华东军区人民海军，以国民党起义炮艇为基础成立华东军区海军第1纵队。

4月28日，"惠安"舰在长江采石矶江段被国民党空军飞机炸沉。

4月30日，"吉安"舰在长江采石矶江段被国民党空军飞机炸沉。

5月1日，日本赔偿舰"临安"舰从上海被拖航到台湾，编制暂列海防第一舰队。

5月4日，"太原"舰在长江采石矶江段被国民党空军飞机炸沉。

5月24日，国民党汉口巡防处巡防艇队发生起义，"炮-64""炮-65""巡-50""巡-66"等原日本投降炮艇加入解放军。

5月27日，解放军解放上海。

5月，待维修的日本投降舰"同安""长安""华阳""惠阳""衡阳"被国民党海军拖曳往台湾。"接29"被拖曳往浙江舟山定海。"扫雷202""扫雷203"撤往舟山定海。

6月2日，解放军解放青岛。

6月7日，解放军在上海接收被遗弃的"接5""接12""接14"舰，编入华东军区海军，后更名"武昌""长沙""西安"号。

9月1日，日本赔偿舰"驱潜11"成军入役，编列在国民党海军温台巡防处。

9月16日，国民党海军日本赔偿舰"固安"7月间发生触礁受损事故，因受

损严重，本日除役。

9月19日，原日本投降舰"长治"在吴淞口外发生起义，进入上海参加解放军。"江犀"舰在荻港被寻找"长治"舰的国民党空军轰炸机炸沉。

9月23日，为防国民党空军飞机轰炸，解放军将"长治"舰自沉于长江南京笆斗山江段。

9月24日，"安东"舰在安徽当涂东梁山附近江面被国民党空军飞机炸沉。

9月，国民党海军舰艇巡回训练组撤销。

"接30"更名"驱潜11"，"接31"更名"驱潜12"。

10月1日，国民党海军在台湾左营成立训练舰队司令部。

日本赔偿舰"汾阳""临安""同安""长安""接25""武夷""庐山"编入国民党海军训练舰队，"接25"更名"沈阳"。

10月14日，解放军解放广州，在黄埔船坞维修的原日本投降驱潜特务艇"高明"被解放军缴获，后更名"先锋"号。

10月21日，"舞凤"炮艇起义，在广州加入解放军。

11月16日，国民党海军在海南岛成立海防第三舰队，王恩华任舰队司令。

11月19日，国民党海军驱潜特务艇"光国"号起义，驶抵解放区汕头，后更名"十月"。

11月29日，国民党海军江防舰队的日本投降舰"郝穴""永安"在护送民生公司商船运输陆军前往忠县途中发生起义，到达鄂西解放区巴东加入解放军。

12月1日，国民党海军江防舰队司令叶裕和率舰队在重庆附近江面起义，包括日本投降舰"永平""常德"在内的江防舰队舰只加入解放军。

日本赔偿舰"潮安"在台湾完成修理，调至海南岛加入国民党海军海防第三舰队。

12月4日，汉口巡防处巡防艇队残余艇只在广西南宁起义，加入解放军。

12月5日，"武陵"舰编入国民党海军海防第一舰队。

当年末，解放军华东军区海军着手打捞"长治"舰。

抗战胜利时海军接收日伪舰艇一览[1]

上海区接收舰艇

接收后名称	日伪原名	舰艇种类	排水量（吨）	编队情形	备注
"长治"	"宇治"	炮舰	1350	海防舰队	后起义加入解放军
"永绩"	伪"海兴"	炮舰	860	海防舰队	
"永翔"	伪"海祥"	炮舰	837	海防舰队	
"安东"	"安宅"	炮舰	1000	江防舰队	后起义加入解放军
"江犀"	"隅田"	炮舰	350	江防舰队	后起义加入解放军
"海鹰"	"220号"	炮艇	120	江防舰队	
"淮安"	"宏生丸"	炮艇	117	江防舰队	
"炮101"	伪"江绥"	炮艇	60	第九炮艇队	后起义加入解放军
"炮102"	伪"开明"	炮艇	34	第九炮艇队	后起义加入解放军
"炮103"	"中型2号"	炮艇	25	第九炮艇队	后起义加入解放军
"炮104"	"中型3号"	炮艇	25	第九炮艇队	后起义加入解放军
"炮105"	"中型4号"	炮艇	25	第九炮艇队	后起义加入解放军
"炮106"	"中型5号"	炮艇	25	第九炮艇队	后起义加入解放军
"炮107"	"中型6号"	炮艇	25	第九炮艇队	

[1] 资料主要录自《海军舰队发展史》（一），（台湾地区防卫部门）"史政编译局"2001年版，第250—280页。备注为本书所加。

接收后名称	日伪原名	舰艇种类	排水量（吨）	编队情形	备注
"炮108"	"中型1号"	炮艇	25	第九炮艇队	
"巡101"	伪"江13"	巡艇	8	第九炮艇队	
"巡102"	伪"江28"	巡艇	8	第九炮艇队	
"巡103"	伪"江康"	巡艇	17	第九炮艇队	
"巡119"	"巡甲"	巡艇	12	第九炮艇队	
"巡120"	"11号"	巡艇	15	第九炮艇队	
"巡121"	"2号"	巡艇	8	第九炮艇队	后起义加入解放军
"巡122"	"10号"	巡艇	15	第九炮艇队	
"登460"	"6号登陆艇"	登陆艇	19	第二炮艇队	
"登461"	"7号登陆艇"	登陆艇	18	第二炮艇队	

南京区接收舰艇

接收后名称	日伪原名	舰艇种类	排水量（吨）	编队情形	备注
"咸宁"	"兴津"	炮舰	848	海防舰队	
"常德"	"势多"	炮舰	486	江防舰队	起义后改名"闽江"
"太原"	"多多良"	炮舰	390	江防舰队	
"永平"	"热海"	炮舰	370	江防舰队	起义后改名"乌江"
"永安"	"二见"	炮舰	370	江防舰队	起义后改名"珠江"
"永济"	"鸟羽"	炮舰	370	江防舰队	
"建康"	伪"海绥"	驱逐舰	390	江防舰队	
"湖鹰"	伪"海靖"	雷艇	96	江防舰队	
"江泰"	"二吴"	炮舰	292	江防舰队	
"江凤"	"一号差船"	炮艇	220	江防舰队	
"福鼎"	"二号差船"	拖船	153	江防舰队	
"炮1"	伪"江和"	炮艇	80	第二炮艇队	后起义加入解放军
"炮2"	"7号"	炮艇	25	第二炮艇队	后起义加入解放军
"炮3"	——	炮艇	25	第二炮艇队	后起义加入解放军

接收后名称	日伪原名	舰艇种类	排水量（吨）	编队情形	备注
"炮4"	"4号"	炮艇	25	第二炮艇队	后起义加入解放军
"巡1"	伪"江宁"	巡艇	17	第二炮艇队	后起义加入解放军
"巡2"	伪"江裕"	巡艇	17	第二炮艇队	
"巡3"	伪"江2"	巡艇	10	第二炮艇队	后起义加入解放军
"巡4"	伪"江4"	巡艇	10	第二炮艇队	后起义加入解放军
"巡5"	伪"江25"	巡艇	10	第二炮艇队	
"巡6"	伪"江27"	巡艇	10	第二炮艇队	
"巡7"	"13号"	巡艇	10	第二炮艇队	
"巡8"	"8号"	巡艇	10	第二炮艇队	
"巡9"	"9号"	巡艇	10	第二炮艇队	
"巡10"	"14号"	巡艇	10	第二炮艇队	后起义加入解放军
"巡21"	伪"江6"	巡艇	10	第二炮艇队	后起义加入解放军
"巡22"	伪"江7"	巡艇	10	第二炮艇队	后起义加入解放军
"巡23"	伪"江12"	巡艇	10	第二炮艇队	后起义加入解放军
"巡25"	伪"江8"	巡艇	10	第二炮艇队	
"巡83"	伪"江通"	巡艇	10	第二炮艇队	
"登450"	"13号"	登陆艇	9	第二炮艇队	

青岛区接收舰艇

接收后名称	日伪原名	舰艇种类	排水量（吨）	编队情形	备注
"海宁"	"若丸"	炮舰	370	第一炮艇队	
"海康"	"海鸥"	炮舰	240	第一炮艇队	
"海丰"	"100号"	炮艇	220	第一炮艇队	
"海伦"	"第二大洋丸"	炮艇	200	第一炮艇队	
"海澄"	"姬神丸"	炮艇	170	第一炮艇队	
"海城"	"青平"	炮艇	150	第一炮艇队	
"炮5"	"天生丸"	炮艇	90	第一炮艇队	后起义加入解放军

接收后名称	日伪原名	舰艇种类	排水量（吨）	编队情形	备注
"炮6"	"森山丸"	炮艇	74	第一炮艇队	
"炮7"	"山樱丸"	炮艇	60	第一炮艇队	
"炮8"	"广鸠丸"	炮艇	50	第一炮艇队	
"炮9"	"木星"	炮艇	46	第一炮艇队	
"炮10"	"青根"	炮艇	45	第一炮艇队	
"炮11"	"白鹭丸"	炮艇	45	第一炮艇队	
"炮12"	"岛丸"	炮艇	33	第一炮艇队	
"炮13"	"宇治丸"	炮艇	29	第一炮艇队	
"炮14"	"飞龙丸"	炮艇	29	第一炮艇队	
"炮109"	"环球7号"	炮艇	50	第一炮艇队	
"巡14"	伪"江24"	巡艇	11	第一炮艇队	

九江区接收舰艇

接收后名称	日伪原名	舰艇种类	排水量（吨）	编队情形	备注
"炮48"	"中型2号"	炮艇	25	第二炮艇队	
"炮49"	"中型3号"	炮艇	25	第二炮艇队	
"炮50"	"中型7号"	炮艇	25	第二炮艇队	
"炮52"	"中型91号"	炮艇	25	第二炮艇队	后起义加入解放军
"炮53"	"中型92号"	炮艇	25	第二炮艇队	后起义加入解放军
"炮54"	"中型94号"	炮艇	25	第二炮艇队	后起义加入解放军
"炮56"	"中型96号"	炮艇	25	第二炮艇队	后起义加入解放军
"炮57"	"汽61号"	炮艇	50	第二炮艇队	
"炮58"	"汽47号"	炮艇	25	第二炮艇队	
"巡43"	"舰水5号"	炮艇	20	第二炮艇队	
"巡44"	"舰水6号"	拖船	20	第二炮艇队	
"巡45"	"舰水8号"	炮艇	20	第二炮艇队	
"巡46"	"舰水9号"	炮艇	20	第二炮艇队	后起义加入解放军

接收后名称	日伪原名	舰艇种类	排水量（吨）	编队情形	备注
"巡47"	"舰水12号"	炮艇	20	第二炮艇队	
"巡48"	"舰水7号"	炮艇	20	第二炮艇队	
"巡49"	"舰水21号"	巡艇	20	第二炮艇队	
"巡50"	"舰水22号"	巡艇	20	第二炮艇队	后起义加入解放军
"巡51"	"汽43号"	巡艇	20	第二炮艇队	
"巡52"	"汽41号"	巡艇	20	第二炮艇队	
"巡53"	"汽44号"	巡艇	20	第二炮艇队	后起义加入解放军
"巡54"	"汽46号"	巡艇	24	第二炮艇队	
"巡55"	"大发14"	巡艇	18	第二炮艇队	
"巡56"	"大发12"	巡艇	18	第二炮艇队	
"巡57"	"大发13"	巡艇	18	第二炮艇队	
"巡58"	"小发18"	巡艇	4.5	第二炮艇队	
"巡59"	"小发19"	巡艇	4.5	第二炮艇队	
"巡60"	"内火31"	巡艇	20	第二炮艇队	
"巡61"	"内火32"	巡艇	15	第二炮艇队	
"巡62"	"内火33"	巡艇	21	第二炮艇队	

台澎区接收舰艇

接收后名称	日伪原名	舰艇种类	排水量（吨）	编队情形	备注
"公利"	"日香丸"	炮舰	550	第三炮艇队	
"成功"	"1089号"	炮舰	200	第三炮艇队	
"光中"	"74号"	炮艇	100	第三炮艇队	
"光华"	"75号"	炮艇	100	第三炮艇队	
"光民"	"190号"	炮艇	100	第三炮艇队	
"光国"	"223号"	炮艇	95	第三炮艇队	
"光富"	"238号"	炮艇	95	第三炮艇队	
"光强"	"243号"	炮艇	95	第三炮艇队	

接收后名称	日伪原名	舰艇种类	排水量（吨）	编队情形	备注
"光康"	"3"	炮艇	100	第三炮艇队	
"安平"	"530号"	鱼雷艇	25	第三炮艇队	
"安宁"	"531号"	鱼雷艇	25	第三炮艇队	
"安康"	"534号"	鱼雷艇	25	第三炮艇队	
"安庆"	"538号"	鱼雷艇	15	第三炮艇队	
"安仁"	"539号"	鱼雷艇	15	第三炮艇队	
"安泽"	"540号"	鱼雷艇	15	第三炮艇队	
"恒春"	"旗浚丸"	拖船	220	第三炮艇队	
"台南"	"1349号"	拖船	150	第三炮艇队	
"冈山"	"1270号"	拖船	150	第三炮艇队	
"新竹"	"1499号"	拖船	150	第三炮艇队	
"彰化"	"1469号"	拖船	150	第三炮艇队	
"寿山"	——	拖船	100	第三炮艇队	
"旗山"	——	拖船	100	第三炮艇队	
"澎湖"	"工6"	拖船	150	第三炮艇队	
"差51"	"1505号"	差船	60	第三炮艇队	
"差53"	"765号"	差船	60	第三炮艇队	
"差54"	"10号"	差船	70	第三炮艇队	
"差55"	"7号"	差船	60	第三炮艇队	
"差56"	"8号"	差船	60	第三炮艇队	
"差57"	"9号"	差船	60	第三炮艇队	
"差58"	——	差船	20	第三炮艇队	
"差59"	——	差船	15	第三炮艇队	
"差60"	——	差船	9	第三炮艇队	
"差61"	——	差船	8	第三炮艇队	
"差65"	——	差船	20	第三炮艇队	
"差66"	——	差船	20	第三炮艇队	
"差67"	——	差船	20	第三炮艇队	

接收后名称	日伪原名	舰艇种类	排水量（吨）	编队情形	备注
"差68"	——	差船	20	第三炮艇队	
"升3"	——	起重船	50	第三炮艇队	
"升4"	——	起重船	20	第三炮艇队	
"登413"	"登1380"	登陆艇	17	第三炮艇队	
"登414"	"登1389"	登陆艇	17	第三炮艇队	
"登415"	"登3898"	登陆艇	17	第三炮艇队	
"登416"	"登3899"	登陆艇	16	第三炮艇队	
"登417"	"登3715"	登陆艇	16	第三炮艇队	
"登418"	"登1392"	登陆艇	12	第三炮艇队	
"登419"	——	登陆艇	18	第三炮艇队	
"登420"	——	登陆艇	18	第三炮艇队	
"登421"	——	登陆艇	18	第三炮艇队	
"登422"	——	登陆艇	18	第三炮艇队	
"登423"	——	登陆艇	18	第三炮艇队	
"登424"	"1号登陆艇"	登陆艇	15	第三炮艇队	
"登425"	"2号登陆艇"	登陆艇	15	第三炮艇队	
"登426"	"3号登陆艇"	登陆艇	15	第三炮艇队	
"登427"	"5号登陆艇"	登陆艇	10	第三炮艇队	
"登428"	"6号登陆艇"	登陆艇	10	第三炮艇队	
"登429"	"7号登陆艇"	登陆艇	10	第三炮艇队	
"登430"	"8号登陆艇"	登陆艇	10	第三炮艇队	
"登431"	"9号登陆艇"	登陆艇	10	第三炮艇队	
"登432"	"10号登陆艇"	登陆艇	15	第三炮艇队	
"登433"	"11号登陆艇"	登陆艇	15	第三炮艇队	
"登434"	"12号登陆艇"	登陆艇	15	第三炮艇队	
"登435"	"13号登陆艇"	登陆艇	15	第三炮艇队	
"登436"	"14号登陆艇"	登陆艇	15	第三炮艇队	
"登437"	"15号登陆艇"	登陆艇	15	第三炮艇队	

接收后名称	日伪原名	舰艇种类	排水量（吨）	编队情形	备注
"登438"	"16号登陆艇"	登陆艇	15	第三炮艇队	
"登439"	"17号登陆艇"	登陆艇	15	第三炮艇队	
"登440"	"18号登陆艇"	登陆艇	15	第三炮艇队	
"登441"	"19号登陆艇"	登陆艇	15	第三炮艇队	
"登442"	"20号登陆艇"	登陆艇	15	第三炮艇队	
"登443"	"21号登陆艇"	登陆艇	15	第三炮艇队	
"登444"	"22号登陆艇"		10	第三炮艇队	

舟山区接收舰艇

接收后名称	日伪原名	舰艇种类	排水量（吨）	编队情形	备注
"定海"	"海清"	炮舰	489	第四炮艇队	原被俘的海关巡船
"象山"	"测1"	炮艇	171	第四炮艇队	
"炮19"	伪"平治"	炮艇	38	第四炮艇队	
"炮20"	"1321号"	炮艇	25	第四炮艇队	
"炮21"	"1362号"	炮艇	25	第四炮艇队	
"炮22"	"1363号"	炮艇	25	第四炮艇队	
"炮23"	"1284号"	炮艇	25	第四炮艇队	
"炮24"	"1285号"	炮艇	25	第四炮艇队	
"巡16"	伪"江丰"	巡艇	17	第四炮艇队	
"登412"	"628号"	登陆艇	17	第四炮艇队	
"登413"	"1380号"	登陆艇	17	第四炮艇队	
"登414"	"1389号"	登陆艇	17	第四炮艇队	
"登415"	"3898号"	登陆艇	15.8	第四炮艇队	
"登416"	"3899号"	登陆艇	15.8	第四炮艇队	
"登417"	"3715号"	登陆艇	15.8	第四炮艇队	
"登418"	"1392号"	登陆艇	12	第四炮艇队	
"登419"	——	登陆艇	18	第四炮艇队	

接收后名称	日伪原名	舰艇种类	排水量（吨）	编队情形	备注
"登420"	——	登陆艇	18	第四炮艇队	
"登421"	——	登陆艇	18	第四炮艇队	
"登422"	——	登陆艇	18	第四炮艇队	
"登423"	——	登陆艇	18	第四炮艇队	
"差18"	"1号水船"	差艇	45	第四炮艇队	
"差19"	"1254号"	内火艇	7.3	第四炮艇队	

武汉区接收舰艇

接收后名称	日伪原名	舰艇种类	排水量（吨）	编队情形	备注
"炮61"	伪"江靖"	炮艇	30	第五炮艇队	
"炮64"	"中型3号"	炮艇	25	第五炮艇队	后起义加入解放军
"炮65"	"中型6号"	炮艇	25	第五炮艇队	后起义加入解放军
"炮66"	"中型7号"	炮艇	25	第五炮艇队	
"炮67"	"中型8号"	炮艇	25	第五炮艇队	
"炮68"	"中型11号"	炮艇	25	第五炮艇队	后起义加入解放军
"炮69"	"中型14号"	炮艇	25	第五炮艇队	
"巡64"	"舰水1号"	巡艇	18	第五炮艇队	
"巡65"	"舰水4号"	巡艇	18	第五炮艇队	
"巡66"	"舰水8号"	巡艇	18	第五炮艇队	后起义加入解放军
"巡67"	"舰水10号"	巡艇	18	第五炮艇队	
"巡68"	"舰水11号"	巡艇	18	第五炮艇队	
"巡69"	伪"江达"	巡艇	17	第五炮艇队	后起义加入解放军
"巡70"	伪"江澄"	巡艇	17	第五炮艇队	后起义加入解放军
"巡71"	伪"江14"	巡艇	17	第五炮艇队	
"巡72"	伪"江15"	巡艇	10	第五炮艇队	
"巡73"	伪"江21"	巡艇	10	第五炮艇队	
"巡74"	伪"江22"	巡艇	10	第五炮艇队	后起义加入解放军

接收后名称	日伪原名	舰艇种类	排水量（吨）	编队情形	备注
"巡76"	"小发4号"	巡艇	3.5	第五炮艇队	
"巡77"	"小发6号"	巡艇	3.5	第五炮艇队	
"巡78"	"内火1号"	巡艇	2	第五炮艇队	
"巡79"	"内火2号"	巡艇	2	第五炮艇队	后起义加入解放军
"巡80"	"内火6号"	巡艇	2	第五炮艇队	
"巡81"	"内火长官艇"	巡艇	2	第五炮艇队	
"巡82"	"内火交通船3号"	巡艇	4	第五炮艇队	
"巡90"	"中山"汽艇	巡艇	5	第五炮艇队	
"差1"	"竹丸"	差船	90	第五炮艇队	"君山"号
"差12"	"4曳"	差船	75	第五炮艇队	
"差13"	"菖蒲丸"	差船	63	第五炮艇队	
"驳59"	——	驳船	320	第五炮艇队	
"汉川"	"8曳"	拖轮	157	第五炮艇队	

广州区接收舰艇

接收后名称	日伪原名	舰艇种类	排水量（吨）	编队情形	备注
"防城"	"梅丸"	炮舰	290	第六炮艇队	
"清远"	"香昭丸"	炮舰	220	第六炮艇队	
"海筹"	"布引丸"	炮舰	220	第六炮艇队	
"海硕"	"芙蓉丸"	炮舰	220	第六炮艇队	
"海雄"	"枫丸"	炮舰	197	第六炮艇队	
"舞凤"	"舞子"	炮艇	105	第六炮艇队	起义后更名"3-522"
"炮25"	警备艇	炮艇	40	第六炮艇队	起义加入解放军
"炮30"	伪"江亚"	炮艇	55	第六炮艇队	
"炮31"	伪"江宣"	炮艇	50	第六炮艇队	

接收后名称	日伪原名	舰艇种类	排水量（吨）	编队情形	备注
"炮34"	伪"江威"	炮艇	35	第六炮艇队	
"炮35"	"特字11号"	炮艇	25	第六炮艇队	
"炮36"	"特字12号"	炮艇	25	第六炮艇队	
"炮37"	"特字13号"	炮艇	25	第六炮艇队	
"炮38"	"特字14号"	炮艇	25	第六炮艇队	后起义加入解放军
"巡28"	"金城"电船	巡艇	5	第六炮艇队	
"巡29"	"普字11号"	巡艇	10	第六炮艇队	
"巡30"	"普字12号"	巡艇	10	第六炮艇队	
"巡31"	"普字14号"	巡艇	8	第六炮艇队	
"巡32"	"普字13号"	巡艇	10	第六炮艇队	
"巡33"	"普字15号"	巡艇	10	第六炮艇队	
"巡34"	"普字16号"	巡艇	10	第六炮艇队	
"巡35"	"普字17号"	巡艇	8	第六炮艇队	
"巡36"	大发	巡艇	10	第六炮艇队	
"巡40"	——	巡艇	6	第六炮艇队	后起义，更名"珠江4"
"巡84"	"普字5号"	巡艇	10	第六炮艇队	
"巡85"	"永福"电船	巡艇	6	第六炮艇队	
"巡86"	"安义"电船	巡艇	3	第六炮艇队	"君山"号
"登453"	"2号登陆艇"	登陆艇	7	第六炮艇队	
"登454"	"4号登陆艇"	登陆艇	11	第六炮艇队	

海南区接收舰艇

接收后名称	日伪原名	舰艇种类	排水量（吨）	编队情形	备注
"海奇"	"竹丸"	炮舰	255	第七炮艇队	
"炮26"	"铃谷丸"	炮艇	86	第七炮艇队	
"炮70"	"瑞阳丸"	炮艇	91	第七炮艇队	

接收后名称	日伪原名	舰艇种类	排水量（吨）	编队情形	备注
"炮76"	"和光丸"	炮艇	35	第七炮艇队	
"炮77"	"南海289"	炮艇	83	第七炮艇队	
"炮78"	"公称1158"	炮艇	60	第七炮艇队	
"炮81"	"和丸"	炮艇	40	第七炮艇队	
"巡37"	"秀英1号"	巡艇	7	第七炮艇队	
"巡38"	"秀英2号"	巡艇	7	第七炮艇队	
"巡39"	"秀英3号"	巡艇	7	第七炮艇队	
"差5"	"新兴第9"	差船	40	第七炮艇队	
"差6"	"南海518"	差船	83	第七炮艇队	
"差7"	"南海297"	差船	80	第七炮艇队	
"差8"	"南海515"	差船	63	第七炮艇队	
"差9"	"南海258"	差船	60	第七炮艇队	
"差10"	"南海1378"	差船	36	第七炮艇队	
"文昌"	"南海510"	拖船	100	第七炮艇队	

厦门区接收舰艇

接收后名称	日伪原名	舰艇种类	排水量（吨）	编队情形	备注
"南靖"	"海平"	炮舰	450	第八炮艇队	
"南安"	"204驱潜"	炮艇	138	第八炮艇队	
"南平"	"顺和"	炮艇	250	第八炮艇队	
"炮15"	"1号炮艇"	炮艇	25	第八炮艇队	
"炮16"	"2号炮艇"	炮艇	25	第八炮艇队	
"炮17"	"3号炮艇"	炮艇	25	第八炮艇队	
"炮18"	"4号炮艇"	炮艇	25	第八炮艇队	
"巡15"	"5号炮艇"	巡艇	10	第八炮艇队	
"登401"	"1号运货船"	登陆艇	20	第八炮艇队	
"登402"	"3号运货船"	登陆艇	20	第八炮艇队	

接收后名称	日伪原名	舰艇种类	排水量（吨）	编队情形	备注
"登403"	"4号运货船"	登陆艇	20	第八炮艇队	
"登404"	"5号运货船"	登陆艇	20	第八炮艇队	
"登405"	"6号运货船"	登陆艇	20	第八炮艇队	
"登406"	"7号运货船"	登陆艇	16	第八炮艇队	
"登407"	"8号运货船"	登陆艇	16	第八炮艇队	后起义加入解放军
"登408"	"9号运货船"	登陆艇	16	第八炮艇队	
"登409"	"10号运货船"	登陆艇	16	第八炮艇队	
"登410"	"11号运货船"	登陆艇	16	第八炮艇队	
"登411"	"12号运货船"	登陆艇	16	第八炮艇队	
"1号联络艇"	15米内火艇	内火艇	12	第八炮艇队	
"2号联络艇"	12米内火艇	内火艇	7	第八炮艇队	

日本赔偿舰艇一览

原舰名	舰种	赔偿批次	接收后命名	备注
"雪风"	驱逐舰	第一批	"接1""丹阳"	
"初梅"	驱逐舰	第一批	"接2""信阳"	
"枫"	驱逐舰	第一批	"接3""衡阳"	
"四阪"	海防舰	第一批	"接4""惠安"	起义加入解放军
丁型"14"	海防舰	第一批	"接5"	解放军缴获，更名"武昌"
丁型"194"	海防舰	第一批	"接6""威海"	被解放军俘虏，更名"济南"
丙型"67"	海防舰	第一批	"接7""营口""瑞安"	
丙型"215"	海防舰	第一批	"接8"	未成军
"茑"	驱逐舰	第二批	"接9""华阳"	未成军
"杉"	驱逐舰	第二批	"接10""惠阳"	未成军
"对马"	海防舰	第二批	"接11""临安"	
丁型"118"	海防舰	第二批	"接12"	解放军缴获，更名"长沙"
丁型"192"	海防舰	第二批	"接13""同安"	未成军
丁型"198"	海防舰	第二批	"接14"	解放军缴获，更名"西安"

原舰名	舰种	赔偿批次	接收后命名	备注
丙型"85"	海防舰	第二批	"接15""吉安"	起义加入解放军
丙型"205"	海防舰	第二批	"接16""新安""长安"	未成军
"宵月"	驱逐舰	第三批	"接17""汾阳"	未成军
"隐岐"	海防舰	第三批	"接18""长白""固安"	解放军缴获
"屋代"	海防舰	第三批	"接19""雪峰""正安"	
丁型"40"	海防舰	第三批	"接20""成安"	
丁型"104"	海防舰	第三批	"接21""泰安"	
丙型"81"	海防舰	第三批	"接22""黄安"	起义加入解放军,更名"沈阳"
丙型"107"	海防舰	第三批	"接23""潮安"	
"16"	运输舰	第三批	"接24""武夷"	未成军
"波风"	驱逐舰	第四批	"接25""沈阳"	未成军
"172"	运输舰	第四批	"接26""庐山"	
"白埼"	给粮舰	第四批	"接27""武陵"	
"济州"	敷设艇	第四批	"接28""永靖"	
"黑岛"	敷设特务艇	第四批	"接29"	未成军
"49"	驱潜艇	第四批	"接30""驱潜11""海宏""雅龙""渠江"	
"9"	驱潜艇	第四批	"接31""驱潜12""海达""富陵""岷江"	
"14"	扫海特务艇	第四批	"接32""扫雷201"	起义加入解放军,更名"秋风"
"19"	扫海特务艇	第四批	"接33""扫雷202""江毅"	
"22"	扫海特务艇	第四批	"接34""扫雷203""江勇"	

参考书目

史料文献

《海军战史》,（民国）海军总司令部1941年版。

《海军采访》,（民国）海军总司令部新闻处,出版年不详。

《海军忠烈将士史迹》,台北：海军出版社1951年版。

《中国海军之缔造与发展》,台湾地区海军事务主管部门1965年版。

《海军战史资料》,中国人民解放军海军司令部1981年版。

《江南造船厂厂史1865—1949》,江苏人民出版社1983年版。

《中华民国海军史料》,海洋出版社1986年版。

《国民革命军战役史》,（台湾地区防卫部门）"史政编译局"1989年版。

《郑天杰先生访问记录》,（中国台湾）"中研院近代史研究所"1990年版。

《日本帝国主义侵华档案资料选编》,中华书局1990—1995年版。

《黎玉玺先生访问记录》,（中国台湾）"中研院近代史研究所"1991年版。

《陈绍宽文集》,海潮出版社1994年版。

《刘广凯将军报国忆往》,（中国台湾）"中研院近代史研究所"1994年版。

《中国近代舰艇工业史料集》,上海人民出版社1994年版。

《中华民国史档案资料汇编》第3辑，江苏古籍出版社1994年版。
《国民党军起义投诚·海军》，解放军出版社1995年版。
《中国当代救助打捞史》，人民交通出版社1995年版。
《海军官校五十年》，（中国台湾）"海军军官学校"1997年版。
《池孟彬先生访问记录》，（中国台湾）"中研院近代史研究所"1998年版。
《曾尚智回忆录》，（中国台湾）"中研院近代史研究所"1998年版。
《海军人物访问纪录》第一辑，（中国台湾）"中研院近代史研究所"1998年版。
钟汉波：《驻外武官的使命》，台北：麦田出版1998年版。
《海军·回忆史料》，解放军出版社1999年版。
《海军舰队发展史》，（台湾地区防卫部门）"史政编译局"2001年版。
《薪传》，台湾地区海军事务主管部门2001年版。
《海军人物访问纪录》第二辑，（中国台湾）"中研院近代史研究所"2002年版。
《老阳字号的故事》，台湾地区海军事务主管部门2004年版。
《战争亲历者说一江山岛之战》，上海文艺出版社2005年版。
《抗日战争正面战场》，凤凰出版社2005年版。
《陈诚先生回忆录》，台湾地区史政机关2005年版。
《风华与荣耀——台海守护神》，台湾地区海军事务主管部门2005年版。
《海军·综述、大事记》，解放军出版社2006年版。
《旧中国海军秘档》，中国文史出版社2006年版。
《黄金岁月五十年，黄宏基将军忆往》，台湾地区防卫部门负责人办公室2007年版。
《海军英模》，解放军出版社2009年版。
《叶昌桐上将访问纪录》，台湾地区防卫部门2010年版。
《中波轮船股份公司发展史》，上海古籍出版社2011年版。
应绍舜：《阳泰永安》（上卷），2011年台北自印本。
应绍舜：《阳泰永安》（下卷），2011年台北自制电子本。
《大风将军——郭宗清先生访谈录》，台湾地区史政机关2011年版。

何应钦：《日军侵华八年抗战史》，台北：黎明文化2012年版。

《中国方面海军作战》（1）（2），（日本）朝云新闻社1975年版。

研究论著

翁仁元：《抗战中的海军问题》，黎明书局1938年版。

包遵彭：《中国海军史》，台北：海军出版社1951年版。

陈书麟、陈贞寿：《中华民国海军通史》，海潮出版社1992年版。

《近代中国海军》，海潮出版社1994年版。

《老军舰的故事》，台湾地区海军舰队指挥部门2001年版。

王玉麒：《海痴——细说佘振兴与老海军》，台北：河中文化2001年版。

《老战友的故事》，台湾地区海军舰队指挥部门2003年版。

《老战役的故事》，台湾地区海军事务主管部门2003年版。

应俊豪：《外交与炮舰的迷思——1920年代前期长江上游航行安全问题与列强的因应之道》，台北：学生书局2010年版。

洪绍洋：《近代台湾造船业的技术转移与学习》，台北：远流出版公司2011年版。

陈邦夔：《翱翔在苍穹里的勇者》，台北：时英出版社2012年版。

马幼垣：《靖海澄疆——中国近代海军史事新诠》，中华书局2013年版。

陈悦：《民国海军舰船志1912—1937》，山东画报出版社2013年版。

金智：《青天白日旗下民国海军的波涛起伏》，台北：独立作家出版社2015年版。

陈悦：《民国海军舰船志1938—1945》，山东画报出版社2016年版。

陈悦：《中国军舰图志1912—1949》，香港：商务印书馆2017年版。

《海军》，（日本）诚文图书1981年版。

［日］福井静夫：《日本の军舰》，［日］出版协同社1956年版。

［日］福井静夫：《终战と帝国舰艇》，［日］出版协同社1961年版。

［日］堀元美：《驱逐舰その技术的回顾》，（日本）原书房1969年版。

［日］池田贞枝：《太平洋战争沉没舰船遗体调查大鉴》，［日］战殁遗体收扬委员会1977年版。

［日］福井静夫：《日本驱逐舰物语》，［日］光人社1993年版。

［日］森恒英：《日本の巡洋艦》，［日］グラソプリ1997年版。

《帝国海軍の真實艦艇史2》，［日］学习研究社2005年版

［日］木俣滋郎：《小舰艇入门》，［日］光人社2008年版。

《日本の驱逐舰》，［日］潮书房光人社2012年版。

［日］大内建二：《扬陆舰艇入门》，［日］潮书房光人社2013年版。

［日］大内建二：《特务舰艇入门》，［日］光人社2013年版。

报 刊

《申报》

《中央日报》

《中国海军月刊》

《中国海军》

《整建月刊》

《新海军》

《海军学术月刊》/《海军学术双月刊》

《世界の艦船》

《丸》

Sea Power

工具书、图片资料集

《海军大事记》，（民国）海军总司令部1943年版。

《海军大事记》第二辑，台湾地区海军事务主管部门1968年版。

《中国兵器战史大辞典·兵器之部》，台湾地区防卫部门"史政编译局"1996年版。

苏小东：《中华民国海军史事日志》，九洲图书出版社1999年版。

钟坚：《惊涛骇浪中战备航行——海军舰艇志》，台北：麦田出版2003年版。

刘传标：《中国近代海军职官表》，福州：福建人民出版社2005年版。

中国人民解放军历史资料丛书《海军·图片》，星球地图出版社2011年版。

日本海人社著、王鹤译：《日本军舰史》，青岛出版社2016年版。

[日]片桐大自：《联合舰队军舰铭铭传》，[日]光人社1988年版。

《写真日本の軍艦》，[日]光人社1990年版。

《世界の艦船》增刊《日本驱逐舰史》，[日]海人社1992年版。

[日]福井静夫：《写真日本海军全舰艇史》，KKベストセラーズ1994年版。

《世界の艦船》增刊《日本海军护卫舰艇史》，[日]海人社1996年版。

《世界の艦船》增刊《日本海军特务舰船史》，[日]海人社1997年版。

The Chinese Yearbook 1936—37 Second Issue，The Commercial Press Limited 1937年版。

Jane's Fighting Ships 1937。

Jane's fighting ships 1944—5。

Jane's fighting ships 1953—1954。

Conway's All The World's Fighting Ships 1922—1946，Conway Maritime Press 1987年版。

图书在版编目（CIP）数据

抗战胜利日本投降舰船志/陈悦著. —济南：山东文艺出版社，2021.7
ISBN 978-7-5329-6403-1

Ⅰ.①抗… Ⅱ.①陈… Ⅲ.①军用船-史料-中国-民国 Ⅳ.①E925.6-092

中国版本图书馆CIP数据核字(2021)第102612号

抗战胜利日本投降舰船志
KANGZHAN SHENGLI RIBEN TOUXIANG JIANCHUANZHI

陈悦 著

主管单位	山东出版传媒股份有限公司
出版发行	山东文艺出版社
社　　址	山东省济南市英雄山路189号
邮　　编	250002
网　　址	www.sdwypress.com
读者服务	0531-82098776（总编室）
	0531-82098775（市场营销部）
电子邮箱	sdwy@sdpress.com.cn
印　　刷	山东临沂新华印刷物流集团有限责任公司
开　　本	710毫米×960毫米　1/16
印　　张	25
字　　数	400千
版　　次	2021年7月第1版
印　　次	2021年7月第1次印刷
书　　号	ISBN 978-7-5329-6403-1
定　　价	68.00元

版权专有，侵权必究。如有图书质量问题，请与出版社联系调换。